中国地质调查成果 CGS 2021－018
“攀西地区多金属矿产资源集中开采区地质环境调查”(DD20160337)项目资助

攀西地区金属矿山尾矿资源化综合利用

PANXI DIQU JINSHU KUANGSHAN WEIKUANG ZIYUANHUA ZONGIIE LIYONG

周家云　毛益林　邓　杰　罗丽萍
邓　冰　陈　超　李潇雨　代　力　编著
陈晓青　张　渊　熊文良　陈　伟

中国地质大学出版社
ZHONGGUO DIZHI DAXUE CHUBANSHE

内容摘要

本书是中国地质调查局地质调查“攀西地区多金属矿产资源集中开采区地质环境调查”项目的研究成果。本书以近年来中国地质科学院矿产综合利用研究所在攀西地区开展的矿山地质环境调查成果为基础，综合应用野外调查、工艺矿物学研究、选冶实验和技术经济评价等方法，针对攀西地区巨量堆存的尾矿，研发典型金属尾矿的有用组分回收、整体利用、尾矿重金属元素固化、尾矿水回收与净化等工艺，集成尾矿“减-固-治”的阻断治理技术体系，为长江上游生态屏障区地质环境治理与修复提供了一条技术合理、经济可行的技术方法。

本书可供从事矿山地质环境调查、绿色矿山建设和尾矿资源化综合利用人员和高等院校有关专业师生参考使用。

图书在版编目(CIP)数据

攀西地区金属矿山尾矿资源化综合利用/周家云等编著. —武汉：中国地质大学出版社，2021.7
ISBN 978-7-5625-5030-3

Ⅰ.①攀…
Ⅱ.①周…
Ⅲ.①金属矿-尾矿资源-综合利用-西南地区
Ⅳ.①TD926.4

中国版本图书馆 CIP 数据核字(2021)第 090906 号

攀西地区金属矿山尾矿资源化综合利用 周家云 **等编著**

责任编辑：唐然坤 选题策划：唐然坤 责任校对：徐蕾蕾

出版发行：中国地质大学出版社(武汉市洪山区鲁磨路 388 号) 邮编：430074
电 话：(027)67883511 传 真：(027)67883580 E-mail：cbb@cug.edu.cn
经 销：全国新华书店 http://cugp.cug.edu.cn

开本：880 毫米×1230 毫米 1/16 字数：286 千字 印张：9
版次：2021 年 7 月第 1 版 印次：2021 年 7 月第 1 次印刷
印刷：武汉市籍缘印刷厂

ISBN 978-7-5625-5030-3 定价：88.00 元

前言

PREFACE

尾矿堆存是攀西地区矿山地质环境问题的重要影响因素。尾矿堆存占据大量土地，具潜在溃坝泥石流等地质灾害隐患，同时尾矿废水渗漏、排放污染地表水和地下水等问题突出。为落实生态文明建设和长江经济带国家重大发展战略，满足筑牢长江生态安全屏障和支撑攀西国家级战略资源创新开发试验区建设的需要，2015 年 9 月中国地质调查局向中国地质科学院矿产综合利用研究所下达“攀西地区多金属矿产资源集中开采区地质环境调查”项目（项目编码：DD20160337）。项目分 3 年实施，2016—2018 年分别下达项目年度实施方案审批意见书（中地调审〔2016〕05097、中地调审〔2017〕0145、中地调审〔2018〕0429）。

按照该项目 2016—2018 年任务书及技术要求，中国地质科学院矿产综合利用研究所全面开展了攀西地区多金属矿产资源集中开采区的地质环境调查工作，从南到北、由老到新、分区推进，全面摸清了攀西地区的矿山地质环境背景，并分别以拉拉铜矿、白马钒钛磁铁矿和大陆槽稀土矿为重点调查区，从面到点、由浅入深，重点开展了攀西地区典型金属矿产资源集中开采区的地质环境调查。通过 3 年工作，取得成果为：全面摸清了攀西地区钒、钛、铁、铜、稀土等主要金属矿产资源集中开采区的矿山地质环境现状，初步查明了已存在的主要地质环境问题及危害，系统分析了攀西地区矿山地质环境问题成灾规律及其影响因素，总结了成矿带尺度矿山地质环境调查、评价和影响研究方法体系；研发了稀土矿、钒钛磁铁矿和铜矿等尾矿的有用组分回收、整体利用、尾矿重金属元素固化、尾矿水回收与净化等工艺，研发了有用组分回收技术 3 项、整体利用技术 1 项、尾矿重金属元素固化技术 1 项、尾矿水回收与净化技术 2 项，并获得发明专利 3 项，提出了攀西地区不同尾矿有用组分的回收、整体利用和治理修复的区划建议。

该项目分析评价了矿产资源开发对地质环境的影响，预测了矿山地质环境发展变化趋势，提出了矿山地质环境保护与治理恢复对策建议，显著提高了攀西地区钒、钛、铁、铜、稀土等主要金属矿产资源集中开采区的地质环境工作程度，为合理开发矿产资源、保护矿山地质环境、实施矿山生态恢复与重建、开展矿山地质环境监督管理提供了依据。同时项目划分出攀西地区露天采场、尾矿库等地质环境问题情况，分类提出治理建议，可直接为凉山彝族自治州（简称凉山州）、攀枝花地区开展长江经济带废弃矿山生态修复提供服务，支撑攀枝花阳光康养旅游、生态农业发展，支撑了地方政府及矿山企业开展地质环境监测及治理，为攀枝花地区山水林田湖建设规划和制订攀枝花废弃露天矿山生态修复实施方案提供了重要基础资料。针对德昌大陆槽稀土尾矿，稀土项目组研发了新型绿色高效稀土浮选捕收剂，并顺利完成了 $2m^3/d$ 生产规模的新型捕收剂生产试验。该捕收剂性能稳定，兼具良好的选择性能和捕收性能，已取得国家发明专利，目前已成功应用于德昌大陆槽稀土矿及冕宁牦牛坪稀土矿。另外，稀土尾矿“浮团聚磁选”技术和混合浮选-分离工艺回收萤石及锶钡矿物，应用于企业生产，实现了绿色提取稀土尾矿中的稀土矿物和萤石。该工艺与稀土浮选捕收剂技术联合获得 2018 年国土资源科学技术二等奖。

本项目在研究过程中得到了中国地质调查局及中国地质环境监测院领导的悉心指导，在资料收集过程中获得了四川省自然资源厅、攀枝花自然资源和规划局、凉山彝族自治州自然资源局、四川省地质调查院等单位的大力支持，在此表示诚挚的感谢。

《攀西地区金属矿山尾矿资源化综合利用》一书是在上述研究成果基础上编写而成。本书由周家云统稿，共分为7章，其中第一章由周家云、毛益林编写，第二章由周家云、罗丽萍、代力编写，第三章、第四章、第五章由毛益林、邓杰、邓冰、陈超编写，第六章由邓冰、熊文良编写，第七章由李潇雨、罗丽萍编写，图件由罗丽萍、代力、陈伟编绘。另外，先后参加项目工作且参与本书编写的还有陈晓青、张渊、唐德强、张迥、易建春、周建伟、朱占雄、孙渝江、惠博等。

由于作者知识水平有限，书中难免存在许多不足之处，敬请读者批评指正。

编著者

2021年5月

目录

CONTENTS

第一章 绪 论

第一节 尾矿的定义及分类

一、尾矿的定义

尾矿，就是选矿厂在特定经济技术条件下，将矿石破碎、筛分、研磨、分级，再经重选、浮选或浸出等选别工艺流程，选出有用金属后的剩余部分中有用成分含量很低的这部分产物。尾矿的产生量较大，约占整个矿山固体废弃物（主要包括废石、尾矿、煤矸石和粉煤灰等）排放总量的22%（李福来等，2005）。一般而言，化工、黑色金属矿山中尾矿量占矿石总量的50%～80%；有色金属矿山中尾矿量会占到70%～95%；而金、铝、钨、钽和铌等稀有金属矿山中尾矿量则高达99%以上（颜学军，2005）。

尾矿一般是由选矿厂排放的尾矿浆经自然脱水后所形成的固体矿业废料。它是固体工业废料的主要组成部分，其中含有一定数量的金属和非金属矿物，可视为一种"复合"的硅酸盐、碳酸盐等矿物材料，并具有粒度细、数量大、成本低、可利用性大的特点。尾矿是个相对概念，不存在没有任何利用价值的尾矿。尾矿中含有大量的有用组分，在过去的经济技术条件下尾矿中的有用组分不能被提取出来，但在目前的技术水平下有些可以被回收利用。但即使在目前的经济技术水平下，有些贵重金属、稀有金属仍不能被回收。随着科学技术的进步，未来尾矿中的有用组分仍可能被重新回收利用。国内外有很多尾矿资源综合利用的实例。例如湖北省铜绿山铁矿选矿厂尾矿中含有丰富的金、银、铜、铁等有用组分，1985年该选矿厂采用弱磁-强磁选技术对其尾矿进行再选，每年从尾矿中回收的铁精矿价值高达数万元。近年来随着选矿技术的发展，该选矿正在进一步将尾矿再磨再选，使尾矿中的金、银等有用矿物得到充分回收利用。

尾矿作为固体废料通常被排入河沟或抛置于矿山附近筑有堤坝的尾矿库中。因此，尾矿是矿业开发特别是金属矿业开发造成环境污染的重要来源。同时，因受选矿技术水平、生产设备的制约，尾矿也是矿业开发造成资源损失的常见途径。换言之，尾矿具有二次资源与环境污染的双重特性。

二、尾矿的特点

尾矿的产生及赋存受原矿品质、选矿工艺等多种因素影响，因而尾矿资源具有以下几个显著的特点（朱欣然，2010）。

1. 尾矿人工富化作用非常明显

由于受开采设备陈旧、工艺落后、模式单一、企业急功近利等历史原因的影响，采矿采取"开甲弃乙，选丙扔丁”，选矿回收率不高，综合利用率低，致使尾矿中多种有价元素含量较高，甚至远远超过国家规定的矿石最低工业品位，形成所谓的“老尾富矿”。除目的矿种外其他有用伴生矿物和非金属矿物仍然排放在尾矿之中，形成人工富化，造成人为富矿。例如南丹大厂矿区尾矿库在首批评审通过的5份地质报告中，锡平均品位为0.58%，高于云锡原矿品位，铅、锌、锑、银的平均品位分别为0.99%、1.63%、0.99%和50×10^{-6}。我国的铁矿尾矿堆存量超过26亿t，品位为8%～15%，如果能够回收60%平均品位为10%的铁矿物，则能回收1.5亿t的铁。四川拉拉铜矿针对前期铜品位在0.1%～0.3%的废石，开展了铜矿山多金属超低品位废石回收再利用关键技术开发，在原有选矿工艺的基础上，结合低品位废石的性质，优化了工艺流程，应用新型药剂，运用先进适用设备，使选矿铜回收率达到87.89%、铜精矿品位达到22.862%的优异指标。四川攀枝花是我国有名的钒钛磁铁矿工业基地，矿床除钒钛磁铁矿外还伴生有十几种有用组分，相当于一座大型的金属矿山。随着采选业的蓬勃发展，攀枝花地区尾矿资源的大量堆存形成了一个潜力巨大的“二次资源”，若能加以充分开发利用，将创造出不可估量的巨额财富。

2. 尾矿组分种类多、规模大、潜在价值高

我国矿产资源共伴生矿床多，难选冶矿、贫矿多，导致尾矿特别是有色金属矿山的尾矿组分种类多、规模大、潜在价值高。例如南丹县某尾矿中的10多种有色金属和非金属品位都达到或超过国家相应工业品位指标，目前尾矿资源的潜在价值可达50亿元以上。江西赣南某尾矿中的钨、铋、锡、铜、铅、锌、金、硅等资源量有的可达中型、大型和特大型，是一个资源型地表堆积的矿床群。大冶铁矿、攀枝花钒钛磁铁矿、白云鄂博稀土矿的尾矿中含有铜、钴、钒、钛，有的还含有价值很高的贵金属和稀有稀散元素，其潜在利用价值极高。

3. 尾矿占山据地，成为污染源

当前许多采矿小企业或大企业中的民采承包采选点仍采取粗放式生产方式，有的将采矿剥离的废石随意堆放；有的不设尾矿库乱排乱放，造成江河源头的严重污染和淤积；有的尾矿库建立不标准，放矿工艺不合理，防渗措施不到位，排洪及抗震能力不足，易造成库区渗漏、岸崩、泥石流等，留下巨大的安全隐患和产生环保问题的风险。

4. 尾矿粒度细、泥化严重

在矿山生产运营中，尾矿一般由尾矿浆泵送至尾矿库进行堆存处理。尾矿的粒度取决于矿石性质以及选矿过程。为保证选矿回收率，一般应使有用矿物大部分解离。矿石嵌布粒度粗的只需粗磨后进行选别，产生的尾矿一般粒度较粗；矿石嵌布粒度细的必须进行细磨（工业上一般多段闭路磨矿）后进行选别，产生的尾矿一般粒度较细。

我国多数矿山矿石嵌布粒度细，共伴生成分复杂，需细磨后选别，故排出的尾矿多以细粒、微细粒存在，经过长时间堆存后尾矿泥化和氧化程度较高。

粒度细、泥化严重及氧化程度较高这些因素会严重干扰选矿过程，影响尾矿中有价元素的回收和有用矿物的规模化消纳，需要因地制宜、一矿一策，对尾矿进行综合利用及规模化消纳研究，采用适宜的选别工艺及规模化消纳方案。

三、尾矿的分类

为了更好地了解尾矿的属性，有必要搞清尾矿的分类。由于尾矿来源于矿石，不同种类和不同结构构造的矿石需要采用不同的选矿工艺流程，而不同的选矿工艺流程所产生的尾矿在工艺性质尤其在颗粒形态和颗粒级配上往往存在一定的差异。所以，到目前为止尾矿还没有一个通用明确的分类。

1. 按尾矿的选矿工艺类型分类

根据矿物分选时的机理不同，尾矿选矿方法可以分为手选、重选、磁选、浮选、电选、光电选、化学选矿等。这些选矿工艺所产生的尾矿分类见表 1-1（王汉强等，2007）。

表 1-1 尾矿的选矿工艺类型分类

类型	粒度	一般特性
手选尾矿	块状尾矿粒径为 100～500mm，碎石状尾矿粒径为 20～100mm	主要适合于结构致密、品位高、与脉石界线明显的金属或非金属矿石，一般呈大块废石状
重选尾矿	跳汰选矿尾矿、重介质选矿尾矿粒径大于 2mm；摇床选矿尾矿、溜槽选矿尾矿粒径小于 2mm	利用有用矿物和脉石矿物的密度差与粒度差选别矿石一般采用多段磨矿工艺，尾矿的粒度范围比较宽
磁选尾矿	0.05～0.5mm	主要用于分离磁性差异较大的矿石
浮选尾矿	粒径小于 0.5mm，且小于 0.074mm 的细粒级占绝大部分	为有色金属矿产最常用的选矿方法。尾矿的典型特点是粒度较细
电选、光电选尾矿	小于 1mm	目前这种选矿方法用得较少，通常用于分选砂矿床或尾矿中的重金属，或者对色差较大的矿石进行粗抛
化学选尾矿		化学药液在浸出有用元素的同时，也对尾矿粗粒产生一定程度的腐蚀或改变其表面状态

2. 按尾矿的矿石性质分类

按尾矿的矿石性质不同，尾矿结果分类见表 1-2（祝玉学等，1998）。

表 1-2 尾矿的矿石性质分类

类型	尾矿组分	一般特性
软岩尾矿	细煤废渣、天然碱不溶物、钾	包含砂和粉砂质矿泥，因粉砂质矿泥中黏土的存在可能控制总体性质
硬岩尾矿	铅-锌、铜、金-银、钼、镍（硫化物）	可包含砂和粉砂质矿泥，但粉砂质矿泥常为低塑性或无塑性，砂通常控制总体性质
细尾矿	磷酸盐黏土、铝土矿红泥、铁细尾矿、沥青矿尾矿泥	一般很少或无砂粒级，尾矿的性态特别是沉淀固结特性受粉砂级或黏土级颗粒控制，可能造成排放容积问题
粗尾矿	沥青砂尾矿、铀尾矿、铁粗尾矿、磷酸盐矿、石膏尾矿	主要为砂和无塑性粉砂级颗粒，显示出似砂性态及有利于工程的特性

3. 按尾矿的粒度组成和塑性指数分类

根据《尾矿设施设计规范》（GB 50863—2013）中尾矿的粒度组成和塑性指数，尾矿分类结果见表 1-3。

表 1－3 尾矿的粒度组成和塑性指数分类

类型	名称	分类标准
砂性尾矿	尾砾砂	粒径大于 2mm 的颗粒质量占总质量的 25%～50%
	尾粗砂	粒径大于 0.5mm 的颗粒质量超过总质量的 50%
	尾中砂	粒径大于 0.25mm 的颗粒质量超过总质量的 50%
	尾细砂	粒径大于 0.074mm 的颗粒质量超过总质量的 85%
	尾粉砂	粒径大于 0.074mm 的颗粒质量超过总质量的 50%
粉性尾矿	尾粉土	粒径大于 0.074mm 的颗粒质量不超过总质量的 50%，且塑性指数不大于 10
黏性尾矿	尾粉质黏土	塑性指数大于 10 且不大于 17
	尾黏土	塑性指数大于 17

4. 按尾矿的岩石化学类型分类

按照尾矿中主要组成矿物的组合搭配情况，可将尾矿分为以下 8 种岩石化学类型（张锦瑞，2014）。

（1）镁铁硅酸盐型尾矿：这类尾矿的主要组成矿物为 $Mg_2[SiO_4]-Fe_2[SiO_4]$ 系列橄榄石和 $Mg_2[Si_2O_6]-Fe_2[Si_2O_6]$ 系列辉石，以及它们的含水蚀变矿物蛇纹石、硅镁石、滑石、镁铁闪石、绿泥石等。一般产于超基性岩和一些偏基性岩浆岩、镁铁质变质岩、镁矽卡岩中的矿石，常形成此类尾矿。在外生矿床中，富镁矿物集中时可形成蒙脱石、凹凸棒石、海泡石型尾矿。该类尾矿的化学组成特点为富镁、富铁、贫钙、贫铝，且一般镁含量大于铁，无石英。

（2）钙铝硅酸盐型尾矿：这类尾矿的主要组成矿物为 $CaMg[Si_2O_6]-CaFe[Si_2O_6]$ 系列辉石、$Ca_2Mg_5[Si_4O_{11}](OH)_2-Ca_2Fe_5[Si_4O_{11}](OH)_2$ 系列闪石、中基性斜长石，以及其蚀变、变质矿物石榴子石、绿帘石、阳起石、绿泥石、绢云母等。这类尾矿在中基性岩浆岩、区域变质岩、钙矽卡岩型矿石中较为常见。与镁铁硅酸盐型尾矿相比，该类尾矿化学组成特点是钙、铝进入硅酸盐晶格含量增高，铁、镁含量降低，石英含量较低。

（3）长英岩型尾矿：这类尾矿主要由钾长石、酸性斜长石、石英及其蚀变矿物白云母、绢云母、绿泥石、高岭石、方解石等构成。花岗岩自蚀变型矿床，花岗伟晶岩矿床，与酸性侵入岩和次火山岩有关的高、中、低温热液矿床，酸性火山岩和火山凝灰岩自蚀变型矿床，酸性岩和长石砂岩变质岩型矿床，风化残积型矿床，石英砂及硅质页岩型沉积矿床的矿石，常形成此类尾矿。它们在化学组成上具有高硅、中铝、贫钙、富碱的特点。

（4）碱性硅酸盐型尾矿：这类尾矿在矿物成分上主要为碱性硅酸盐矿物，如碱性长石、似长石、碱性辉石、碱性角闪石、云母以及它们的蚀变和变质矿物，如绢云母、方钠石、方沸石等。产于碱性岩中的稀有、稀土元素矿床可产生这类尾矿。根据尾矿中的 SiO_2 含量，可分为碱性超基性岩型、碱性基性岩型、碱性酸性岩型 3 个亚类。其中，碱性酸性岩型亚类分布较广，在化学组成上该类尾矿以富碱、贫硅、无石英为特征。

（5）高铝硅酸盐型尾矿：这类尾矿的主要组成成分为云母类、黏土类、蜡石类等层状硅酸盐矿物，并常含有石英。该类尾矿常见于某些蚀变火山凝灰岩型、沉积页岩型以及它们的风化和变质型矿床的矿石中。在化学成分上，该类尾矿表现为富铝、富硅、贫钙、贫镁，有时钾、钠含量较高。

（6）高钙硅酸盐型尾矿：这类尾矿主要矿物成分为透辉石、透闪石、硅灰石、钙铝榴石、绿帘石、绿泥石、阳起石等无水或含水的钙硅酸盐矿物。该类尾矿多分布于各种钙矽卡岩型矿床和一些区域变质矿床中。在化学成分上，该类尾矿表现为高钙、低碱、SiO_2 一般不饱和、铝含量一般较低的特点。

（7）硅质岩型尾矿：这类尾矿的主要矿物成分为石英及其 SiO_2 变体，包括石英岩、脉石英、石英砂岩、硅质页岩、石英砂、硅藻土以及 SiO_2 含量较高的其他矿物和岩石。在自然界中,这类矿物广泛分布于伟晶岩型,火山沉积-变质型,各种高、中、低温热液型,层控砂(页)岩型以及砂岩型等矿床的矿石中。SiO_2 质量分数一般在 90%以上,其他元素一般不足 10%。

(8)碳酸盐型尾矿:这类尾矿中碳酸盐矿物占绝对多数,主要为方解石或白云石。该类尾矿常见于化学或生物-化学沉积岩型矿石中。在一些充填于碳酸盐岩层位的脉状矿体中,也常将围岩与矿石一起采出,构成此类尾矿。

第二节 国内外尾矿综合利用现状

一、国外尾矿利用现状

国外的尾矿研究开发利用与治理工作始于 20 世纪 60 年代,一些发达国家投入了大量资金和人力,加强尾矿的研究开发力度,并出台了一系列鼓励尾矿开发利用的政策法规,鼓励开发尾矿资源和使用尾矿生产的产品,并把尾矿的综合利用、开发程度作为衡量国家科技水平和经济发达程度的重要指标。

首先,制定了一系列的相关政策。多数国家都把尾矿的利用政策纳入到矿业法中。例如加拿大、日本、韩国、波兰、菲律宾、印度尼西亚等国家把尾矿看作资源(而非环境废物),将尾矿资源的管理多数纳入到矿业法调整的范围,并且纳入矿业权管理轨道。例如根据菲律宾 1991 年颁布的《小规模采矿法》,将小规模采矿的合约人确定为其合同范围内所有尾矿的所有权人。

其次,加强对尾矿资源和环境的综合勘查评价。矿业发达国家对尾矿的综合勘查评价工作是在 20 世纪 60 年代开始陆续进行的。迄今为止,大多数国家至少已完成了一轮重点矿山尾矿资源和环境的综合勘查评价工作。例如苏联通过尾矿资源勘查评价,于 20 世纪 80 年代初在建筑材料工业部建立了国家级采矿工业联合体尾矿数据库,其中反映了采、选企业生产的全部尾矿,并对尾矿的物理性质和化学性质进行了分析,数据库的资料提供给各个部门使用。

目前,国外相关国家在尾矿方面主要做了以下几个方面的工作。

1. 有价元素回收

研制选、冶新工艺,回收各种有用组分。由于尾矿中有用组分含量低、粒度细、嵌布复杂,用传统的选矿工艺和设备难以高效回收有用组分。因此,20 世纪 70 年代以来,苏联和东欧等国家及地区针对尾矿资源的特点,开展选、冶新工艺和新设备的研究,建立了一批二次选矿厂,从尾矿中再选了大量有用组分。例如哈萨克斯坦巴尔喀什选矿厂采用浮选、再磨和精选流程,从尾矿中回收了铜和钼,并得到绢云母精矿;美国明尼苏达州的安尼斯山的二次选矿厂,年处理尾矿达 100 万 t,从中生产出 20 万 t 含铁 60%的铁精矿(朱欣然,2010)。

从尾矿中回收有价成分是提高尾矿资源利用率的重要措施。美国犹他州阿尔丘尔和马格纳铜选厂通过处理堆积的尾矿,得到含铜 20%及少量钼的精矿。澳大利亚北布罗肯希尔公司从老尾矿中回收锌,得到锌品位 44.7%的精矿,回收率达 87.7%。俄罗斯别洛乌苏夫铅锌选厂采用浮选方法再选含铅、锌、铜、铁的硫化物及重晶石,得到含铜、锌、铅的硫化物混合精矿,含铁 40%、回收率 87.8%的黄铁矿精矿,以及品位为 88%~90%、回收率为 48.2%~61.6%的重晶石精矿(张涛等,2016)。

2. 制作建筑材料

早在20世纪60年代，苏联已经开始利用矿业废渣研制生产建筑材料。现在俄罗斯选矿厂尾矿用作建筑材料的约占60%，现已用尾矿制造出建筑微晶玻璃、耐化学腐蚀玻璃等制品，同时研制生产出各种矿物胶凝材料和墙体材料。俄罗斯克里沃罗格铁矿将尾矿中粗级别颗粒(>14mm)用作重混凝土的骨料，并用于生产黏土-硅酸盐渣砖等；小于14mm的尾矿可适当代替天然砂，作为密实的硅酸盐、蒸压和非蒸压硅中的充填剂以及制备混凝土时代替部分水泥等。

俄罗斯最大的铁矿基地之一库尔斯克地磁异常区(即克马铁矿区)，对尾矿进行了合理利用，利用率达15%左右。矿区建起了水泥厂和硅酸盐玻璃厂等，取得了较好的经济效益。高加索矿物研究所利用尾矿生产硅酸盐砌墙材料、蒸压硬化饰面材料和沥青混凝土等，并将以铁矿石生产产生的废料为基础的新企业与原有建材企业的主要技术经济指标进行了比较，得出充分利用矿业废渣作为生产各种建材产品的原料是经济和合理的。

3. 制作肥料

由于部分尾矿中含有锌、锰、钼、钒、硼、铁等微量元素，这些元素正是维持植物生长和发育的必需元素，因此尾矿可以用来生产钼微肥、锰微肥、稀土微肥、锌微肥、硅-锰微肥、铬-铁微肥及混合肥等。俄罗斯卡奇卡那尔采选公司的湿式磁选尾矿中含有钙、镁和硅等的氧化物，用作土壤改良剂对酸性土壤进行处理，已取得了较好的效果。美国明尼苏达州东北部是世界上铁矿石储量最丰富的地区之一，岩层以铁燧岩为主，尾矿呈碱性，无毒，有机物含量低，氮、磷含量较高，有机质偏低。从20世纪90年代开始，美国矿产资源管理局(USA Minerals Management Service)联合一些矿业公司着手研究该类尾矿作为复垦土的利用价值，对其营养结构重新进行了科学调整，加入了煤浆、庭院堆肥产品、城市生活垃圾及纸浆，这些物质的特点是含水率高，富含有机质，氮、磷含量低。

二、国内尾矿利用现状

我国的尾矿综合利用研究起步较晚，研究程度和实际利用水平都明显落后于某些发达国家，基本处于起步阶段。尾矿综合利用大多停留在仅仅回收有价金属元素的阶段，有少量研究者和企业利用尾矿生产建筑材料、填料等，但因其数量规模较小，尚达不到对尾矿规模化消纳的目的。

目前，尾矿资源开发利用和环境综合治理已得到我国政府部门的高度重视。20世纪80年代以来，我国政府和有关部门陆续颁布了《关于开展资源综合利用若干问题的暂行规定》《中华人民共和国矿产资源法》《全国环境保护工作纲要》《中国21世纪议程》等一系列涉及尾矿资源环境问题的法规和政策性文件，强调了尾矿的资源性、对环境的危害性以及开发利用的重要性。工业和信息化部、科学技术部、国土资源部、国家安全监管总局等有关部门组织编制了《金属尾矿综合利用专项规划(2010—2015)》(筱美，2010)。《中国21世纪议程》提出，将尾矿从潜在资源提高到现实资源的地位，把尾矿的处置、管理及资源化示范工程列入中国21世纪议程中的优先项目计划，这推动了我国对尾矿资源的开发利用和对环境的综合治理。

在大宗矿产品供需矛盾日益突出及矿产品价格高昂的时代，国内部分机构及很多学者通过不同的形式对尾矿资源利用现状及利用方向等方面做了有益的探索，但都不是很全面彻底。例如中国地质科学院尾矿利用技术中心虽然是一家专门从事矿山废弃物、煤矸石等固体废弃物资源化综合利用及产品技术开发的科技开发机构，但是它只从技术上研究尾矿资源利用的可行性，不涉及尾矿资源的调查与评价问题；中国矿业联合会也承担过“我国大宗尾矿废石资源化对策研究”项目，但是它侧重于尾矿开发现状、存在的问题及对策建议方面的研究，没有涉及尾矿资源的调查评价方面的内容。可以说，目前国内把技术与经济相结合起来全面系统地调查评价尾矿资源问题还处于起步探索阶段。

我国金属矿产资源贫矿多、伴生组分多、中小型矿床多，导致资源紧张和开采成本越来越高、经济效益日趋下降，倒逼矿山企业不得不走“多种矿物产品共同开发和综合利用”的路子。同时，国家对尾矿综合利用极其重视，使得尾矿综合利用欠缺的局面得到了明显的改观。目前，国内在尾矿方面主要做了以下几个方面的工作。

1. 有价元素回收

江西铜业集团公司的德兴铜矿攻克了“含铜废石”堆浸技术难关，研发了“微生物堆浸电萃取-电积”提铜技术，最大限度地利用了铜资源，形成了规模化生产，达到世界先进水平，铜、金、银的回收率分别达86.60%、62.32%、65.09%，采用水力旋流器对铜尾矿进行分级及重力选硫，年回收硫精矿1000t，铜9.2t，金3.4kg，产值达1300多万元。

攀枝花钢铁集团公司从铁尾矿中回收钒、钛、钴、钪等多种有色金属和稀有金属，综合回收产品的价值占铁矿总价值的60%以上（张涛等，2016）。

2. 制作建筑材料

鞍钢集团矿山有限公司大孤山选矿厂自1979年就开始以矿业废渣为主要原料进行尾矿蒸养砖的试验研究。该砖对原料有一定要求，其主要原料为含铁尾矿，加入适量的CaO活性材料，经一定的工艺制得。经反复研究试验，尾矿蒸养砖达到了国家规定的蒸养灰砂砖标准。尾矿蒸养砖生产的反应机理是：尾矿粉、生石灰、水搅拌混合后，生石灰遇水消解成$Ca(OH)_2$；砖在蒸压处理时，$Ca(OH)_2$在高压（0.8MPa）饱和水蒸气条件下与SiO_2进行硬化反应，生成含水硅酸钙即硬硅酸钙石及透闪石，提高砖的强度。该尾矿蒸养砖的主要技术参数是：抗压强度为14.71～29.41MPa，抗折强度为3.04～5.79MPa，干容重为1934～2000kg/m^3，抗压性、耐久性等均符合要求（国家环境保护局，1992）。

中南工业大学章庆和和郭宇峰（1995）也对尾矿进行了蒸养砖的研究，试验主要采用常压蒸养固结的方法，对尾矿反应的机理、工艺流程等进行了研究。该尾矿是铁矿石经还原焙烧再磁选后的废弃物，其化学组成为：SiO_2质量分数为52.74%，CaO质量分数为18%，MgO质量分数为0.16%，Al_2O_3质量分数为1.7%，粒度较细。制品生产的反应机理为：由于该尾矿是铁矿石经过还原焙烧后再磁选的产物，尾矿中含有一定量活性SiO_2和活性Al_2O_3，在蒸养条件下可进行一定反应，生成一系列的水化产物，使制品固结并具有良好的物理化学性能。试验采用了一次回归正交试验，并通过计算机处理对配方进行了优化，得出抗压强度和冻融强度损失各因子的回归方程，最后得到的最佳配方是：在尾矿中添加的改性胶结剂质量分数为14%～16%，生石灰质量分数为15%～16%，水质量分数为16%～17%。

南京梅山铁矿是我国较大的铁矿山，该矿山用细粒尾矿再选，获得铁精矿（铁品位为52%）和中矿（铁品位为34%）后，排出的最终尾矿用于烧制尾矿砖。所用尾矿化学成分为：SiO_2质量分数为29.13%，CaO质量分数为9.5%，MgO质量分数为3.2%，Al_2O_3质量分数为8.74%，尾矿在烧结砖中的掺量为10%。砖坯在窑中焙烧3d后制成的尾矿砖呈铁红色，无开裂、变形等现象，其抗压强度达到5.88～6.87MPa。同时利用尾矿和黏土混合制成的砖，尾矿掺量达50%，该砖抗压强度达到6.87～7.85MPa，超过了普通黏土砖的指标（林洪民，1988）。

彭建平和吴光炜（1993）利用山东金岭铁尾矿进行了灰砂砖的试验研究。该砖以尾矿为主，配以适量水泥，经搅拌均匀，再加入少量黏结材料进行碾压以提高其表面活性，经一定的工艺而制成成品砖。该砖免蒸免烧，同时工艺简单、成本较低，并通过了技术鉴定。

潘一舟和周访贤（1992）利用含铝铁尾矿代替部分水泥作为原材料，进行配制水泥的试验研究。尾矿分析表明，尾矿含有大量的SiO_2、CaO、Fe_2O_3、MgO、Al_2O_3等氧化物。试验研究通过运用X射线衍射、差热分析、电子显微镜等多种实验手段，对熟料试样进行了宏观、微观分析研究，提出了微量元素铝在水泥熟料形成过程中的作用机理。从铝铁矿的化学元素成分看，作为水泥原材料，含铝铁尾矿中SiO_2含量偏高（35%～50%），Al_2O_3含量偏低。按水泥生产的常规配方，尾矿掺量极为有限，如果改变其他原料，采用高铝质黏土配料，会增加生产成本，达不到有效利用尾矿、降低生产成本的目的。为此在实验室研究基础上，潘一舟和周访贤进行了工业性试验，探索出了适合工厂生产的工艺参数和尾矿掺量，并在试生产中获得成功，取得了明显的经济效益。

我国生产建筑玻璃和建筑陶瓷已经有多年历史，但用尾矿研制生产建筑玻璃和建筑陶瓷则是近几年才开始的。建筑玻璃和建筑陶瓷是用铝硅酸盐矿物及某些氧化物作为主要原料，在一定的条件下烧制而成，其传统原料包括可塑性原料、瘠性原料、釉料和着色剂等。

中国地质科学院尾矿利用中试基地采用首钢集团有限公司某铁矿的尾矿研制烧出了优美的黑棕色工业陶瓷和日用陶瓷，其成品符合部颁标准，已投入批量生产。尾矿还可以用于研制生产各种彩釉墙地砖和装饰面砖。例如张杰(2001)利用歪头山铁尾矿成功地生产了彩色地面砖和承重砌块。

曹永民等(1989)利用铁尾矿进行了尾矿铺地花砖的研究，该砖由两层不同配比的材料组成，即面层和底层。面层由白水泥、彩色水泥或普通水泥加各种颜料和石粉配制而成；底层用普通硅酸盐水泥加尾矿粉拌和，含水量控制在10%～16%，m(水泥)：m(尾矿)＝1：(3～5)，同时采用一定生产工艺制成成品。经检验，该砖抗压强度可达36.8MPa，抗折强度可达5.49MPa，吸水率为10%～15%，干容重为1910kg/m^3，抗冻性合格，可用于室外地面作装饰材料（曹永民等，1989）。

中钢集团马鞍山矿山研究院利用齐大山选矿厂的尾矿加入一定的配料（碎石、砂、粉煤灰及黏土）及石灰，经一定的处理后作为路面基料，并在沈阳至盘山道路的12km路段进行了工业试验，公路部门的测定表明该道路已达到了二级公路对路基强度的要求（李勤，2009）。

3. 充填采矿区

采用充填法的矿山每采一吨矿石需回填0.25～0.4m^3或更多的充填材料，矿山采空区的回填是直接利用尾矿最行之有效的途径之一。尾矿是一种较好的充填材料，可以就地取材、废物利用，免除采集、破碎、运输等生产充填料碎石的费用。一般情况下，用尾矿作为水力充填料，其充填费用较低，仅为碎石水力充填费用的1/10～1/4。

云南大姚铜矿采用尾矿井下水力充填技术，将硫化矿选厂的尾矿用直径125mm的旋流器进行分级（高发祥，1985）。凡口铅锌矿、麻阳铜矿等也都采用分级尾矿作为充填材料。部分有色金属矿山为了改善矿柱回采条件，降低贫化损失，往往在水力充填料中加入适量的水泥或其他胶凝材料，使松散的尾矿凝结成具有一定强度的整体。金川集团有限公司用3mm以下粒度的棒磨细粒级尾矿胶结充填，获得了很好的效果，年充填量达5万m^3以上。

4. 制备聚合物填料

有些尾矿含有石榴子石、硅灰石、云母等一些具有特种性能的非金属矿物。这些尾矿经过一定的处理后往往作为塑料橡胶、涂料等一些产品的填充料，可大大改善其强度、电性能等。湖北大冶铜矿从尾矿中回收石榴子石精矿用作橡胶填充料，可有效提高胶料的耐磨强度和抗老化性能等，并改善了加工性能，降低了胶料成本，石榴子石精矿的用量为橡胶量的50%～100%。该技术最后成功获得国家专利《石榴子石作为无机填料在橡胶中的应用》（专利号：CN201410169586.4）。

中南大学胡小冬(2008)以铝土矿选矿厂尾矿库里的矿浆作为原料，烘干后，分别用干法和湿法两种方式对干粉进行超细加工，获得优化的粉磨工艺。粉磨后的粉体粒度均匀，粒径小于10μm，呈类球状，化学性质稳定，热稳定性好，有一定的阻燃能力，符合塑料填料的基本要求。同时采用钛酸酯偶联剂、硅烷偶联剂、硅油及季铵盐表面活性剂，对超细尾矿粉体进行表面处理，与混聚氯乙烯(PVC)基料混匀，造粒、熔融挤出，从而制备 PVC 复合材料。结果表明，填料发挥了其成分复杂的多组分效应，填充 PVC 复合材料的刚性和耐热性相比纯 PVC 基体有所提高，在填料为 40 份时，流动加工性好，并且偶联剂有增塑、润滑作用，改性尾矿粉体能够均匀分散在 PVC 基体中。填充 PVC 复合材料的力学性能好，悬臂梁缺口冲击强度为 7.8kJ/m^2，拉伸强度为 338MPa，断裂伸长率为 17%，维卡软化温度为 86.1℃。

5. 制作肥料

由于有些尾矿中富含植物生长和发育的必需元素，如锌、锰、钒、硼、铁等可以用来生产钼微肥、锰微肥、稀土微肥、锌微肥、硅-锰微肥、铬-铁微肥以及混合肥等。例如马鞍山矿山研究院将磁选尾矿加入到化肥中制成磁化尾矿复合肥，并建成一座年产 10 000t 的磁化尾矿复合肥厂，取得了明显成效。

中国地质科学院矿产综合利用研究所针对四川拉拉铜矿尾矿，采用尾矿焙烧制备硅肥的工艺，可产出有效硅（以 SiO_2 计）质量分数 38.75%的多功能矿物硅肥产品，符合国家标准《肥料中砷、镉、铅、铬、汞生态指标》(GB/T 23349—2009）要求，可以作为无机、有机-无机复合肥或其他农业及生态用途的原料。

第三节 尾矿堆存的危害及现状

矿产资源作为一种不可再生资源极为重要，是人类生存、发展不可缺少的物质基础。在我国，超过 90%的原材料和 85%以上的能源都来自于矿产资源，矿产资源是支撑国民经济可持续发展的重要物质基础。随着生产力的发展、科学技术的日益提高，人类在开采利用矿产资源的过程中，加工应用的矿产种类与数量也越来越多，矿产资源也具有更加广泛的应用范围。这个过程一方面推动了社会进步、经济发展，但另一方面也产生了大量的尾矿，尾矿的堆砌造成了自然环境及生态平衡的严重损害，进一步对人体健康造成影响，已经成为限制我国经济可持续发展的重要因素。

自 2011 年以来，国内矿山年排放尾矿量高达 15 亿 t 以上。2013 年，我国尾矿排放更是高达 16.49 亿 t，同比增长 1.7%，增长速度大幅回落；尾矿资源利用量为 3.12 亿 t，同比增长 8.0%。统计数据显示，截至 2013 年底，我国尾矿废石累积堆存量近 600 亿 t，其中废石堆存量为 438 亿 t，铁矿开采产生废石占废石总量的 45%，煤矸石和铁铜开采所产生的废石占废石总量的 75%；尾矿累计堆存量为 146 亿 t，尾矿产生量最大的两个行业是黑色金属矿采选业和有色金属矿采选业，全国铁矿尾矿约 75 亿 t，占尾矿总量的 51%，铁、铜、金矿尾矿占尾矿总量的 83%，综合利用潜力巨大。2013 年，我国尾矿综合利用率仅为 18.9%，主要用于充填开采和建材（中国国土资源经济研究院，2016）。

截至 2014 年底，我国现有尾矿库 11 359 座，其中停用库 1872 座（废弃库 690 座），约占全国尾矿库总数的 16.48%，正常生产的尾矿库 9487 座，占全国尾矿库总数的 83.52%。全国危库、险库、病库数量由 2013 年底的 1207 座进一步下降到 772 座，下降了 36.04%，其中危库、险库数量由 143 座减少到 31 座，下降了 78.32%（国家安全监管总局等，2014）。

尾矿排放的数量在不断地增加，尾矿堆砌或送至尾矿库不仅占用了大量的土地资源，更为严重的是造成了环境的污染、资源的浪费。特别是一些细小的尾矿颗粒，在遇到大风天气更容易形成沙尘暴，直接威胁人类的生命健康。相反，尾矿作为二次资源有着很高的潜在价值，极具发展前景。我国矿山企业高达数万且大部分是中小型矿企，尾矿的资源化利用不仅关系到中小型矿产企业的可持续发展，更是解决环境污染问题的需要，怎样实现尾矿的资源化利用成为科技工作者研究的热点与难点。尾矿的资源化利用不仅是振兴老矿业基地的需要，更是国民经济可持续发展、建设美丽中国的需要。

一、占用土地

不论尾矿中有用矿物是否具有回收价值，国内外对于尾矿的处理，大都是在地面予以堆存。随着工业的飞速发展，矿产资源的需求不断增加，导致尾矿排放与日俱增，有的国家已堆积如山，大量占用土地。

我国共有大中型矿山9000多座，小型矿山26万座，因采矿侵占的土地面积已接近4万km^2，由此而废弃的土地面积达$330km^2/a$，以我国露天矿为例，排土场、尾矿库占地面积占矿山用地面积的30%～60%。即便尾矿占用的土地目前尚未耕种或者暂时不适宜耕种，但毕竟减少了今后适合开垦耕种的后备土地资源。这对于我国这样一个人口众多、人均耕地面积较少的贫地大国来说，显然是严重的威胁，日益加剧了我国人多地少的矛盾。同时矿山废弃物的排放和堆存也带来了一系列影响深远的环境问题，对土地的侵占和污染制约了当地的社会经济发展，并危害到人体的健康。

此外，修建、维护和维修尾矿库及因建尾矿库征地所需的费用也是相当可观的。土地资源越来越紧张，征地费用越来越高，导致尾矿库的基建投资占整个采选企业成本的比例越来越大，且尾矿库的维护和维修也需消耗大量资金，这更加重了企业成本，无形中降低了企业产品的竞争力。尾矿处理设施中结构复杂、投资巨大的综合水工构筑物的基建投资占矿山建设总投资的10%以上，占选矿厂投资的20%以上，还有的几乎接近甚至超过选矿厂投资。尾矿设施的运行成本也很高，有些选矿厂占生产成本的30%以上。

二、浪费资源

由于尾矿中不仅含有可再选的金属矿和非金属矿等有用组分，而且就是不可再选的最终尾矿也有生产建材、矿区充填等不少用途，因此浪费于尾矿中的有用组分数量是相当可观的。由于我国大多数矿山的矿石品位低，多组分大多呈共(伴)生状态，矿物嵌布粒度细，再加上我国选矿设备陈旧、老化现象普遍，自动化水平低，管理水平不高，选矿回收率低，必然造成资源的严重浪费。特别是老尾矿由于受到当时条件的限制，损失于尾矿中的有用组分更多一些。例如我国铁矿尾矿的全铁品位平均为8%～12%，有的甚至高达27%，以当前铁矿尾矿总堆存量45亿t计算，尾矿中相当于存有铁5亿t左右。我国金尾矿中含金一般为0.2×10^{-6}～0.6×10^{-6}，以当前总堆存量5亿t计算，其中尚含有金300t左右(筱美，2010)。云锡老尾矿数量已达10 000t以上，其中含锡平均为0.15%，损失的金属锡达到20万t以上。吉林夹皮沟金矿，老矿区金矿尾矿存量约30万t，金品位为0.4×10^{-6}～0.6×10^{-6}(新尾矿库)、1×10^{-6}～1.5×10^{-6}(红格尾矿库)。尾矿中的非金属元素不但存量巨大，而且有些已经具备高附加值应用的潜在特性，随着技术的进步，非金属元素潜在价值将远远超过金属元素的价值。这些尾矿资源如不能被综合回收利用，将造成巨大浪费。

目前，我国有色金属矿山的采选综合回收率只有30%左右，可见有色金属在尾矿中流失的严重性。

三、环境污染

首先，尾矿自身带有超标污染物或有害组分，选矿过程中加入的各种化学药剂又残存在尾矿当中。在没有经过处理情况下，尾矿直接堆放在地表，不仅占用大量的土地，还严重污染了周围的环境。如选金用的氰化物是一种剧毒药剂;选矿中常用的黄药、黑药、酚类化合物在水中分解散发出一种难闻的特殊气味,造成空气污染。

其次,在地表堆放的条件下,尾矿发生氧化、水解和风化,使原本无污染的组分变成了污染组分。

再次,流经尾矿堆放场所的地表水通过与尾矿相互作用,溶解某些有害组分,并携带转移,扩大了污染面积。甚至有些矿山的尾矿直接排入湖泊河流中,直接造成水体污染、河道堵塞,产生流域性的生态破坏和环境污染。

最后,我国一些矿山的矿物嵌布粒度细,为了达到单体解离,需要将矿石磨得很细,尾矿被排到尾矿库自然干涸以后,遇到大风天气,表面的尾矿矿砂会被不断地吹到周边地区,导致该地区土壤污染、土地退化、植被破坏,对周边的生态环境造成了严重的影响。例如某冶金类矿山的 9 个重点选矿厂附近 14 条河流均被污染,鞍山铁矿坝占地 $15km^2$,白云鄂博矿山尾矿占地 $11km^2$,金川镍矿尾砂扬尘 $10km^2$,粉尘使周围土地沙化,造成大面积农田减产或绝产(郭建文等,2009)。

四、安全隐患

尾矿在选矿过程中经受了研磨,堆密度减小,比表面积增大,堆存时易流动和塌漏,造成植被破坏和伤人事故,尤其在雨季极易引起塌陷和滑坡。而随着尾矿量的不断增加,尾矿库坝体高度也随之增加,安全隐患增大,特别是坝高超过 100m 的大型尾矿库,一旦发生事故,造成的破坏将是相当巨大的。同时,用于堆放尾矿的土地数量不仅越来越少,而且征用成本也越来越高,矿山企业的尾矿库越堆越高。很多尾矿库超期或超负荷使用,甚至违规操作,存在极大的安全隐患,对周边地区人民的财产和生命安全造成严重威胁。表 1-4 列举了一些国内外典型的尾矿库溃坝事件。

表 1-4 国内外典型尾矿库溃坝事件

年份	发生地点	排泄种类、数量及事故损失
1962	中国云南云锡火谷都尾矿库	涌出尾矿 330 万 m^3、水 38 万 m^3,冲毁 540 万 m^2 耕地、11 个村寨和 1 个农场;造成 171 人死亡,92 人受伤
1988	陕西省金堆城栗西尾矿库	排洪隧洞塌陷,136 万 m^3 尾矿砂和水发生泄漏,导致陕西、河南两省 16 个县市水资源严重污染
2000	瑞典阿尔蒂克矿尾矿库	180 万 m^3 水
2001	云南武定钛铁矿尾矿库	溃坝事故,7 人死亡
2005	山西临汾尾矿库	尾矿库溃坝,9 人死亡
2006	河北迁安庙岭沟尾矿库	副坝溃坝,6 人死亡
2006	陕西镇安黄金尾矿库	坝体施工时溃坝,17 人死亡
2006	山西娄烦尾矿库	溃坝事故,7 人死亡
2007	辽宁海城尾矿库	溃坝事故,15 人死亡、2 人失踪、38 人受伤
2008	山西襄汾尾矿库	溃坝事故,276 人死亡

从表 1-4 可以看出,尾矿库的存在增加了诱发自然灾害的发生概率,尾矿库一旦发生溃坝将给社会带来极大的危害,直接威胁人类的生命安全,可见尾矿的综合利用和环境治理已经迫在眉睫。

第四节 我国尾矿利用存在的问题与对策

一、存在的问题

我国在尾矿综合利用方面虽然取得了很大的成绩，但还远远不能适应社会和经济可持续发展的要求，与国内其他领域工业固体废弃物的利用水平及国际先进水平相比，存在着较大差距，具体表现在以下几个方面。

1. 综合利用率低

尾矿具有大量、集中的特点，大多数矿产资源是伴生矿，受限于当时的技术条件，矿产资源的总回收率只达到30%左右，平均比国外总回收率低20%。多数企业仅仅开采了对自己有益的主体矿，大部分的伴生矿被丢弃在尾矿中。就采选的回收率而言，铁矿为67%，有色金属矿为50%～60%，非金属矿为20%～60%。有益组分综合利用率达到75%的选厂只占选厂总数的2%，而70%以上的伴生综合矿山的综合利用率不到2.5%。更值得注意的是，有些矿山的共伴生组分甚至超过主矿产的价值，但这些共伴生组分在主矿产选矿时进入尾矿而未得到利用。仅以有色矿山而言，每年损失在尾矿中的有色金属就达20万t，价值在20亿元以上。国外尾矿的利用率可达60%以上，欧洲一些国家已向无废物矿山目标发展。而在我国，与粉煤灰、煤矸石等固体废弃物相比，金属矿山尾矿的综合利用技术更复杂、难度更大（张锦瑞，2014）。

《大宗工业固体废物综合利用"十二五"规划》指出，2010年我国大宗工业固体废弃物综合利用率在40%左右，其中尾矿的综合利用率仅为14%，而金属矿山尾矿的综合利用率平均不到9%，与发达国家的综合利用率（60%）相比还存在很大的差距（工业和信息化部，2012）。《工业绿色发展规划（2016—2020年）》指出，2015年我国大宗工业固体废弃物综合利用率在65%左右，其中尾矿的综合利用率仅为22%（工业和信息化部，2016）。

2. 高附加值产品少，缺乏市场竞争力

目前，尾矿在工业上的应用大多仅停留在有价元素的回收利用及剩余非金属矿物在砂石、水泥等普通建材方面的应用。而高档的建筑材料如微晶玻璃、高档陶瓷、玻化砖等，由于制造工艺过程相对复杂，制造成本相对较高，所以市场竞争力较低。因此，到目前为止，大部分高附加值产品研究仅仅停留在实验室研究阶段，未能得到大规模工业应用。

3. 国家投入资金不足，政策法规不完善

长期以来，尾矿利用项目在资金上得不到保证，投入严重不足。目前，我国很少有专项资金支持资源尤其是尾矿资源的综合利用。矿山企业融资渠道没有解决，再加上矿山行业普遍效益较差，尾矿利用资金筹措非常困难，导致企业没有意愿也没有能力关注并解决尾矿的综合利用问题。在政策扶持上，国家虽然先后出台了资源综合利用减免所得税、部分资源综合利用产品企业减免增值税的优惠政策，但尚缺乏强制性政策措施去完善尾矿资源化利用体系，导致矿山企业对尾矿的综合利用缺乏积极性。有些甚至宁愿缴纳排污费也不愿在尾矿利用方面投资，这更加重了资源浪费与环境问题。

4. 缺少示范工程引领带动

尾矿资源的开发利用是一项系统的大型工程，牵涉多个行业，需要各方面的技术支持。我国自然资源部开展了几轮矿产资源节约与综合利用示范工程和示范基地的建设，在矿山综合利用技术示范方面积累了一定的经验，但是在尾矿综合利用方面还缺少相应的全国范围的示范工程或者示范基地，导致真正利用尾矿资源时经验不足，事倍功半。

5. 调查和研究水平相对较低

我国尾矿资源量调查和研究主要集中在调查和走访上，缺乏系统的测试与定量评价数据，针对尾矿的资源量、化学成分、矿物成分、可利用组分含量、类型、赋存状态等特征缺乏系统的资料，导致尾矿综合利用缺乏基础资料依据。各类矿山主管部门缺乏本行业矿山系统的尾矿资料信息，更没有行业主管部门建立跨行业的尾矿矿产资源数据库和使用分配表，全国的尾矿资源开发利用规划也尚未展开。同时，尾矿的综合利用研究也仅仅停留在实验室小型试验或中型试验阶段，尚不能得到完全工业化应用。

6. 资源意识、环境意识不高

长期以来，我国对尾矿的处理方法为：通过大量堆砌或者荒地筑坝（具有泥石流安全隐患），并进行系列维护。这种方法不但要花费巨大的资金来维护，还占用了大量的土地资源，对于我国这样一个人口众多的国家来说尤其不利。国家和企业资源意识及环境意识不高，产生的大量尾矿中的有价元素及有用矿物若不能被充分利用，不仅会占用土地，受风吹雨打后更是污染大气与水体。专家指出，我国近年来日益繁多的沙尘暴与尾矿的未及时处理有很大的关系。

从人类社会发展的趋势来看，目前人类面临着资源枯竭、环境恶化等诸多问题。具有战略意义的做法是将尾矿资源化利用，从源头治理。这不仅可延长矿山的使用寿命，解决就业问题，也增加了资源供应，是一件功在当代利在千秋的好事。

二、对策建议

尾矿资源综合开发利用是当务之急，也是长远之需；是经济任务，也是政治责任；是环境建设，也是民生工程。尾矿资源综合利用要以提高利用率和效益为目标，以技术创新为动力，以企业为实施主体，以税收优惠政策为杠杆，以政府资金引导为手段，加强项目建设，建立标准体系，完善政策措施，共同促进尾矿综合利用事业又快又好地发展。

在 21 世纪的历史发展阶段，我国有限的资源承载着超负荷的人口、环境负担，仅靠拼资源、外延扩大再生产的经济增长是不可能持续的。结合尾矿利用的现状以及大量尾矿所带来的诸多问题，尾矿利用工作应当进一步引起有关部门、矿山企业的高度重视，应从政策、经济、法律以及技术等方面采取切实可行的措施。

1. 进一步转变观念，提高尾矿利用意识

国家各相关部门应确定尾矿利用在资源综合利用中的重要地位，矿山企业应当树立长远观念，要把尾矿利用作为实现矿业持续发展的必要措施。要运用各种手段和形式，加强尾矿利用的宣传教育，使全行业真正认识到尾矿利用对节约资源、保护环境、提高矿山经济效益、促进经济增长方式的转变、实现合理配置资源和可持续发展有着重要的意义。

2. 完善法律和政策体系，强化政策导向作用

1986年我国颁布了《中华人民共和国矿产资源法》，对矿产资源的合理开发和有效保护起到了积极的作用。当前该法规已不能完全适应新时期矿山形势的要求，应紧扣我国“十四五”规划及生态文明建设的主旋律，尽快研究可持续发展的资源综合利用条例、资源综合利用专项规划等，研究促进循环经济发展的政策和机制，并尽快出台鼓励性和严格的法律法规，使我国的尾矿综合利用工作能够真正地进入法制轨道，有效解决我国资源消耗高、综合利用率低、资源浪费和环境破坏问题。同时继续贯彻现有的一些诸如财税、产业及投资等鼓励资源综合利用的政策。

3. 强化管理工作，增加对尾矿利用的投入

尾矿利用是社会性公益事业，除要充分发挥市场机制的作用外，还应加强综合部门的宏观管理，将尾矿利用纳入国家、行业发展规划，并制订分步实施的计划。矿山企业要对尾矿利用工作统筹规划，要设立或指定具体的管理机构，加强企业内部尾矿利用的管理与协调。

鉴于尾矿利用是集环境、社会、经济效益于一体的长期性和公益性事业，国家及相关部门应当加大科技投入的力度，建立工程化研究基地和示范工程。国家应设立资源综合利用专项基金，在政策性银行设立资源综合利用贷款专项，并给予贴息、低利率、延长还款期等方面的信贷优惠政策，引导企业增加对尾矿利用的投入，使我国尾矿利用工作走上健康发展的道路。

4. 加强尾矿资源的调研工作，加大尾矿利用科技攻关力度

由于我国的尾矿量大、分布广、性质复杂，因此加强对尾矿资源的调研工作、摸清基本情况、找出存在的问题以便“对症下药”是推进尾矿利用的重要基础。通过调研，摸清现有尾矿堆存数量、年排出量、尾矿基本类型、粒度组成、各种有用金属矿物和非金属矿物含量、有害成分含量等，根据地域和不同类型尾矿的特点，从技术、经济上指出合理利用的途径。

搞好尾矿综合利用，还有许多技术问题需要解决。因此，必须加大科技攻关的力度，应重点解决尾矿中伴生元素的综合回收技术，研发经济生产高附加值以及消耗大宗用量尾矿产品的实用技术等，开展尾矿矿物工艺学的研究。国家应大力支持尾矿利用科技攻关工作，通过科技攻关及成果的推广，逐步提高我国工业固体废弃物综合利用的整体水平，缩小与世界先进水平的差距。

第五节　我国矿山尾矿管理规定

一、产业政策

国家发展和改革委员会修订的《产业结构调整指导目录(2011年本)》第三十八条要求，鼓励推广共生、伴生矿产资源中有价元素的分离和综合利用技术，以及尾矿、废渣等资源综合利用(余晶和李秋月，2017)。

为进一步推动资源综合利用，提高资源利用效率，发展循环经济，建设资源节约型、环境友好型社会，2010年国家发展和改革委员会、科学技术部、工业和信息化部、国土资源部、住房和城乡建设部、商务部组织编写并颁布了《中国资源综合利用技术政策大纲》，在尾矿资源综合利用方面主要引导开发对废渣(尾矿)、废水(废液)、废气、余热、余压等进行回收和合理利用的技术,以及利用尾矿生产各种建筑材料的产业化技术。

2016年,国务院发布《关于促进建材工业稳增长调结构增效益的指导意见》,要求积极利用尾矿废石、建筑垃圾等固体废弃物替代自然资源,发展机制砂石、混凝土掺和料、砌块墙材等产品;鼓励企业整合玻璃用硅砂、石英砂和砂石骨料用尾矿、废石等资源,提高综合利用水平。该要求的提出给尾矿、建筑垃圾再利用领域带来明确的政策指导,为砂石骨料行业发展指明了新的方向。总体上,国家在引导资源综合利用,特别是尾矿资源综合利用方面,产业政策不设下限,大力进行鼓励推动。

为落实《中华人民共和国国民经济和社会发展第十三个五年规划纲要》《循环发展引领行动》和《工业绿色发展规划》,促进产业集聚,提高资源综合利用水平,推动资源综合利用产业高质量发展,拟开展大宗固体废弃物综合利用基地建设。以尾矿(共伴生矿)等大宗固体废弃物为重点,选择废弃物产生量大且相对集中、具备资源综合利用基础、产业创新能力强、产品市场前景好、规模带动效益明显的地区,通过政策协同、机制创新和项目牵引等综合措施,开发和推广一批大宗固体废弃物综合利用先进技术、装备及高附加值产品,开展尾矿、共伴生矿、非金属矿、废石有用组分高效分离提取和高值化利用,协同生产建筑材料,实现尾矿有效替代水泥原料。鼓励资源枯竭矿区开展尾矿回填和尾矿库复垦,推广低成本高效胶结物填充。深化尾矿在农业领域无害化利用、生态环境修复治理方面的利用。鼓励提取有价组分项目与剩余废渣综合利用项目"捆绑式"建设模式,大力推进多种固体废弃物协同利用。

为深刻吸取国内外尾矿库溃坝事故教训,有效防范化解我国尾矿库安全风险,确保人民群众生命财产安全,2020年2月,经国务院同意,应急管理部、国家发展和改革委员会、工业和信息化部、财政部、自然资源部、生态环境部、水利部、中国气象局组织编写了《防范化解尾矿库安全风险工作方案》,要求结合本地区国民经济和社会发展规划、土地利用、安全生产、水土保持及生态环境保护等要求,采取等量或减量置换等政策措施对本地区尾矿库实施总量控制,自2020年起,在保证紧缺和战略性矿产矿山正常建设开发的前提下,尾矿库数量原则上只减不增。积极稳妥推进尾矿资源综合利用,加大政策引导和支持力度,积极推广尾矿回采提取有价组分、利用尾矿生产建筑材料、充填采空区等尾矿综合利用先进适用技术,鼓励尾矿库企业通过尾矿综合利用减少尾矿堆存量乃至消除尾矿库,从源头上消除尾矿库安全风险。建设一批尾矿综合利用典型示范项目,在尾矿产生和堆存集中的地区建设一批尾矿综合利用示范基地。尾矿回采再利用工程要符合安全要求,严格按照经审查批准的回采设计实施,确保安全。对尾矿库矿产资源的再利用,有生产经营主体的尾矿库由采矿权人实施,无生产经营主体的尾矿库由县级人民政府指定的管理部门组织实施。

二、投资政策

国务院发布的《循环经济发展战略及近期行动计划》对煤炭工业、电力工业、钢铁工业、有色金属工业、建材工业等行业的资源综合利用发展提出了明确要求,特别是对建材工业提出着重推动利废建材规模化发展,推进利用矿渣、煤矸石、粉煤灰、尾矿、工业副产石膏、建筑废弃物和废旧路面材料等大宗固体废物生产建材,在大宗固体废弃物产生量、堆存量大的地区,优先发展高档次、高掺量的利废新型建材产品。《中华人民共和国国民经济和社会发展第十三个五年规划纲要》提出,推动75%国家级园区和50%省级园区开展循环化改造,将建设50个工业废弃物综合利用产业基地,在100个地级市及以上城市布局资源循环利用示范基地。

《工业绿色发展规划(2016—2020年)》提出,大力推进工业固体废弃物综合利用,围绕尾矿、废石、煤矸石、粉煤灰、冶炼渣、冶金尘泥、赤泥、工业副产石膏、化工废渣等工业固体废弃物,推广一批先进适用技术装备,推进深度资源化利用。

国务院发布的《关于加快发展节能环保产业的意见》要求，深化废弃物综合利用，推动资源综合利用示范基地建设，鼓励产业聚集，培育龙头企业，支持大宗固体废弃物综合利用，提高资源综合利用产品的技术含量和附加值。

为深入贯彻落实科学发展观，大力发展循环经济，提高资源综合利用率，解决金属尾矿大量堆存带来的资源、环境、土地等方面的影响和问题，工业和信息化部、科技部、国土资源部、国家安全监管总局等有关部门组织编制了《金属尾矿综合利用专项规划（2010—2015）》，目标到2015年全国尾矿综合利用率达到20%，尾矿新增储存量增幅逐年降低，已实现安全闭库的尾矿库50%完成复垦，攻克一批具有原创性、前瞻性和自主知识产权的尾矿综合利用重大共性关键技术，在尾矿综合利用各重点领域建成一批具有带动效应的示范项目。

三、财税政策

国家发展和改革委员会、财政部中央预算内的备选项目重点支持循环经济示范城市及资源循环利用产业化示范基地、资源综合利用“双百工程”等。资金整体下达由各省支配，单个资源综合利用项目原则上按东、中、西部地区分别不超过8%、10%、12%，且单个项目以最高补助上限为1000万元进行控制。从2016年起每年拟安排中央预算内投资20亿元用于资源节约循环利用重点工程，国家发展和改革委员会结合各地上报的补助需求及专项资金额度等情况，并明确各地年度建设任务，切块下达资金。省级发展改革部门会同相关行业主管部门将切块资金落实到具体项目，2016年重点支持节能、循环经济、综合利用和节水。

国土资源部、财政部印发了《矿产资源节约与综合利用专项资金管理办法》，重点支持的领域中就含有黑色金属、有色金属、贵金属等共伴生矿和尾矿资源综合利用。奖励资金划分为4个类别：一类为1000万元，二类为800万元，三类为500万元，四类为200万元。另外，对矿产资源节约与综合利用成效特别突出的，给予2000万元特殊奖励。

财政部印发了《资源综合利用产品和劳务增值税优惠目录》，废止了以前出台的所有关于资源综合利用增值税优惠政策，并将由省级发展和改革部门认定资源综合利用企业的工作环节去掉，由国税部门直接落实政策。其中，共伴生矿产资源、“三废”（废液、废气、废渣）、尾矿都属于重点的支持范围，即征即退70%。

《中华人民共和国环境保护税法》鼓励固体废物综合利用，减少污染物排放，对纳税人符合国家或地方标准综合利用的固体废物免税。

财政部、国家税务总局印发了《关于资源税改革具体政策问题的通知》，为切实做好资源税改革工作，其中第三条关于资源税优惠政策及管理，对鼓励利用的低品位矿、废石、尾矿等提取的矿产品，由省级人民政府根据实际情况确定是否给予减税或免税。

第二章 攀西地区金属矿山尾矿堆存情况

第一节 攀西地区金属矿山资源

一、攀西地区自然概况

1. 社会经济概况

据《四川省2019年统计年鉴》，攀西地区（全称攀枝花西部地区，本书简称攀西地区）所辖22个县（市、区），主要包括凉山彝族自治州（简称凉山州）的西昌、会理、会东、宁南、普格、甘洛、越西、喜德、冕宁、盐源及木里藏族自治县（简称木里县）等17个县（市），以及攀枝花市的东区、西区、仁和区、米易县、盐边县5个县（区），总面积为67 695km^2，户籍人口总数约639.10万人，人口密度为94人/km^2。攀西地区国内生产总值为2 706.71亿元，人均生产总值约42 352元，完成固定资产投资1 667.4亿元。攀西地区水力资源丰富，金沙江、雅砻江和安宁河水力蕴藏量达4.003×10^7kW，约占中国的6%，已建成二滩、官地、锦屏电站3座中大型水电站和一批小型电站。

攀西地区内景观以自然山水景观为主，已建泸山、邛海-螺髻山、西昌仙人洞、泸沽湖、红格温泉等旅游风景区，建立了以保护大熊猫和苏铁等动植物为主的省级自然保护区。红军长征纪念地彝海、西昌卫星中心、攀枝花钢铁基地等为重要人文景观资源。攀西河谷地区光热资源充足，有发展农、林、牧、副的优越条件，安宁河谷历来是四川西南地区的“粮仓”，安宁河平原是四川省第二大平原。

2. 区域矿产

攀西地区独特的构造-岩浆条件及流体活动孕育了丰富的内生金属矿产（表2-1）。区内矿产资源丰富，种类齐全，矿产资源开发历史悠久，开采矿种以黑色、有色金属矿产为主，如钒钛磁铁矿、铅锌矿、铜矿、锡矿、岩盐、石墨、冶金辅助原料、稀有金属、稀土等矿产。

据《四川省矿产资源年报（2019年）》资料统计，截至2019年底攀西地区已经查明的矿产资源种类共72种，主要包括煤炭、铁矿、锰矿、钛矿、钒矿、铜矿、铅矿、锌矿、铝土矿、镍矿、钴矿、锡矿、钼矿、汞矿、铂族金属、钯矿、金矿、银矿、铌钽矿、锆矿、锶矿、稀土矿、锗矿、镓矿、镉矿、普通萤石、溶剂用灰岩、冶金用白云岩、耐火黏土、磷矿、电石用灰岩、砷矿、滑石、高岭土、石膏、玻璃用白云岩、水泥配料用黏土、硅藻土、建筑用凝灰岩等。优势矿种主要有钒钛磁铁矿、稀土矿、铜矿、铅锌矿、锡矿、煤、石灰岩、白云岩、花岗石、滑石、萤石等。攀西地区内已查明的矿产资源储量中，有62种矿产资源储量位列四川省前三，其中铁、钛、钒、铜、铅、钴、稀土矿等45种金属矿产资源储量位列全省首位，铁、钒、钛、钴、稀土矿资源储量占全省的资源储量百分比超过90%，部分矿种为攀西地区独有。

表 2-1 攀西地区主要矿种资源储量汇总

矿种	单位	储量	基础储量	资源量
铁	万 t(以矿石计)	225 807.933	107 416.3	688 545.541
钒	t(以 V_2O_5 计)	5 371 317.47	2 627 406	11 972 171.73
铜	t	284 074.22	6294	1 606 499.41
铅	t	467 067.58	—	1 618 523.91
锌	t	921 333.14	10 268	1 711 738.44
镍	t	12 045	—	129 943
锡	t	6916	3787	15 638
钼	t	8 094.35	—	12 118.08
金	kg	34 599	2281	53 735.7
银	t	117.46	—	1 246.2

截至 2019 年底，攀西地区范围内(不计放射性矿产及水气矿产)矿床约 897 个，其中能源矿产 63 个，有色金属矿产 194 个，黑色金属矿产 221 个，贵金属矿产 57 个，稀有及稀土矿产 26 个，冶金辅助原料矿产 36 个，化工原料矿产 40 个，建材及其他非金属矿产 260 个，其中有色金属矿产、黑色金属矿产、建材及其他非金属矿产占比居前三，占比分别为 21.63%、24.64%和 28.99%(图 2-1)。攀西地区矿产资源分布相对集中，主要沿攀西裂谷、安宁河谷分布，区域特色明显。其中本项目调查区域，分布在攀西裂谷成矿带范围内的矿产地约有 402 处(图 2-2)。

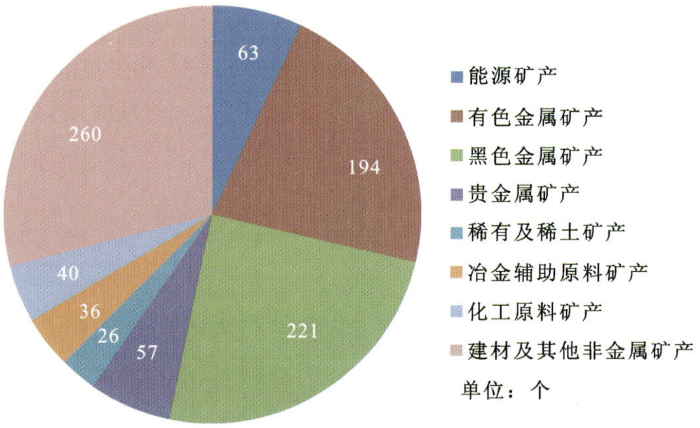

图 2-1 攀西地区按矿类统计矿产数量图

从已发现的矿床分析，攀西地区主要的成矿系统有 3 个。

(1)元古宙与火山-沉积-变质作用有关的铁-铜成矿亚系统：攀西地区元古宙与火山-沉积-变质作用有关的铁铜成矿系统主要发育在康滇地轴中段东缘的“双会”(会理和会东县)地区。成矿主要受河口期火山地堑成矿期控制。矿床赋存于前震旦系河口群落凼组、天生坝组及小青山组细碧-角斑岩建造中。

(2)峨眉火成岩省铁-钛-钒成矿亚系统：形成了广布于攀西地区、驰名中外的大型—超大型钒钛磁铁矿。层状岩体多呈大中型岩床或岩盆状侵入于新元古代变质岩或古生代地层中。由分离结晶作用形成的磁铁矿矿石呈浸染状或稀疏浸染状，矿体为层状，产于岩相旋回的下部，矿体与围岩呈渐变过渡关系。

(3)喜马拉雅期与碱性岩有关的稀土成矿亚系统：喜马拉雅期碱性杂岩主要见于箐河断裂带两侧次

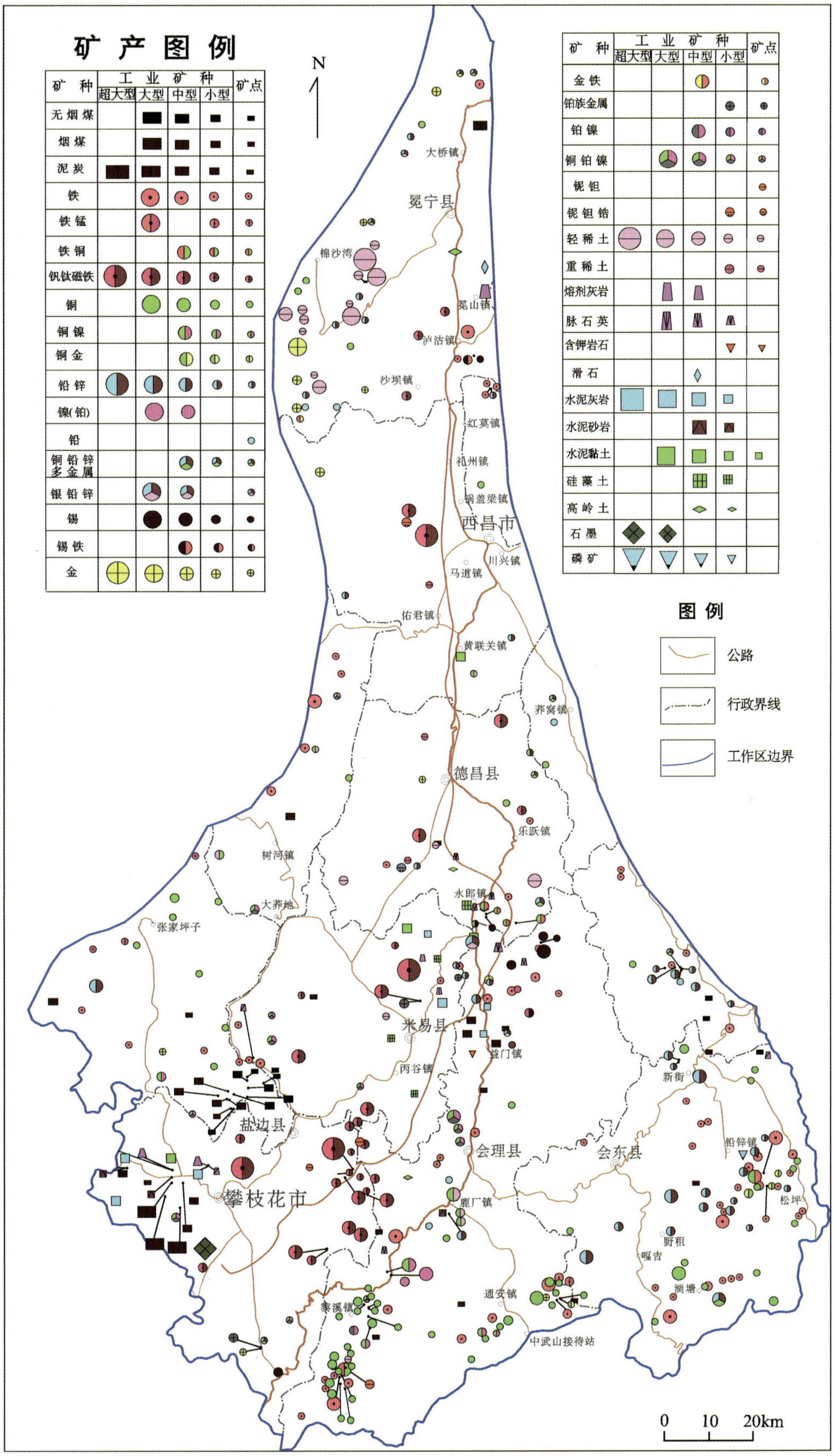

图 2-2　攀西地区矿山分布图

级张扭性构造中，呈南北向串珠状分布，有牦牛坪、包子村、麦地、里庄、木洛及大陆乡等岩体。它们或侵位于结晶基底及古生代盖层，或侵位于燕山期碱长花岗岩基中。碱性杂岩主要呈小型岩株、岩枝、岩脉及网脉产出，具有株-脉-网脉"三位一体"特征，常形成大型氟碳铈矿矿床。

3. 矿产资源矿集区划分

矿产资源矿集区是具有较大开采强度的若干生产矿山和闭坑矿山集中分布的区域。根据攀西地区区域矿产分布情况，大致可以划分出 7 个主要矿产资源矿集区（图 2-3），分别为攀枝花-红格钒钛磁铁矿矿集区、白马钒钛磁铁矿矿集区、太和钒钛磁铁矿矿集区、拉拉铜矿矿集区、大陆槽稀土矿矿集区、牦牛坪稀土矿矿集区和大梁子铅锌矿矿集区。

二、攀西地区钒钛磁铁矿矿区

（一）攀西地区钒钛磁铁矿矿区资源分布

攀西地区是我国钒钛磁铁矿矿床高度集中分布的成矿区，区内含钒钛磁铁矿的基性、超基性岩体均产于川滇南北构造带中段的安宁河构造带，安宁河构造带也是川滇南北构造带中构造活动最剧烈的部分。受深大断裂的控制，含矿岩体绝大多数产于安宁河构造带西侧与昔格达断裂带所限的狭长地带，有探明储量的大中型矿床 14 处，其中大型以上 8 处（红格、白马、太和、攀枝花、安宁村、白草、中干沟、秀水河），中型 6 处（湾子田、中梁子、新街、普隆、马鞍山、巴洞）。

攀西地区钒钛磁铁矿资源储量丰富，现已探明的矿区由南至北为攀枝花矿区、白马矿区、红格矿区及太和矿区四大矿区构成的特大型矿床，以及其他 20 多个矿床或矿段。截至 2015 年，太和矿区查明钛金属氧化物资源储量 5 409.34 万 t，钒金属氧化物资源储量 191.93 万 t，矿区内已设置钒钛磁铁矿采矿权 1 个，设计产能 300 万 t/a。截至 2017 年，红格矿区累计查明铁矿石资源储量 23 519.83 万 t，钛（以 TiO_2 计）资源储量 2 551.70 万 t，钒（以 V_2O_5 计）资源储量 58.33 万 t。

攀西地区丰富的资源为我国钒钛产业的可持续发展提供了重要的资源保障。在钛资源方面，由于国内钛铁砂矿资源短缺，原生钛铁矿（钒钛磁铁矿）资源将成为我国今后钛矿的主要来源。在钒资源方面，目前世界钒工业利用的钒资源主要来自钒钛磁铁矿，少量来自钒铀矿、磷铁矿以及石油渣，攀西地区钒资源在全球钒资源中占有重要地位。由于攀西地区钒钛磁铁矿可同时回收铁、钒、钛，其综合市场竞争力也远远强于单一铁矿资源，已成为我国发展铁、钒、钛产业最主要的资源基地。攀西地区主要铁矿床情况见表 2-2。

此外，攀西地区钒钛磁铁矿中还共生有铬、硫、钴、铜、镍等具有战略意义的金属元素，含量均达到综合利用的工业指标，且蕴藏量十分巨大，并含有储量可观的镓、锗、钪、碲、铋、铂族元素、稀土元素等资源，是我国难得的稀有稀土、贵金属资源宝库。

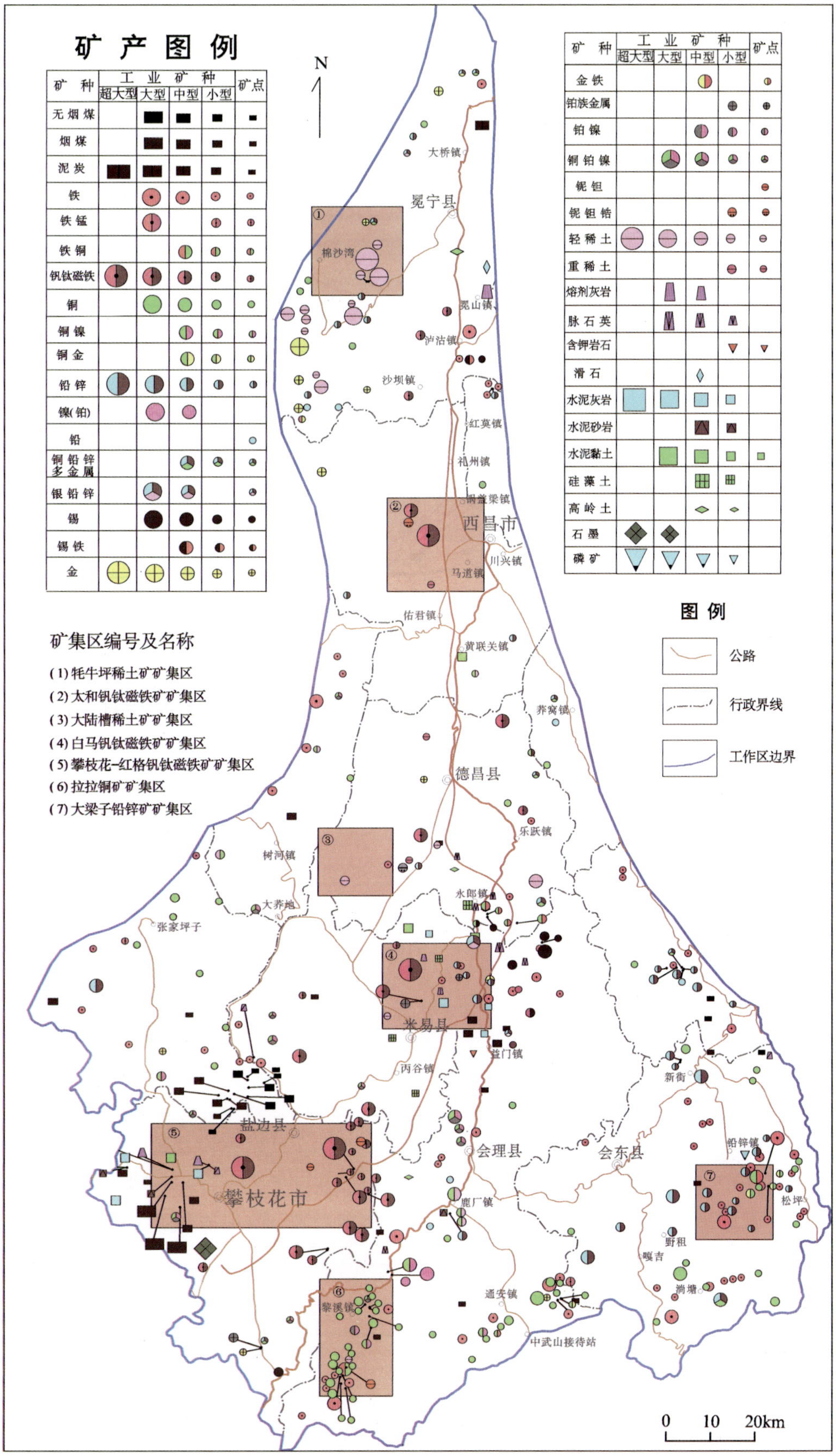

图 2-3　攀西地区矿产资源矿集区位置图

表 2-2 攀西地区主要铁矿床统计表

序号	矿床地名	矿种	勘查程度	矿床规模
1	攀枝花朱家包包	钛磁铁矿	勘探	超大型
2	攀枝花红格北矿区	钛磁铁矿	勘探	超大型
3	攀枝花红格路枯矿区	钛磁铁矿	勘探	超大型
4	攀枝花红格铜山矿区	钛磁铁矿	勘探	超大型
5	攀枝花兰家火山	钛磁铁矿	勘探	大型
6	攀枝花倒马坎	钛磁铁矿	勘探	大型
7	攀枝花红格马松岭	钛磁铁矿	勘探	大型
8	会理白草	钛磁铁矿	详查	大型
9	会理秀水河	钛磁铁矿	详查	大型
10	米易安宁村	钛磁铁矿	勘探	大型
11	米易潘家田	钛磁铁矿	勘探	大型
12	攀枝花中干沟	钛磁铁矿	详查	大型
13	米易一碗水	钛磁铁矿	预查	中型
14	攀枝花公山	钛磁铁矿	勘探	中型
15	攀枝花尖包包	钛磁铁矿	勘探	中型
16	攀枝花纳拉箐	钛磁铁矿	勘探	中型
17	攀枝花湾子田	钛磁铁矿	详查	中型
18	会理新桥	钛磁铁矿	预查	矿点
19	攀枝花白沙坡	钛磁铁矿	预查	矿点
20	攀枝花德胜东村	钛磁铁矿	预查	矿点
21	攀枝花彭家梁子	钛磁铁矿	预查	矿点
22	攀枝花新桥	钛磁铁矿	预查	矿点

(二)不同矿区矿石性质

1.矿石的物质成分

攀西地区钒钛磁铁矿中主要元素是氧、铁、钛、钒、硅、钙、铝和镁，其次是钾、钠、铬、锰、硫、钴、镍、铜和磷，少量及微量元素有镓、钪、砷、硒、碲和铂族元素等。攀西地区钒钛磁铁矿各矿区原矿化学成分的主要元素、次要元素和微量元素是一致的，其含量高低有明显差异，这取决于矿石的工业类型和自然类型。

2.四大矿区矿石化学成分

四大矿区矿石化学成分见表 2-3，具体特征如下。

(1)四大矿区中，红格矿区铬含量明显高于其他矿区，说明矿石基性程度越高，岩体分异程度好。

(2)各矿区矿石中硫、钴、镍、铜含量趋于稳定，在低含量分析结果中，红格矿区镍含量明显高于其他矿区。

(3)攀枝花与太和矿区 MgO 含量偏低,矿石自然类型属辉长岩型;白马矿区 MgO 含量偏高,矿石自然类型为橄榄辉长岩型;红格矿区 MgO 含量高低变化显著。

(4)攀枝花、红格、太和矿区原矿中 $w(TFe)/w(TiO_2)$ 为 2.48~2.65,钛磁铁矿 TiO_2 品位为 11%~15%,属高钛型钒钛磁铁矿。

表 2-3 攀西地区钒钛磁铁矿不同矿区矿石化学成分 单位:%

成分	攀枝花矿区			白马矿区		红格矿区		太和矿区
	朱家包包	尖包包	兰家火山	岌岌坪	田家山	南矿区	北矿区	
TFe	30.86	30.96	30.30	33.05	35.18	39.04	38.21	46.50
FeO	24.25	21.49	22.39	23.10	22.63	23.89	24.94	26.91
Fe_2O_3	17.17	20.38	18.44	21.58	25.15	30.22	26.91	36.58
TiO_2	12.98	10.52	10.59	7.65	8.08	14.04	14.69	17.05
V_2O_5	0.25	0.29	0.27	0.33	0.33	0.36	0.38	0.42
Cr_2O_3	0.10	0.02	0.04	0.03	0.07	0.40	0.44	0.01
SiO_2	20.52	22.62	22.44	20.45	19.21	10.99	11.92	4.21
Al_2O_3	7.36	10.36	9.38	6.65	6.33	3.85	5.19	5.39
CaO	6.58	7.21	7.21	3.85	3.05	3.30	3.75	1.16
MgO	7.10	5.34	6.10	12.65	11.20	9.35	7.61	4.42
K_2O	0.34	0.18	0.10	0.11	0.09	0.13	0.13	0.05
Na_2O	0.48	0.57	1.30	0.84	0.71	0.22	0.23	0.16
P_2O_5	0.034	0.041	0.041	0.057	0.028	0.110	0.061	0.099
S	0.78	0.47	0.62	0.52	0.60	0.44	0.51	0.27
Co	0.022	0.020	0.018	0.016	0.018	0.024	0.023	0.014
Ni	0.008	0.015	0.011	0.035	0.021	0.087	0.076	0.010
Cu	—	—	—	0.039	0.044	0.028	0.032	0.022

3. 四大矿区矿石物质组成

钒钛磁铁矿矿物种类繁多,有氧化物、硫化物、砷化物、锑化物、硅酸盐、硫酸盐和碳酸盐等。从工艺角度考虑,以实用价值为划分基准,并考虑矿物的属性,矿物可划分为金属矿物和脉石矿物两大类,金属矿物又划分为氧化物和硫(砷)化物。攀西地区钒钛磁铁矿矿物种类基本相同,但矿物含量却有差别,这主要是由矿石品级决定的。按矿物的主次划分,矿物组成结果见表 2-4,各矿区矿物含量见表 2-5。

4. 矿物的工艺粒度特征

矿物工艺粒度是确定选矿方法和制订工艺流程的重要依据。通常所说的矿物粒度是指单晶矿物颗粒的大小,工艺粒度是指某种或某几种矿物单体或集合体的大小及相应的百分含量。矿物工艺粒度划分依据是矿物性质、选矿工艺中目的矿物和排除矿物的种类等因素。

攀西地区的钒钛磁铁矿在选矿工艺中的目的矿物为钛磁铁矿(包括磁铁矿、赤铁矿及褐铁矿等)、钛铁矿和硫化物,脉石矿物(包括辉石、角闪石、斜长石、橄榄石等)为被排除的矿物。据此将矿石中的矿物可划分为 4 类,即钛磁铁矿、钛铁矿、硫化物和脉石矿物。四大矿区主要矿物的工艺粒度组成比例及平均粒径见表 2-6 和表 2-7,四大矿区主要矿石矿物的工艺粒度具有的特点如下。

(1)脉石矿物粒度粗于钛磁铁矿、钛铁矿,硫化物的粒度较细。矿石由富到贫,钛磁铁矿的粒度由粗

表 2-4 攀西地区钒钛磁铁矿矿物组成

<table>
<tr><th colspan="2">种类</th><th>主要矿物</th><th>次要矿物</th><th>少量矿物</th><th>微量矿物</th></tr>
<tr><td rowspan="2">金属矿物</td><td>氧化物</td><td>钛磁铁矿、钛铁矿</td><td>磁赤铁矿、磁铁矿、褐铁矿</td><td>赤铁矿、假象赤铁矿、金红石、白钛石、锐钛矿</td><td></td></tr>
<tr><td>硫(砷)化物等</td><td>磁黄铁矿、黄铁矿</td><td>黄铜矿、镍黄铁矿</td><td>紫硫镍矿、硫铁镍矿、辉钴矿、马基诺矿、硫钴矿、硫镍钴矿、针镍矿、钴镍黄铁矿、砷镍矿、斜方砷钴矿、方钴矿、白铁矿、辉铁镍矿、毒砂</td><td>方黄铜矿、墨铜矿、辉铜矿、铜蓝、黝铜矿、闪锌矿、方铅矿、辉钼矿、自然铅、砷铂矿等</td></tr>
<tr><td colspan="2">脉石矿物</td><td>辉石、拉长石、中长石、橄榄石</td><td>角闪石、蛇纹石、黑云母、磷灰石</td><td>绿泥石、方解石、易剥石、透辉石、榍石、次透辉石、金云母、铝镁尖晶石、锆石、电气石、黝帘石</td><td>黑柱石、白云母、滑石、透闪石、水镁石、绿帘石、绢云母、高岭石、沸石</td></tr>
</table>

表 2-5 攀西地区钒钛磁铁矿不同矿区矿物含量 单位:%

名称	钛磁铁矿	钛铁矿	硫化矿	辉石类	长石类	橄榄石
攀枝花矿区	43.01	10.56	1.56	24.69	20.18	—
白马矿区	31.37	4.96	1.34	23.18	26.44	12.71
红格矿区	33.44	11.65	1.50	33.09	15.20	5.12
太和矿区	33.53	13.15	1.12	27.50	24.70	—

到细,变化比较明显;钛铁矿也是由粗到细,但变化差异较小;脉石矿物由细变粗,硫化物无明显变化。

(2)攀枝花、白马矿区钛磁铁矿的粒度粗于钛铁矿的粒度,红格矿区两者的粒度相近,太和矿区钛磁铁矿比钛铁矿的粒度细。钛磁铁矿的粒度变化较大,最大粒径可达2~3mm,最细为-0.04mm,主要粒径集中在-1~+0.5mm和-0.5~+0.2mm。不同矿区,同一矿区不同矿段或矿石类型差异较大,白马矿区钛磁铁矿的粒度最粗,红格矿区的粒度偏细。

(3)不同矿区的钛铁矿粒度差异较大,太和矿区的钛铁矿粒度最粗,红格矿区的粒度最细。

(4)各矿区的脉石矿物粒度均较粗,平均粒径一般为+1mm,相比较而言,攀枝花矿区脉石粒度较细,其他矿区的比较接近。

(5)四大矿区的硫化物粒度均较细,且分布均匀,其中红格和白马矿区的硫化物粒度较粗,攀枝花和太和矿区的粒度较细。

5. 主要矿物的相对密度

相对密度是鉴定矿物的重要特征,是储量计算、元素平衡不可缺少的数据,也是选矿工艺流程制订的重要参数。四大矿区原矿石、矿物相对密度对比见表2-8。

四大矿区原矿石相对密度大小与原矿石TFe品位呈正相关,相关性紧密。钛磁铁矿相对密度大小主要取决于铁和钛的含量,与铁呈正相关,与钛呈负相关。另外,相对密度的大小还与单矿物纯度有关。各矿区中钛铁矿与脉石矿物的相对密度趋于稳定,硫化物的相对密度变化取决于磁黄铁矿、黄铁矿和黄

铜矿的配比关系，黄铁矿配比量大，相对密度则大，反之亦然。

表 2-6 四大矿区主要矿物的工艺粒度组成比例 单位：%

矿区名称	矿物名称	粒度范围/mm								
		+5	-5～+3	-3～+2	-2～+1	-1～+0.5	-0.5～+0.2	-0.2～+0.1	-0.1～+0.074	-0.074
攀枝花矿区	钛磁铁矿			2.54	12.90	26.28	36.15	12.47	4.27	4.39
	钛铁矿				6.16	31.57	36.69	15.89	5.18	4.51
	硫化物					0.90	16.49	28.12	16.44	38.05
	脉石	0.46	1.28	5.45	29.14	32.63	22.13	5.95	2.09	0.87
白马矿区	钛磁铁矿			1.26	21.91	40.26	22.95	9.16	1.98	2.48
	钛铁矿				6.01	39.44	33.53	15.28	2.86	2.88
	硫化物					17.00	36.98	13.44	10.28	22.30
	脉石	5.69	15.75	11.05	28.44	28.15	8.13	2.25	0.44	0.12
红格矿区	钛磁铁矿		0.46	0.47	2.97	18.25	51.16	13.35	4.00	9.34
	钛铁矿			0.24	5.18	24.21	45.12	12.62	3.79	8.84
	硫化物				9.13	12.47	29.90	19.18	11.48	17.84
	脉石	2.49	9.96	13.31	25.19	24.83	16.89	3.67	2.56	1.10
太和矿区	钛磁铁矿			2.56	10.27	24.40	41.03	19.01	0.70	2.03
	钛铁矿			0.91	13.42	39.99	24.42	10.29	8.29	2.68
	硫化物					0.79	32.68	33.94	9.04	23.55
	脉石	2.97	11.89	20.34	29.56	22.65	8.75	1.92	1.44	0.48

表 2-7 四大矿区主要矿物平均粒径 单位：mm

矿区名称	钛磁铁矿	钛铁矿	硫化物	脉石
攀枝花矿区	0.61	0.49	0.14	0.98
白马矿区	0.76	0.53	0.29	1.84
红格矿区	0.257	0.63	0.19	1.78
太和矿区	0.42	0.45	0.38	1.49

表 2-8 四大矿区矿石、矿物平均相对密度对比结果

矿区名称	原矿石	钛磁铁矿	钛铁矿	硫化物	脉石
攀枝花矿区	3.93	4.77	4.63	4.68	2.96
白马矿区	3.53	4.83	4.63	4.64	3.03
红格矿区	3.70	4.81	4.63	4.66	3.06
太和矿区	3.77	4.79	4.64	4.65	3.06

6. 矿物的磁性

矿物的磁性是由组成该矿物元素的电子结构及磁性机构来确定的。按磁性性质，矿物的磁性可分为抗磁性、顺磁性、反铁磁性、铁磁性和亚铁磁性。磁性的大小可用比磁性系数 K 来表示，按 K 的大小，将矿物分为强磁性、弱磁性、非磁性矿物。攀西地区钒钛磁铁矿中的钛磁铁矿、部分磁黄铁矿为强磁性矿物，钛铁矿、普通辉石、普通角闪石、橄榄石等为弱磁性矿物，中—拉长石、黄铁矿等为非磁性矿物。

钛磁铁矿与磁铁矿性质相同，属铁磁性物质，具较强的自发磁力，在磁场中具有磁滞现象，产生剩磁和矫顽力。在四大矿区中，白马、红格矿区钛铁矿的磁性最强，矿区内各矿段钛铁矿的磁性变化较小。硫化物中的黄铁矿为非磁性矿物，其比磁化系数很小。

脉石矿物中斜长石为非磁性矿物，其他均为电磁性矿物，其中按照磁性大小的顺序为：橄榄石＞普通辉石＞普通角闪石。同一种矿物中由于内部铁钛氧化物包体及分离析出物数量的不同磁性差异较大，随铁的含量增加而增强。

三、拉拉铜矿矿区

（一）拉拉铜矿矿区资源分布

拉拉铜矿位于四川省凉山州会理县绿水乡，位于横断山脉中段东侧，云贵高原西半部的云南高原的北缘。金沙江从矿区西侧由北向南奔腾而过，至云南龙街与龙川江会合后急转东流。矿区位于金沙江东岸的山岭地带，属于大雪山山脉南延余支。矿区距西昌市 292km，至攀枝花市 130km，至昆明 476km，经力屯至成昆铁路拉鲊火车站 58km，由拉鲊火车站北上成都 794km，南下昆明 329km。

矿区位于横断山东侧，金沙江东岸大雪山山脉南延余支的山岭地带，为中低山丘与山间盆地及溪沟相间的波状起伏地形。山岭多为南北向展布，总体地势呈北高南低，北部海拔为 2030～2210m，山坡坡度为 5°～20°；南部地势稍低，为 2000～2030m，山坡坡度为 5°～15°。

矿区地貌类型为流水侵蚀山地。经长期地表风化剥蚀作用，区内常见浑圆山丘、平顶山丘及馒头状山丘。

矿区含矿地层为古元古界河口群四段 1、2、3 层（Pt_1h^{4-1}、Pt_1h^{4-2}、Pt_1h^{4-3}）3 个层位，有工业价值的矿体主要赋存于 Pt_1h^{4-3} 中下部。矿体的总体分布东西长 1960m，南北宽 900m，出露标高 1739～2208m，最大埋深为 403m，由 32 个矿体组成，其中 1～5 号矿体规模较大，占探明总储量的 97%。

矿体的产出明显受地层层位和岩性的控制。层状、似层状矿体是主要的工业矿体。矿体与围岩产状基本一致，且与围岩呈渐变过渡关系。矿体走向为北西、倾向南西，倾角为 10°～30°，多顺层分布，分支复合现象明显。

矿区所在的会理县自然资源得天独厚，具有矿产、农业、旅游等方面的资源优势。矿产资源具品种多、储量大、品位高、埋藏浅、开发价值高等特点。已探明金属矿和非金属矿达 60 多种，有大型金属矿床 3 个，中型金属矿床 3 个，小型金属矿床 61 个，矿点数百个，其中以铜、铁储量最为丰富。金属矿物主要有黄铜矿、黄铁矿、磁铁矿，以及少量斑铜矿、辉铜矿、辉钼矿、辉钴矿、硫铁镍矿等。在已探明的储量中硫化矿占 90.91%，混合矿占 0.63%，氧化矿占 8.46%。金属储量中，铜为 558.636t，钼为 17 344t，钴为 12 164t，金为 6 386.48kg，银为 75 097.3kg，硫为 123.77 万 t。

拉拉铜矿于 1958 年在地质勘探工作开展的同时建厂，开始了全系土法开采和“小土群”炼铜；1960 年从日采选 200t 开始逐步扩大生产能力，经过 40 多年的发展到 2003 年形成日采选 4500t 以上的大型矿山。拉拉铜矿在低品位铜矿石的综合利用、绿色矿山建设、环境保护等方面位居全国同类矿山前列，截至2013年，累计探获铜资源量124.14万t(上表储量)，金资源量为17.676t，银资源量为193.715t，钼资源量为13 462t，铁资源量为538.2万t，硫资源量为152.06万t。

该铜矿山现已探明的经济基础储量矿石为4000万t左右，铜金属量50万余吨。该矿除含有丰富的铜资源外，还含有丰富的钼、钴、铁、金、银、稀土、硫、磷等资源。该矿自建成投产以来，回收了主金属铜、铝、钴、铁等，部分硫、金、银等富集在铜精矿中亦得到回收，但是忽略了该矿中其他有价组分的回收，且现在回收的铜、钴、金等几种元素在尾矿中含量仍然偏高。

(二)拉拉铜矿矿区矿石性质

拉拉铜矿为以铜、铁为主，并伴生有银、镉、镓、锗、金、钴、钼、铂、钯等多金属硫化物的矿床。据野外收集资料和前人资料，矿石中共有70余种矿物，主要为铜、铁的硫化物和氧化物(表2-9)。其中，硫化物有黄铜矿、黄铁矿、斑铜矿、辉钼矿、磁黄铁矿、辉铜矿、铜蓝、辉钴矿、硫镍钴矿、辉砷钴矿、钴辉砷镍矿等；氧化物有磁铁矿、赤铁矿、钛铁矿、镜铁矿、金红石等；自然元素及碲化物有自然金、自然银、自然铜、叶碲铋矿、碲银矿；稀土矿物有氟碳铈矿、磷钇矿、独居石、褐帘石等。

表2-9 拉拉铜矿矿石物质组成

类别	金属矿物		非金属矿物	
	自然元素及硫化物	氧化物及其他	硅酸盐	氧化物及其他
主要的	黄铜矿、黄铁矿	磁铁矿	钠长石、黑云母、白云母	石英、铁白云石
次要的	斑铜矿、辉钼矿、辉钴矿、硫铁镍矿	赤铁矿、褐铁矿	微斜长石、正长石、绿泥石、普通角闪石、阳起石、石榴子石、褐帘石、榍石	方解石、磷灰石、独居石、萤石
少见的	自然金、自然银、自然铜、辉铜矿、铜蓝、蓝辉铜矿、墨铜矿、黝铜矿、方黄铜矿、方硫镍钴矿、磁黄铁矿、毒砂、闪锌矿、方铅矿	赤铜矿、戴氏赤铜矿、蓝铜矿、碲金矿、镜铁矿、纤铁矿、磁赤铁矿、白钛矿、钛铁矿、金红石、锐钛矿、锡石	透闪石、电气石、普通辉石、奥长石、滑石、绢云母、绿帘石、黝帘石、高岭石	孔雀石、胆矾、氟碳铈矿、锆石、菱铁矿、重晶石、铅矾、刚玉、石墨

根据矿石全分析结果，矿石中有用组分中铜质量分数为0.07%～4.55%，钼质量分数为0～0.18%，钴质量分数为0.002 4%～0.24%，TFe质量分数为4.61%～25.21%，硫质量分数为0.033%～15.44%，金质量分数为0～2.609×10^{-6}，银质量分数为0～5.02×10^{-6}，P_2O_5质量分数为0.55%～17.03%，硒质量分数为0～33×10^{-6}，碲质量分数为0～60×10^{-6}，铼质量分数为0～99.5×10^{-9}，镍质量分数为0～0.044%，Re_2O_3质量分数为0.04%～1.32%。

(三)有用矿物赋存状态

(1)铜主要以独立矿物黄铜矿、斑铜矿形式存在，其次是铜蓝、辉铜矿、蓝辉铜矿、蓝铜矿、孔雀石等。

(2)钴主要以独立矿物和类质同象的形式存在，即辉钴矿和方硫镍钴矿等。辉钴矿含钴38.5%，方硫镍钴矿含钴 29.4%，硫铁镍矿含钴 1.00%，且与黄铁矿呈共结边产出。钴在其他金属矿物和脉石矿物中的含量均很低。钴在黄铁矿中的分布是均匀的，主要呈类质同象存在。

（3）钼主要以叶片状辉钼矿包裹于脉石矿物颗粒间，少数与黄铜矿、黄铁矿成连晶。

（4）铁主要赋存在黄铁矿和磁铁矿中，其次在镜铁矿、黄铜矿及其他含铁硅酸盐矿物中。

（5）金主要以包裹金赋存于黄铜矿、黄铁矿晶体中，也有部分以粒间金和裂隙金的形式存在。

四、牦牛坪稀土矿和大陆槽稀土矿矿区

（一）牦牛坪稀土矿和大陆槽稀土矿矿区资源分布

我国四川凉山州的冕宁县和德昌县内已探明稀土资源量约 250 万 t，预测稀土资源远景储量超过 500 万 t。

1. 牦牛坪稀土矿

四川省冕宁县牦牛坪稀土矿处于攀西裂谷西缘，是仅次于我国内蒙古自治区白云鄂博和美国加利福尼亚州芒廷帕斯的世界第三大稀土矿床。牦牛坪稀土矿作为国家的重要战略资源矿床和当地的优势矿产资源地，集中分布于冕宁县 240°方向，平距 22km，隶属冕宁县森荣乡管辖的牦牛坪地区，为大型单氟碳铈矿型稀土矿床，选冶方便，品质上乘，交通便利。自 1988 年地方开发以来，牦牛坪稀土矿各品级稀土精矿产品畅销国内外，已成为我国西南一个大型稀土矿物原料基地。

区内碱性基性伟晶岩、碳酸岩、花岗斑岩、煌斑岩、辉绿岩岩墙构成了与矿化有关的碳酸岩杂岩。围绕碳酸岩杂岩广泛发育着霓长岩化，蚀变作用形成的霓长岩具有明显的分带特征，由内向外可分为：钠铁闪石黑云母带、霓石霓辉石带、碎裂带。该矿床有 3 种矿石类型：碱性基性伟晶岩型、碳酸岩型和细网脉型。氟碳铈矿是最主要的稀土矿物，以其结晶粗大、强铈选择配分型为特征。高度富集挥发分和稀土元素的气成热液流体的交代作用派生了牦牛坪矿床。牦牛坪稀土控矿岩体为喜马拉雅期的英碱正长岩，矿脉受断层、裂隙、接触面控制，有 2 个大类和 5 种基本类。氟碳铈矿是最主要的稀土矿物，特征为其富铈的强选择配分型。围岩蚀变较弱，与稀土矿化有关的有霓石化、方解石化、萤石化、重晶石化、钠长石化。牦牛坪矿床形成与地幔流体部分熔融、分异结晶形成的富集挥发分和轻稀土元素热液的充填-交代作用有关。

（121b）+（122b）+（2S21）+（2S22）+（333）+（334）资源储量 3 169 497t，矿石量为 10 745.8 万 t，矿体平均品位为 2.95%。其中，（121b）储量为 765 797t，（122b）储量为 1 354 645t，（121b）+（122b）储量为 2 120 441t，（2S21）+（2S22）资源量为 500 716t，（333）+（334）资源量为 548 340t；伴生有益组分铅（334）资源量为 616 994.9t，钼（334）资源量为 86 621.9t，CaF_2（334）资源量为 13 378 421.7t，$BaSO_4$（334）资源量为 20 398 684t，$SrSO_4$（334）资源量为 834 257.6t。基本查明了勘探区的稀土资源和近期可开发利用的储量，为矿区稀土资源的开发利用奠定了基础（杨义东，2017）。

牦牛坪式稀土矿埋藏浅，矿石品位高。稀土元素氧化物（REO）平均品位为 2.81%～5.1%，稀土矿物粒度粗大，品质优，成分单一，易分离和冶炼，选冶性能好，精矿回收率较高。已发现各类矿物 85 种，其中稀有、稀土及铀钍矿物 16 种。矿石中稀土元素 75%～96%呈独立的矿物形态存在，以氟碳铈矿为最主要的工业矿物。

2. 大陆槽稀土矿

德昌大陆槽稀土矿为特大型轻稀土矿，是四川西部较为重要的轻稀土矿成矿带——攀西稀土成矿带的重要组成部分，该成矿带是我国单一氟碳铈矿成矿区及内生碱性岩热液型稀土成矿带。该成矿带上已发现稀土矿床(点)10 余个，其中牦牛坪和大陆槽为大型矿床，其余为小型矿床和矿点。

德昌大陆槽稀土矿区处于南北向和北东向构造的复合部位，多组断裂汇聚于矿区。稀土矿石呈灰白色，细—中粒结构，似片麻状、块状构造，主要矿物为中长石、普通角闪石、石英，少量黑云母，局部见纤闪石。矿区内与稀土矿化有关的围岩类型多，范围广，围岩蚀变主要有萤石化、重晶石化、碳酸盐化、绿泥石化、绢云母化、黄铁矿化、褐铁矿化等。在矿床氧化带，氟碳铈矿以物理风化为主，呈碎粒、碎粉状。

德昌大陆槽稀土矿于 1994 年经四川省地质矿产勘查开发局 109 地质队发现和初探，属于氟碳铈稀土矿，稀土元素氧化物 D 级储量为 28 万 t，经推测预算远景储量为 78 万 t。稀土元素氧化物综合品位为 5%～7%，单样品位最高达 17.68%。矿石结构构造及氟碳铈矿嵌布复杂，且矿石风化严重，泥化率高。氟碳铈矿嵌布粒度极不均匀，大部分粒度细小，解离较差。

(二)牦牛坪稀土矿和大陆槽稀土矿矿区矿石性质

1. 牦牛坪稀土矿

牦牛坪稀土矿床矿物种类繁多，达 85 种，其中稀土、稀有和铀钍矿物有 20 种，据矿物晶体化学特征共分为 14 类。稀土矿物主要为氟碳酸盐，其次为硅酸盐类、磷酸盐类和氧化物类。稀土元素多呈独立矿物形式存在，也有呈类质同象赋存于其他矿物晶格中。牦牛坪稀土矿的矿物组合见表 2－10。

牦牛坪氟碳铈矿其主要成分为 REO(稀土元素氧化物)、CO_2 和 F，其余为 SiO_2、ThO_2、CaO、H_2O^+，并含极少量的 SrO、K_2O、P_2O_5 及 Fe_2O_3。矿石类型不同，其化学成分也有差异。其中，碳酸盐型矿石中，REO 含量较其他类型偏低，CaO、SiO_2、P_2O_5 含量偏高，说明到晚期碳酸盐成矿阶段，成矿介质中 REO 含量降低，从而结晶出纯度低，晶体内部含较多其他低原子量元素的氟碳铈矿晶体。产于碱性伟晶岩型和细网脉型矿石中的氟碳铈矿 REO 含量高出理论值(74.77%)，据矿区强烈风化条件，系氧化作用氟碳铈矿部分转变为方铈石所致。

表 2－10 牦牛坪稀土矿矿物组成

矿物类型	矿物名称	种数/种
自然元素	自然金	1
硫化物、碲化物	方铅矿、闪锌矿、黄铁矿、辉钼矿、辉铋矿、磁黄铁矿、黄铜矿、斑铜矿、辉银矿、碲铅矿、雌黄、铜蓝	12
氧化物、含水氧化物	石英、磁铁矿、金红石、钛铁矿、钙钛矿、密陀僧、铅贝塔石、易解石、方铈石、锐钛矿、贝塔石、镜铁矿、褐钇铌矿、赤铁矿、晶质铀矿、沥青铀矿、斜方钛铀矿	18
氢氧化物	三水铝石、褐铁矿	2
硅酸盐	霓辉石、霓石、镁钠铁闪石、钠闪石、锆英石、褐帘石、符山石、方钍石、钍石、含稀土榍石、绢—白云母、绿帘石、黝帘石、金云母、黑云母、微斜条纹长石、正长石、微纹长石、钠长石、更长石、反条纹长石、硅钛铜矿、高岭石、沸石、硅灰石、微斜长石、铀钍石	28
砷酸盐	磷氯铅矿	1

续表 2-10

矿物类型	矿物名称	种数/种
磷酸盐	独居石、磷灰石、稀土磷灰石、磷钇矿	4
钨酸盐	白钨矿	1
钼酸盐	钼铅矿	1
硫酸盐	重晶石、硬石膏、钡天青石、铅矾、铁铅钒	5
碳酸盐	方解石、毒重石、白铅矿、氟碳铈矿、氟碳铈钙矿、孔雀石、菱铁矿、白云石、菱锶矿	9
氧卤化物	黄绿铅矿	1
氟化物	萤石	1
碳化物	碳硅石	1
合计		85

2.大陆槽稀土矿

大陆槽稀土矿的稀土元素97%左右分布于氟碳铈矿中，呈氟碳铈矿矿物相存在，仅有少量分散在脉石矿物中。由于原矿属于风化强烈的半风化—风化矿石，泥化严重，其中微细粒级与极微细粒级的粉屑、泥粉部分的稀土元素难以回收，分布于矿泥中 REO 占 16.56%。原矿中的伴生有用组分 Sr、Ba、CaF_2、Pb 主要是呈独立矿物形式产出。Sr 主要以锶重晶石矿物相存在；Ba 以锶重晶石及毒重石矿物相形式产出；CaF_2 以萤石矿物相存在；Pb 主要存在于方铅矿及其次生的白铅矿中，并伴生有 Sr、Ba、CaF_2、Pb 等有用组分。

原矿中已基本查明的矿物种类达 25 种，矿物中主要矿物为氟碳铈矿、锶重晶石、萤石、毒重石、长石、石英，次为褐铁矿、方解石。矿物中常与氟碳铈矿连生的锶重晶石、萤石、毒重石合计占比为 53.82%；矿物中相对密度大于 4 的重矿物氟碳铈矿、锶重晶石、毒重石等占 30.75%。大陆槽稀土矿的矿物组成及含量见表 2-11（朱英江和王仕伦，2007）。

资料显示，四川省冕宁县稀土资源储量位居全国第二，其中牦牛坪稀土矿规模居四川之首，约占四川全省探明的稀土矿物总量的 90%，现有矿石总量为 5 735.39 万 t，主要工业矿石是氟碳铈矿，矿床中 REO 平均品位为 1.07%～5.77%。德昌大陆槽稀土矿 REO 的平均品位在 5%左右，部分矿区品位超过 10%。根据《大陆槽评估报告》，评估范围内矿石 REO 的品位一般为 1.00%～15.32%，平均品位为 5.21%。

表 2-11 大陆槽稀土矿矿物组成及质量分数 单位：%

矿物	质量分数	矿物	质量分数	矿物	质量分数
氟碳铈矿	6.81	褐铁矿	3.21	绢云母	0.12
锶重晶石	14.93	赤铁矿	0.17	绿泥石	0.27
毒重石	8.26	方铅矿	0.50	褐帘石	0.05
萤石	30.63	白铅矿	0.05	绿帘石	0.06
长石	17.53	黄铜矿	偶见	白钛石	0.01
石英	11.69	黄铁矿	0.02	磷灰石	偶见
霓辉石	1.23	黑云母	0.56	锆石	0.02
方解石	3.76	白云母	0.14		

第二节 攀西地区金属矿山尾矿分布与主要类型

据调查统计，攀西地区矿山开发共产生大大小小尾矿库 147 个，总共占地 1 906.39hm^2(表 2-12，图 2-4)。该地区矿山地质环境问题与矿产资源矿集区高度重叠，尾矿库也主要集中在攀西地区北部的牦牛坪稀土矿矿集区，中部的太和钒钛磁铁矿矿集区、大陆槽稀土矿矿集区和白马钒钛磁铁矿矿集区，南部的攀枝花-红格钒钛磁铁矿矿集区、拉拉铜矿矿集区和大梁子铅锌矿矿集区等。这些矿集区尾矿库有 96 个，占用土地 1 050.1hm^2，累计积量为 60 845.87 万 t(表 2-12)。

表 2-12 攀西地区尾矿库面积统计

尾矿库编号	图上编号	面积/m^2	尾矿库编号	图上编号	面积/m^2	尾矿库编号	图上编号	面积/m^2
WK1001	1	563 952	WK1028	28	61 996	WK1055	55	55 875
WK1002	2	243 132	WK1029	29	45 335	WK1056	56	46 112
WK1003	3	268 836	WK1030	30	78 625	WK1057	57	183 749
WK1004	4	23 585	WK1031	31	42 117	WK1058	58	97 506
WK1005	5	196 453	WK1032	32	74 810	WK1059	59	53 015
WK1006	6	130 109	WK1033	33	32 615	WK1060	60	85 845
WK1007	7	2 355 563	WK1034	34	23 059	WK1061	61	39 961
WK1008	8	48 062	WK1035	35	46 107	WK1062	62	54 845
WK1009	9	101 572	WK1036	36	67 951	WK1063	63	23 870
WK1010	10	59 152	WK1037	37	68 786	WK1064	64	67 394
WK1011	11	174 367	WK1038	38	111 687	WK1065	65	69 466
WK1012	12	52 352	WK1039	39	31 000	WK1066	66	42 436
WK1013	13	38 273	WK1040	40	91 063	WK1067	67	99 254
WK1014	14	36 220	WK1041	41	128 560	WK1068	68	183 279
WK1015	15	139 103	WK1042	42	126 930	WK1069	69	83 690
WK1016	16	92 093	WK1043	43	125 199	WK1070	70	34 053
WK1017	17	52 930	WK1044	44	162 687	WK1071	71	57 619
WK1018	18	135 812	WK1045	45	124 472	WK1072	72	132 420
WK1019	19	37 094	WK1046	46	251 265	WK1073	73	62 861
WK1020	20	115 211	WK1047	47	126 538	WK1074	74	283 528
WK1021	21	109 690	WK1048	48	73 707	WK1075	75	19 449
WK1022	22	91 637	WK1049	49	115 036	WK1076	76	20 679
WK1023	23	63 259	WK1050	50	609 909	WK1077	77	101 665
WK1024	24	45 783	WK1051	51	240 410	WK1078	78	44 151
WK1025	25	28 658	WK1052	52	49 308	WK1079	79	25 828
WK1026	26	211 050	WK1053	53	171 739	WK1080	80	21 157
WK1027	27	78 275	WK1054	54	20 113	WK1081	81	95 430

续表 2-12

尾矿库编号	图上编号	面积/m^2	尾矿库编号	图上编号	面积/m^2	尾矿库编号	图上编号	面积/m^2
WK1082	82	58 102	WK1104	104	7497	WK2006	126	215 686
WK1083	83	81 270	WK1105	105	83 411	WK2007	127	1 110 893
WK1084	84	38 516	WK1106	106	61 295	WK2011	131	41 557
WK1085	85	4036	WK1107	107	57 758	WK2012	132	67 810
WK1086	86	5382	WK1108	108	31 815	WK2013	133	85 190
WK1087	87	29 581	WK1109	109	21 278	WK2014	134	160 099
WK1088	88	35 847	WK1110	110	140 467	WK2015	135	396 522
WK1089	89	61 869	WK1111	111	50 203	WK2016	136	124 647
WK1090	90	25 983	WK1112	112	59 715	WK2017	137	246 155
WK1091	91	33 593	WK1113	113	44 968	WK2018	138	455 928
WK1092	92	89 470	WK1114	114	314 569	WK2019	139	160 009
WK1093	93	4635	WK1115	115	14 502	WK2020	140	36 320
WK1094	94	1579	WK1116	116	25 114	WK2021	141	76 659
WK1095	95	73 319	WK1117	117	12 966	WK2022	142	11 783
WK1096	96	542 582	WK1118	118	13 095	WK3001	143	601 200
WK1097	97	62 128	WK1119	119	8234	WK3002	144	88 720
WK1098	98	16 715	WK1120	120	6697	WK3003	145	120 866
WK1099	99	94 243	WK2001	121	76 603	WK3004	146	112 575
WK1100	100	150 280	WK2002	122	479 905	WK3005	147	827 833
WK1101	101	93 950	WK2003	123	222 826	WK2008	128	50 640
WK1102	102	19 797	WK2004	124	50 746	WK2009	129	15 288
WK1103	103	37 651	WK2005	125	19 203	WK2010	130	15 704

牦牛坪稀土矿矿集区共有矿山 17 个，主要分布于矿集区的森荣和后山两个乡镇，其中在建、生产、闭坑矿山分别为 1 个、12 个、4 个。区内矿山规模以小型为主，其中大型矿山 2 个，中型 1 个，其余 14 个均为小型矿山。牦牛坪稀土矿矿集区有尾矿库 5 个，占用土地尾矿库破坏土地面积 118.9hm^2，累计积量为 716.8 万 t。

太和钒钛磁铁矿矿集区矿山总数为 16 个，主要分布于安宁河两岸阶地及河谷第一斜坡带。矿山规模以小型为主，除太和铁矿和战沟村普通建筑用石矿为大型矿山外，其余 14 个矿山规模均为小型。太和钒钛磁铁矿矿集区有尾矿库 1 个，占用土地 62.9hm^2，累计积量为 943.5 万 t。

攀枝花-红格钒钛磁铁矿矿集区共有矿山 109 个，其中大型矿山 10 个，中型矿山 9 个，其余 90 个均为小型矿山。受政策及市场影响，区内大部分煤矿处于停产状态，在建、生产、停产、闭坑矿山分别为 12 个、30 个、32 个、35 个。攀枝花-红格钒钛磁铁矿矿集区有尾矿库 39 个，占用土地 436.8hm^2，累计积量为 29 152.3 万 t。

白马钒钛磁铁矿矿集区目前还在开采的矿山有 25 个，金属类矿山有 4 个，其余大部分为建材类矿山。从矿山种类来看，建筑用石料类数量最多，现存 9 个，石灰石矿山和建筑用砂矿各 4 个，砖瓦用黏土矿 2 个，硅藻土和矿泉水矿各 1 个，铁矿(属于金属矿山)只有 3 个。从开采方式来看，该地区矿山以露天开采为主要开采方式，仅有 2 个为井下开采。从矿山规模来看，大部分为小型矿山，以建材类矿山居多，仅有 1 个大型、3 个中型矿山。白马钒钛磁铁矿矿集区共尾矿库 10 个，占用土地 235hm^2，累计积量为5 189.3 万 t。

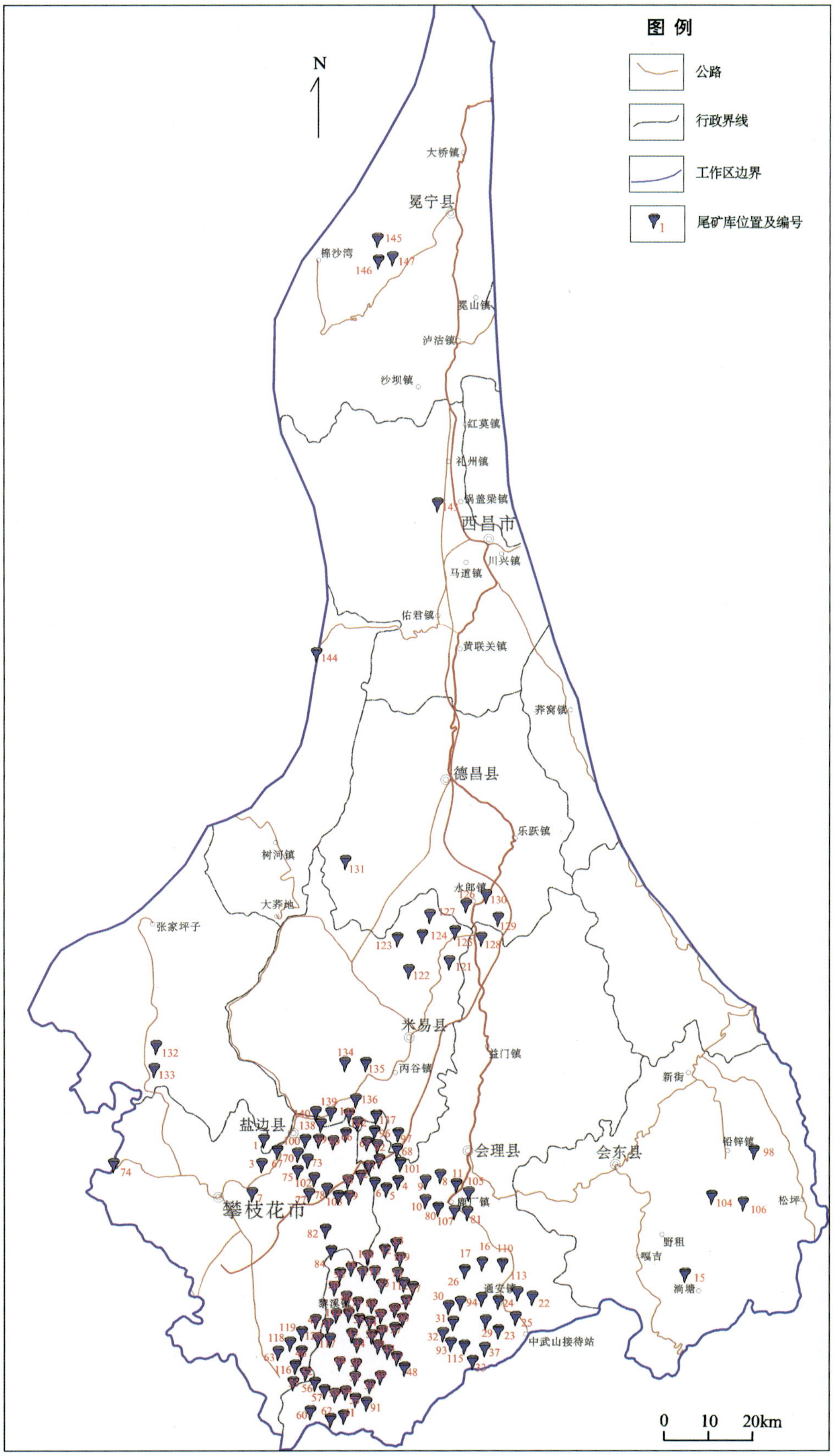

图 2-4 攀西地区尾矿库位置图

注:图中编号与表 2-12 中一致。

拉拉铜矿矿集区有金属矿山 14 个，其中铜矿 6 个，铁矿 7 个，镍矿 1 个。矿山规模以小型为主，大型、中型、小型矿山分别为 1 个、3 个、10 个。开采方式以井下开采为主，井下开采矿山 9 个，露天开采矿山 5 个。受近年市场行情的影响，区内矿山停产比例较高，正常生产矿山只有 6 个，其余 8 个矿山全部停产。拉拉铜矿矿集区有尾矿库 41 个，占用土地 431.52hm^2，累计积量为 30 033.27 万 t。其中，拉拉铜矿尾矿库 27 个，黎溪式铜矿尾矿 5 个，毛菇坝式铁矿尾矿库 3 个，低品位铁铜矿尾矿库 5 个，铜镍矿尾矿库 1 个。

第三节 攀西地区金属矿山尾矿对环境的影响

攀西地区是全省固体废弃物累计积存规模最大的地方，这主要与攀西铁矿区内矿产资源开发密集程度、规模属全省最高直接相关。据初步调查与统计结果，攀西地区固体废弃物累计积量达到 252 682.8 万 t，其中废石渣累计积量为 177 950.6 万 t，尾矿积存量为 74 732.2 万 t。固体废弃物尤其是尾矿的堆存存在资源浪费、土地占压、水土污染等影响。

一、资源浪费

尾矿中不仅含有可再选的金属矿和非金属矿等有用组分，脉石矿物也有作为建材、矿区充填等不少用途，因此尾矿中浪费的有用组分数量是相当可观的。攀西地区金属矿山的矿石大多呈多组分共伴生，矿物嵌布粒度细，再加上我国选矿设备陈旧、老化现象普遍、自动化水平低、管理水平不高、选矿回收率低，其结果是必然造成资源的严重浪费。特别是老尾矿，由于受到当时条件的限制，损失于尾矿中的有用组分更多一些。2013 年前，四川攀西地区有稀土尾矿堆存地 50 多个，堆存富含稀土矿萤石、重晶石、铅、钼等有价组分的稀土尾矿 1 万多吨，仅在冕宁稀土工业园区荒滩就堆放了 200 多万吨富含萤石、重晶石、铅矿及残留稀土的尾矿，分存于 11 家企业的数十个尾矿堆场中。

拉拉铜矿矿集区代表矿山为拉拉铜矿，先后建有 4 个尾矿库，都为山谷型、湿堆方式排矿、上游式筑坝方式堆坝的尾矿库。Ⅰ、Ⅱ期尾矿库库容很小，都已闭库，其中Ⅰ期已闭库的尾矿库为凉山彝族自治州绿色矿山生态修复示范基地，坝体绿植繁茂，库内建成了一个标准足球场。Ⅲ、Ⅳ期尾矿库分别为新厂沟尾矿库和绿房箐沟尾矿库，Ⅲ期新厂沟尾矿库已于 2015 年闭库，Ⅳ期绿房箐沟尾矿库于 2014 年 8 月投入运行，初期坝即将堆满。尾矿经浓缩机浓缩后采用压力输送入尾矿库湿堆，输送质量浓度 40%。截至目前，4 个尾矿库合计堆存尾矿约 2000 万 m^3（按库容估算）。Ⅰ、Ⅱ期尾矿中铜、钴、钼、金、磷和稀土品位分别为 0.217%、0.012 5%、0.005%、0.2×10^{-6}、0.76%和 0.6%。由于拉拉铜矿不断地改造生产工艺和选矿技术水平，Ⅲ期尾矿库中铜、钴、钼的含量分别为 0.088%、0.01%、0.005%，较早期有大幅下降。Ⅲ期尾矿初步估计含铜 5.02 万 t，铁 398 万 t，钴 3240t，其中铜集中分布于黄铜矿中，铁集中分布于磁铁矿中，钴主要以类质同象形式分布于黄铁矿中。铜、铁、钴 3 种元素具有综合利用价值。

攀枝花是我国钒钛磁铁矿的主要成矿地区，蕴藏着极其丰富的钒钛磁铁矿资源，也是世界上同类矿床的重要产区之一，从南至北主要由攀枝花、红格和白马三大矿区构成，钒钛磁铁矿保有储量超过 70 亿 t。经过近 50 年的资源开发产生了巨量的固体废弃物，其中尾矿是重要的固体废弃物之一。据不完全统计，三大矿区资源开发共形成大小尾矿库 52 个，尾矿累积堆存量约 5.7 亿 t。尾矿中含 TiO_2 为 6.26%，钴为 0.016%，TFe 为 12.43%和一定量的 Sc_2O_3。每吨尾矿的价值高于铁精矿。2016 年红格矿区龙蟒选厂将尾矿作为建筑用砂用量仅为 4 万 t，占尾矿总量不到 0.5%；太和铁矿仅在在河砂价格大幅上涨期间，年尾矿利用量才达到 110 万 t。

四川德昌县大陆槽稀土矿为特大型轻稀土矿，该区稀土矿选矿工艺主要为粗磨→重选→重选精矿干式磁选，REO 回收率仅 30%～50%，大量有价组分进入尾矿外排。稀土尾矿样品化学多元素分析表明，稀土尾矿样品 REO(2.42%)含量较高，具有再次回收价值；CaF_2、$BaSO_4$、$SrSO_4$ 等含量相对较高，可以考虑综合回收；Al_2O_3、Fe_2O_3、$CaCO_3$、K_2O 等含量相对较高，说明该铝硅酸盐、含铁矿物含量偏高。

四川省冕宁县牦牛坪地区稀土选厂众多，一年的原矿处理量为 20 万 t，产生的尾矿为 18 万 t 左右，历年累积尾矿约 200 万 t。经调查，牦牛坪稀土尾矿中可资利用的主要矿物有萤石(CaF_2 品位为 13%)、重晶石($BaSO_4$ 品位为 28%)、细粒氟碳铈矿。若按 CaF_2 13%、$BaSO_4$ 28%、REO 2.5%计算，目前每年的尾矿中含有萤石 2.34 万 t，重晶石 5.04 万 t，稀土元素氧化物 4500t。尾矿库积存的尚有稀土 5 万 t，萤石 26 万 t，重晶石 56 万 t。此外，尾矿中铅、钼的品位也较高，很有利用价值。

尾矿中不但存有大量可回收利用的金属元素，还有存量巨大的非金属矿物，而且有些非金属矿物已经具备高附加值应用的潜在特性。随着技术的进步非金属矿物潜在价值将远远超过金属元素的价值。这些尾矿资源如不能综合回收利用，将造成巨大浪费。

二、土地占压

采矿活动极大地占压和破坏了土地资源，主要表现在采坑剥离表土对土地直接破坏，剥离废石及选冶产生的尾矿堆放常年压占土地，以及采矿活动引发的地质灾害(滑坡、崩塌、泥石流、塌陷、地裂缝等)对土地资源的破坏。

拉拉铜矿矿集区内大部分矿山位于斜坡，区内矿山固体废弃物年出量达 3 469.80 万 t，累计积量达到 37 281.53 万 t，其中尾矿累计积量为 30 033.27 万 t，废石渣累计积量 7 248.26 万 t。矿集区内矿山开发活动造成 1 084.09hm^2 土地破坏。其中，拉拉铜矿矿山造成土地破坏面积最大，达 307.4hm^2，露天采场造成土地破坏面积约 118.73hm^2，排土场占用破坏土地 70.6hm^2，尾矿库占用破坏土地95.25hm^2，拉拉铜矿自 1958 年建成投产以来，先后建成 4 个尾矿库，到目前共储集尾矿超过 2000 万 t，每天产生尾矿量达 1917m^3，其余为工业广场破坏土地，破坏土地类型以荒地、草地为主。

白马钒钛磁铁矿矿集区目前发现露天采场 37 处，废石堆 11 处，排土场 12 处，尾矿库 10 个，此外还有工业广场、选矿厂等。因矿山开发造成土地破坏总面积达到 1 853.19hm^2，其中露天采场破坏土地面积达 417.12hm^2，工业广场破坏土地面积为 295.2hm^2，排土场和废石堆破坏面积达 430.01hm^2，尾矿库破坏土地面积 259.48hm^2，地形地貌破坏土地面积为 451.38hm^2。破坏的土地类型以荒地为主，少部分为耕地。区内矿山破坏土地面积较大的矿山为白马铁矿、腾家梁子铁矿、青杠坪铁矿，三者造成土地破坏面积达 1 234.76hm^2，占总数近 67%。其中，白马铁矿目前已经形成 2 处大型采场、4 处大型排土场、1 座大型尾矿库和多处生产基地。目前该矿山仍在进行改扩建工程，大规模的开发建设造成土地破坏达 884.26hm^2。

攀钢集团朱家包包铁矿的废石渣积存量就达到 92 262.1 万 t，该矿山已经有 2 处大型排土场，肖家湾、铁路排土场占地面积约 738hm^2，其中铁路排土场为高台阶大型露天排土场，设计最终堆置容积近 3.62 亿 m^3，最高排土标高为 1387m，最低约 1080m，相对高差 307m(图 2-5、图 2-6)。

图 2-5 朱家包包铁路排土场废石渣

图 2-6 朱家包包露天采场土地破坏

太和铁矿年固体废弃物产出数量庞大，除每年淤积大量的尾矿渣外，采坑扩宽剥离以及采矿废石产生大量废石渣，目前 2 处大型排土场均在存储废石渣。其中，老的排土场面积约 $40hm^2$，堆积成 9 级台阶，每级高差为 20～30m，据估算太和铁矿累计废石渣达到 73 057 万 t，尾矿积存量达到 943.5 万 t（图 2-7、图 2-8）。

图 2-7 太和铁矿尾矿库

图 2-8 太和铁矿露天采场土地破坏

大陆槽稀土矿矿集区内矿山开采方式基本为露天开采，不可避免地造成地形地貌景观和土地的侵占破坏，土地占压总面积达到 $68.76hm^2$。其中，德昌多金属实验选场各类土地占压破坏合计面积 $40.19hm^2$，厚地稀土公司各类土地占压破坏面积合计 $28.57hm^2$。

牦牛坪稀土矿矿集区内因矿山开发造成土地破坏面积达到 $629.6hm^2$。其中，露天采场破坏土地面积达 $100.4hm^2$，工业广场破坏土地面积达 $73.8hm^2$，废石堆场破坏面积达 $269.3hm^2$，尾矿库破坏土地面积达 $118.9hm^2$，其他破坏土地面积为 $67.2hm^2$。破坏土地类型以荒地和草地为主，分别为 $253hm^2$ 和 $151hm^2$，少部分为建筑用地和耕地。区内矿山破坏土地面积最大的矿山为牦牛坪稀土矿，破坏土地达到 $470.6hm^2$，占矿区土地破坏总面积的 3/4，主要为露天采场和矿石堆渣破坏土地。另外，三岔河稀土矿、后山滑石矿、马鞍山石灰石矿 3 座矿山造成土地破坏面积均超过 $30hm^2$，其余矿山破坏土地面积在 $10hm^2$ 以内。

三、水土污染

攀西地区是四川省内废水排放量最多的地区，区内矿山每年排放大量的矿坑水、选矿水和尾矿水等废水，加上废石堆渣淋滤水等废水，废水排放量达到24 442.5万t。这些废水废液的排放导致周边的地表水、地下水都受到污染(图2－9、图2－10)。特别是在会理、会东地区星罗棋布的铜铅锌矿山中，采场形成多次滑坡，废渣堆有泥石流隐患，同时导致地下水疏干、地表塌陷、环境受到污染。该区的铅锌矿床镉含量较高，对水、土壤和生物链都可能造成污染。

图2－9　太和铁矿冶炼废水排放

图2－10　太和铁矿尾矿废水排放

区内废液以矿坑水和选矿废水为主，选矿废水多为循环利用无外排，总体上综合回收率约70%，其余30%通过蒸发和渗透作用进入地下水消耗。在总体上，铁矿、铜矿及稀土矿等矿区主要为露天开采，矿坑涌水量总体不大，涌水点多以小型断裂破碎带裂隙泉形式出露，流量一般为0.2～0.3L/s，经坑底汇集后外排入地表水中。工作区内固体废弃物排放积存量巨大，以铁矿区剥离废石、选矿尾砂和煤矿区煤矸石为主，固体废弃物堆积于城市、河道周边，对环境影响较大，回收利用率低，除少量煤矸石用于发电、制矸石砖外，其余废渣均为露天堆放积存，对周边土壤、地表水和地下水造成不同程度的影响。

1.土壤污染

本次分别对拉拉铜矿矿集区、白马钒钛磁铁矿矿集区和大陆槽稀土矿矿集区开展了1∶5万土壤地球化学调查。依据《土地质量地球化学评价规范》(DZ/T 0295—2016)中土壤环境地球化学等级评价方法，土壤质量环境单指标分级标准《土壤环境质量标准》(GB 15618—2008)中的二级标准，对拉拉铜矿矿集区、白马钒钛磁铁矿矿集区和大陆槽稀土矿矿集区土壤质量评价结果进行分析总结(表2－13)。

表2－13　土壤综合污染评价结果

矿集区	质量等级	清洁	尚清洁	轻度超标	中度超标	严重超标	总面积
拉拉铜矿	分布面积/km^2	75.42	76.85	187.88	66.52	26.36	433.03
	百分比/%	17.42	17.75	43.39	15.36	6.09	100.00
白马钒钛磁铁矿	分布面积/km^2	9.47	198.44	86.58	23.43	10.82	328.74
	百分比/%	2.88	60.36	26.34	7.13	3.29	100.00

续表 2-13

矿集区	质量等级	清洁	尚清洁	轻度超标	中度超标	严重超标	总面积
大陆槽稀土矿	分布面积/km^2	168.4	41.59	7.31	7.32	2.63	227.25
	百分比/%	74.11	18.3	3.22	3.22	1.16	100.00
总计	分布面积/km^2	253.29	316.88	281.77	97.27	39.81	989.02
	百分比/%	25.61	32.04	28.49	9.83	4.03	100.00

攀西地区几大矿集区土壤环境地球化学质量总体一般，清洁土壤与尚清洁土壤面积占共总面积的57.65%，轻度超标以上土壤占28.49%。

拉拉铜矿矿集区污染指数在0.21～43.80之间，平均值为2.23，对综合污染指数贡献最大的指标为铜、铬、钴3个指标；清洁土壤只占工作区面积17.42%，主要位于东南侧的非矿业区，也是区内中生代等以红层分布区为主区域；轻度超标以上土壤受控于区内南北向构造体系，与区内元古宇、古生界分布较一致，特别是严重超标土壤位于南部拉拉落东石龙铜矿区和北部黑箐铜矿-玉新铁矿2个大区域，此外在西北角平村、毛菇坝铁矿存在片状严重超标土壤区，在中村、打铜沟局部地存在点状严重超标土壤区。

白马钒铁磁铁矿矿集区内综合等级指数在0.084～58.333之间，平均值为2.615，变异系数为1.87，对综合等级指数贡献最大的指标为铅、锌、镉、铜4个指标；清洁区占工作区面积2.88%，主要位于小街—湾丘安宁河东岸、黄草、寨子山一带，以元古宇康定群杂岩为主，受矿业活动影响极小；尚清洁区占工作区面积最大，占工作区面积60.36%，受工作区铜、镉高背景值影响，分布于辉长岩和玄武岩区，非矿业活动直接导致；轻度超标、中度超标土壤区分别占工作区面积26.34%、7.13%，受区内南北构造体系控制，沿白马岩体、黄龙断裂分布，集中在白马铁矿区以及其他基性及超基性岩体分布区，受三大铁矿区影响有限；严重超标土壤区虽然只占工作区面积3.29%，但集中程度最高，主要受铅、锌、镉、铜4种元素控制，集中于昔街—甸沙关一带安宁河左岸的铅锌矿选场及尾矿库一带，与区内会理铅锌矿、万丰矿业、亿恒矿业等矿山企业分布吻合，受矿业活动影响显著。

大陆槽稀土矿矿集区土壤综合等级指数在0.2～65.42之间，平均值为1.19，变异系数为2.36，对综合等级指数贡献最大的指标为铅、锌。清洁区占工作区面积74.11%，主要位于除了大陆槽沟及周边的部分区域以外的大部分工作区，不受矿业活动影响；尚清洁区占工作区面积18.30%，受工作区铜、镉、锌等高背景值影响，非矿业活动直接导致，主要分布于大陆槽沟主沟外围，大河沟—黑箐沟一带及该区其他位置零星分布；轻度超标区、中度超标区和严重超标区分别占工作区面积的3.22%、3.22%、1.16%，虽然占工作区面积不大，但集中程度最高，主要受铅、锌元素控制，集中在大陆槽沟主沟、鹿子沟、凉水沟、黄竹湾一带。鹿子沟、凉水沟一带主要受铅高背景值影响，黄竹湾一带主要受锌高背景值的影响，在大陆槽沟主沟主要受矿业活动影响显著。

2. 地表水污染

按照地表水质量标准及集中式生活饮用水补充标准对几个矿集区水样进行超标划分。钒钛磁铁矿区地表水高锰酸钾指数、硫酸盐、Fe、Mn超标率较大，而其他重金属元素中Ti、As、Ni超标率低于10%，分别为7.3%、3.9%、1.7%，其余常规指标及重金属元素以Ⅰ类水为主。

铜矿区地表水单项总体质量较差，主要是由于常规离子指标中Fe、Mn、SO_4^{2-}超标较严重，其中单项指标中Fe、Mn超标率分别达到86%、60%，而其余As、Cd、Hg、Se等重金属指标超标率低，大部分水样都达到Ⅰ类水质标准。

稀土矿区较易对周边水体地表水造成污染，污染元素主要为铅和放射性污染。主要是由于矿体中存在少量的方铅矿、闪铅矿，原矿经洗选后的含铅废水直接排放。例如牦牛坪稀土矿区地表水体中铅具有显著的沿程稀释沉积递减效应，其含量随着距污染源的距离以每千米约 0.1mg/L 幅度递减。

铅锌矿最易对河流重金属造成污染，污染元素主要有 Pb、Zn 和 Cd 等。例如天宝山矿区附近人类活动很强，人工砍伐相当严重，现矿区附近植被覆盖率仅 10%～20%，为次生灌木夹乔木。根据有关部门监测资料（表 2-14），安宁河水在德昌黄水以上各段基本属清洁区，除镉超标外，其余项目均未超标。黄水以下各段污染渐变严重，特别是锦川河和摩挲河汇入安宁河后，带入了会理锡矿的废水和会理铅锌矿的含镉废水，使米易城北河床底泥中的镉为上游各段镉的约 21 倍。摩挲河枯水期含镉量为 0.73～1.2mg/L，摩挲河出口底泥中沉积有大量的镉，达 27.4×10^{-6}～116×10^{-6}，污染严重。

表 2-14 安宁河枯水期本底值监测数据统计表 单位：$\times10^{-6}$

断面	铜	锌	铅	镉	锡	锰	钒	钛	砷
黄水	11.4	65.7	17.1	6.6	17.7	575	114	7250	5.62
米易城北	62.7	1 325.8	28.0	128.1	56.4	830	162	19 281	34.4
河口	29.3	956.4	70.2	37.2	39.9	840	211	22 438	154.0

3. 地下水污染

攀西地区河流切割深，通常地下水位较低，地下水系统流程短。地下水主要有松散堆积孔隙水、基岩裂隙水、孔隙裂隙层间水等类型。松散堆积孔隙水散布于河流台地冲洪积层中，分布面积小，含水层岩性、厚度变化均较大，地下水不丰富，单井涌水量多小于 $100m^3/d$。孔隙裂隙层间水主要分布于地表以下，分布面积较大，水量丰富。

地下水补给来源主要是大气降水，随着攀西地区矿业活动的增多，攀西地区尾矿库也不断增多。这些尾矿库蓄存大量尾矿废水，形成大小不等的“水库”，是矿区地下水补给的重要途径。调查发现攀西地区尾矿库每年接收选矿厂排放的选矿废水约 2 239.9 万 m^3，这部分废水约 70%回收利用，剩余 30%废水（671.97 万 m^3）主要通过蒸发或下渗到地下水两种途径消耗。所以，尾矿水对地下水的影响比较大。攀西地区地下水超标样品主要取自金沙江、雅砻江、安宁河、程河等大河边以及尾矿库下游地段。例如拉拉铜矿长虫沟尾矿库周边地下水调查发现，尾矿库下游地下水为裂隙水，超标元素主要为 SO_4^{2-}，而 SO_4^{2-} 也是长冲沟尾矿水中最主要的污染因子，显示尾矿库对调查区地下水的重要影响。

由于河流的强烈侵蚀切割作用，含水层往往在金沙江、雅砻江和安宁河等河岸出露，并以分散排泄方式形成较多泉点。所以，地下水一般就地补给，就地排泄，地下水循环交替活跃，泉水动态季节变化大，泉流量年变幅一般为 3～5 倍。拉拉铜矿矿集区金沙江边地下水主要为裂隙承压水，超标元素主要为总硬度和 SO_4^{2-}，受到污染的地下水沿地下径流排泄到地表程河或金沙江，也可能是造成金沙江、程河地表水污染的原因。

第三章 攀西地区金属矿山尾矿有用组分回收

攀西地区尾矿类型主要为铜矿尾矿、稀土矿尾矿、钒钛磁铁矿尾矿及铅锌矿尾矿 4 类。

攀西地区复杂的地质环境和气候特征导致区内地质生态环境系统十分脆弱，长期以来高强度及不尽合理的矿业开发活动引发了一系列的矿山地质环境问题。例如矿石废渣乱堆乱放形成的崩塌、滑坡、泥石流等地质灾害；露天开采剥离表土对地形地貌景观及土地破坏面积庞大；地下开采抽排矿坑水对地下含水层破坏、疏干效应严重；积存的废渣、尾矿压占土地，淋滤水污染周边环境；矿坑水、选矿水、尾矿废水废液的排放对水土体直接污染。这些矿山地质环境问题均影响矿山企业的正常开采和当地百姓的生活生产安危，制约了当地经济和社会的发展。又如拉拉铜矿开采方式以露采为主，容易形成滑坡、泥石流、地面塌陷地质灾害，以及地下水疏干、环境污染和占压、破坏土地资源等。

因此，对攀西地区金属矿山尾矿的资源化利用不仅能提高该区域矿石开发的经济效益，也是开发可持续发展的需要，对该矿床开发利用中提高资源利用率和减少环境污染、避免重大灾害事故、保护土地资源有重要的现实意义。

第一节 铜矿尾矿有用组分利用

铜矿尾矿主要以火山-变质型铜矿尾矿、灰岩沉积型铜矿尾矿、沉积型铁矿尾矿 3 种形式存在，其中火山-变质型铜矿尾矿最为典型，以拉拉铜矿为代表。

拉拉铜矿是一座建矿 50 多年的老矿山，为我国西南地区最大的露天铜矿山。拉拉铜矿依靠“以矿养矿，滚动发展”的模式，于 1996 年改扩建为 1500t/d。2001 年新组建的凉山矿业公司进行 4500t/d 改造扩建，由昆明有色冶金设计研究院进行设计，设计新建处理能力 3000t/d，设计指标为铜精矿品位为 24%，铜回收率为 90%，改扩建工程于 2003 年 6 月投产。随后，该公司根据选矿工艺研究和流程优化生产实践，对拉拉铜矿选厂持续进行技术改造和扩建，选矿规模扩大到 5000t/d，年处理矿石量约 175 万 t。

拉拉铜矿属铜铁多金属矿床，矿物组成比较复杂，除具有工业回收价值的铜外，还含有丰富的钼、钴、铁、金、银、稀土、硫、磷等资源。但伴生的有价组分品位较低（钴、钼品位均约 0.015%，铁品位 13%），选矿综合回收难度大。该矿山自建成投产以来，回收了主要金属元素铜、钼、钴、铁等，部分硫、金、银等元素富集在铜精矿中亦得到回收，但是回收过程中忽略了该矿矿产资源中其他有价组分的回收，且回收的铜、钴、金等几种元素在尾矿中含量仍然偏高，造成该矿矿产品结构不合理及严重的资源浪费，矿产资源未能得到进一步的综合利用，同时也进一步影响了该矿的经济效益。为提高资源综合利用程度，提高采矿和选矿技术的经济指标，对矿石进行分采、分选。对铜品位大于 0.5%的工业矿体按常规方式进行回采，对铜品位为 0.1%～0.3%的废石在剥离过程中单独回收。

对于达到工业品位的矿石，采用“三段一闭”路碎矿→阶段磨矿→铜钼部分混合优先浮选→铜钼分离-钴浮选→铜钴分离→铁磁选的选矿工艺流程。通过优化碎矿工艺流程，强化“多碎少磨”工艺，采用分段再磨工艺，提高磨矿细度，并通过运用精确化装补球技术，稳定磨矿作业，调整浮选工艺流程，优化浮选工艺条件和药剂制度等措施，既保证了综合回收铜、钴、钼、铁、金和银等有价元素，又确保选矿技术指标的高水平和稳定性。通过技术研究和改造，在磨矿细度提高15个百分点的同时矿石处理能力提高10%；铜回收率提高近4个百分点，达92%以上，达到国内多金属硫化矿选矿先进水平(国内铜选矿回收率为87%～89%)；钼回收率提高了15%以上；钴回收率提高了约6个百分点，达到40%；铁精矿产量在原来的基础上提高了1/3。

对铜品位在0.1%～0.3%的废石，凉山矿业公司投资成立了会理县马鞍坪矿山废石综合利用有限责任公司，在国内率先开展铜矿山多金属超低品位废石回收再利用关键技术研发，在拉拉铜矿选矿工艺的基础上，结合低品位废石的性质，优化工艺流程，应用新型药剂，运用先进适用设备，攻克了超低品位多金属铜矿资源综合回收利用这一难题。实现了循环经济和可持续发展，达到了矿山固体废弃物的二次再利用，并有效缓解环境污染、堆放场地等问题。2009年，废石选矿铜回收率为87.89%，铜精矿品位为22.86%。2010—2012年，通过废石综合回收利用生产的铜精矿达到21 474t，占公司每年产值的38%以上，累计为企业创造利润4.5亿元。

一、拉拉铜矿选厂尾矿工艺矿物学性质

拉拉铜矿选厂日处理原矿5000t，选厂年排放尾矿量为148.5万t，约106万m^3。按照目前现有采选规模，整个落凼矿区还有服务年限约20年(2011年起计算)，到2031年总计需要排放尾矿量为2 094.56万m^3。

拉拉铜矿尾矿多元素成分分析结果见表3-1，矿物含量分析结果见表3-2，尾矿样品粒级筛析结果见表3-3。

表3-1　拉拉铜矿尾矿多元素成分分析结果

成分	质量分数	成分	质量分数	成分	质量分数	成分	质量分数
Cu/%	0.039	Cd/%	<0.001	Sb/$\times10^{-6}$	3.82	CaO/%	5.76
S/%	0.29	Mo/%	0.002 8	REO/%	0.11	MgO/%	2.21
Pb/%	0.011	Cr/%	0.004 8	F/%	0.58	TFe/%	7.66
Zn/%	0.005 4	Cr^{6+}/$\times10^{-6}$	2.00	Al_2O_3/%	13.34	Ag/$\times10^{-6}$	7.11
Ni/%	0.002 4	Se/$\times10^{-6}$	0.24	SiO_2/%	52.03	Au/$\times10^{-6}$	0.16
As/$\times10^{-6}$	11.90	Co/%	0.005 2	Na_2O/%	2.99	P_2O_5/%	0.69
Hg/%	0.040	V/%	0.018	K_2O/%	3.21		

尾矿样品中铜、钴品位很低，分别为0.039%、0.005 2%。尾矿中金属硫化物主要矿物为黄铁矿，其次为黄铜矿和斑铜矿，质量分数为0.65%；金属氧化物主要为磁铁矿、赤铁矿、褐铁矿，其次为金红石和锐钛矿，质量分数为5.26%；硅酸盐矿物主要为石英、长石、云母、黏土矿物，质量分数为86.64%；其他含氧盐主要为方解石和白云石，其次为磷灰石，质量分数为6.45%；微量矿物为透闪石、滑石、普通角闪石、石榴子石、榍石、铅钒、重晶石、独居石、萤石、毒砂，质量分数为1%。

尾矿为典型的砂状结构，主要组成矿物为非金属矿物，间杂少量金属矿物。矿物颗粒构成了尾矿的主要骨架结构，矿物颗粒与颗粒之间形成了形态多样的空隙。矿物解离情况良好，部分金属矿物本身呈交代状结构，粒度微细，难以进一步解离。

铜主要富集在黄铜矿中，其次富集在斑铜矿，极少量富集在辉铜矿中；砷主要赋存在毒砂中，但由于

毒砂的含量极低，因此难以单独回收利用；钠主要赋存于钠长石中，其次在角闪石中；钾和镁主要赋存于云母中，云母矿物主要为黑云母。

表 3-2 拉拉铜矿尾矿矿物质量分数 单位：%

矿物大类	矿物亚类	矿物名称	质量分数	总计
金属矿物	金属硫化物	黄铜矿和斑铜矿	0.12	0.65
		辉钼矿	0.01	
		黄铁矿	0.50	
		闪锌矿	0.01	
		方铅矿	0.01	
	金属氧化物	磁铁矿、赤铁矿、褐铁矿	5.10	5.26
		锡石	0.01	
		金红石和锐钛矿	0.15	
非金属矿物	硅酸盐矿物	长石(以钠长石为主)	25.80	86.64
		云母(以黑云母为主)	14.75	
		石英	30.49	
		黏土矿物(以高岭石为主)	15.60	
	其他含氧盐	方解石和白云石	5.40	6.45
		磷灰石	1.00	
		重晶石	0.05	
微量矿物		透闪石、滑石、普通角闪石、石榴子石、榍石、铅钒、重晶石、独居石、萤石、毒砂、绿泥石	1.00	1.00

表 3-3 拉拉铜矿尾矿样品粒度筛析结果

粒度/mm	产率/%	品位/%				分布率/%			
		Cu	Co	K_2O	S	Cu	Co	K_2O	S
+0.3	1.15	0.154	0.005 6	3.15	0.22	4.41	1.07	1.17	1.37
-0.3~+0.15	14.29	0.066	0.004 3	3.75	0.12	23.56	10.21	17.45	9.33
-0.15~+0.074	39.74	0.031	0.004 6	3.20	0.12	30.78	30.40	41.42	25.96
-0.074~+0.045	27.13	0.026	0.006 9	2.79	0.24	17.82	31.47	24.92	35.83
-0.045~+0.038	0.38	0.050	0.008 5	1.97	0.31	0.48	0.54	0.24	0.64
-0.038	17.01	0.054	0.009 3	2.67	0.29	22.96	26.32	14.80	26.86
合计	100.00	0.040	0.006 0	3.07	0.18	100.00	100.00	100.00	100.00

二、拉拉铜矿选厂尾矿有价元素利用

拉拉铜矿中可回收利用的有价元素为铜、钴、铁，但其品位极低。Cu、Co、TFe 品位分别为 0.04%、0.005 9%、7.66%。针对其矿石性质，采用“铜硫混合浮选→铜硫分离→尾矿选铁”的工艺流程对其进行回收,工艺流程见图 3-1,试验结果见表 3-4。

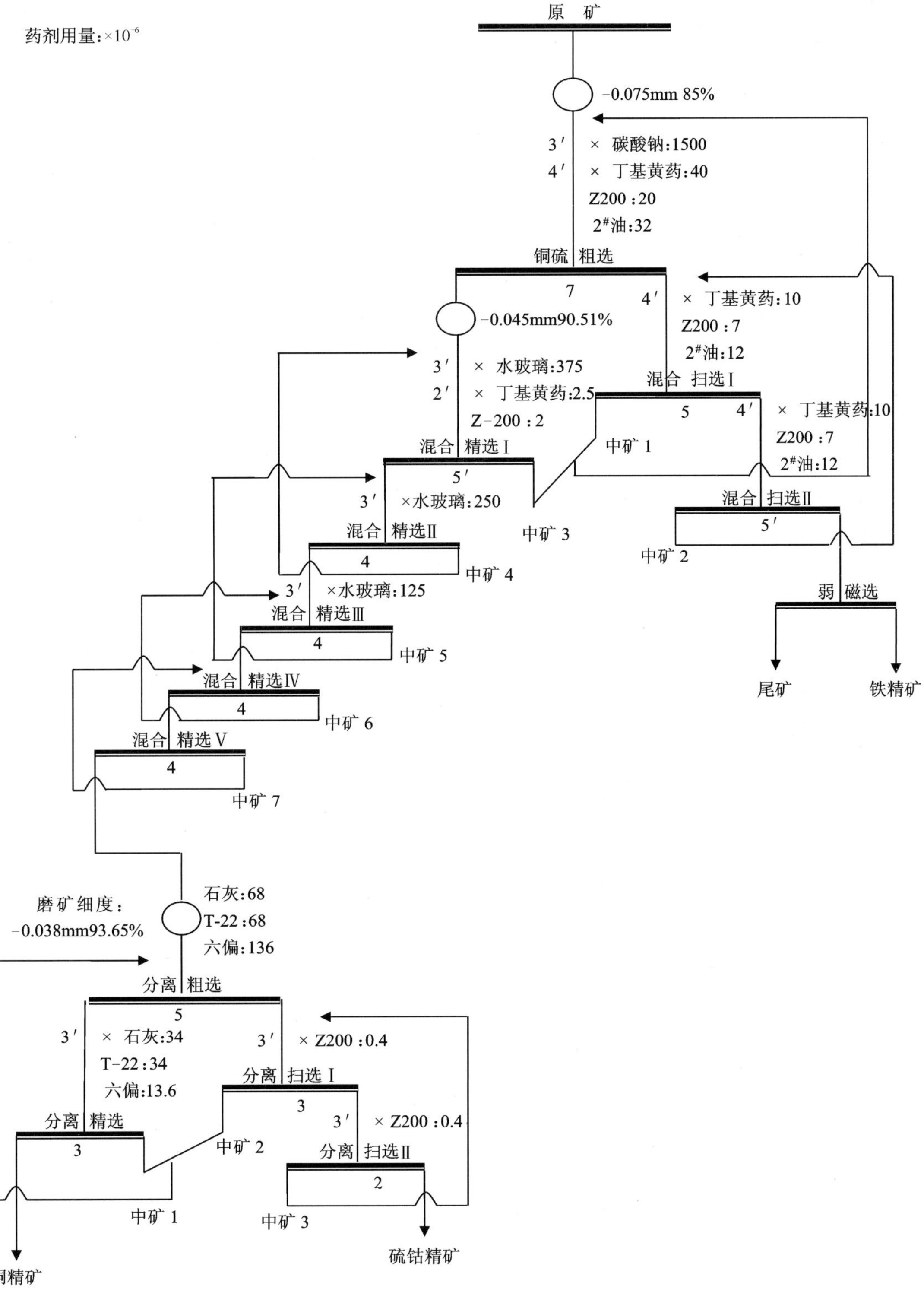

图 3-1　拉拉铜矿尾矿有价元素回收工艺流程

表 3-4　拉拉铜矿选厂尾矿有价元素利用试验结果

产品名称	产率/%	品位/%			回收率/%		
		Cu	Co	TFe	Cu	Co	TFe
铜精矿	0.062	13.38	0.081		21.19	0.98	
硫钴精矿	0.278	0.43	0.32		3.03	17.20	
铁精矿	0.85			60.99			7.12
尾矿	98.81	0.030	0.004 3		75.78	81.82	
原矿	100.00	0.039	0.005 2		100.00	100.00	

采用该工艺流程，可获得铜品位 13.38%、回收率 21.19%的铜精矿，钴品位 0.32%、回收率 17.20%的硫钴精矿，以及 TFe 品位 60.99%的铁精矿。获得精矿多元素分析结果见表 3-5。

表 3-5　拉拉铜矿尾矿精矿产品多元素成分质量分数分析结果

成分	铜精矿	硫钴精矿	铁精矿	成分	铜精矿	硫钴精矿	铁精矿
Cu/%	13.93	1.64	0.031	P/%	—	0.62	0.13
Co/%	0.088 1	0.348	0.008 23	Bi/$\times 10^{-6}$	3.12	—	—
S/%	24.74	40.81	0.18	Sb/$\times 10^{-6}$	3.35	—	—
Ag/$\times 10^{-6}$	28	10.5	—	As/$\times 10^{-6}$	175	651	3.21
Pb/$\times 10^{-6}$	207	62.5	11.1	F/%	—	0.086 4	—
Zn/$\times 10^{-6}$	189	44.5	124	MgO/%	4.26	—	—
TFe/%	—	—	58.14	SiO_2/%	—	—	9.33

第二节　钒钛磁铁矿尾矿有用组分利用

攀西地区是中国钒钛磁铁矿的主要成矿区带，也是世界上同类矿床的重要产区之一。截至 2018 年，攀西地区的钒钛磁铁矿资源保有储量达 78.45 亿 t。其中，钛资源储量（以 TiO_2 计）6.3 亿 t，占全国的 95%，位列全球第一；钒储量占全国 63%，位列全球第三。攀西地区钒钛磁铁矿产区主要由攀枝花、白马、太和、红格 4 个矿区组成。现攀枝花、白马、太和、红格矿区均已开发，主要生产钒铁精矿和钛精矿。

攀枝花白马矿区直至 2006 年建成白马铁矿一期工程，2012 年建成白马铁矿二期工程。一期、二期最终原矿设计处理规模 1550 万 t/a，实际处理规模 1535 万 t/a，年产铁精矿（TFe 品位 57%）463.8 万 t。选铁后的总尾矿量 1 071.2 万 t/a，TiO_2 平均品位为 4.40%。白马选铁尾矿中钛品位有继续下降的趋势，2013 年其选铁尾矿中平均品位为 3.88%。虽然国内多家知名研究院所就回收白马矿中的钛铁矿进行了许多试验，但试验研究结果表明，高效、经济回收选铁尾矿中钛铁矿的难度较大，因此早期部分选铁尾矿直接排入尾矿库，没有进行综合回收利用。白马选铁尾矿中含有多种矿物，选钛目的用矿物与许多干扰矿物的物理性质基本相似，如选铁尾矿中含量较多的橄榄石与钛铁矿的磁性（橄榄石比磁化系数约 $199.6\times 10^{-6}cm^3/g$，钛铁矿比磁化系数约 $279.7\times 10^{-6}cm^3/g$）基本相似，但密度有一定的差异。

白马矿区矿体属于橄辉岩性矿体，选铁后的尾矿中钛含量较低，同时矿物组成复杂，物理性质基本相似等特殊性质造成高效、经济回收钛铁矿难度极大，也造成试验研究成果一直未转化成工业生产。

攀西地区主要采用“弱磁-强磁-浮选”工艺流程回收选铁尾矿中的钛铁矿。但白马选铁尾矿中钛铁矿含量低、橄榄石与钛铁矿比例高的特殊性决定了采用强磁-浮选工艺势必造成单位钛精矿生产成本高、钛回收率低。借鉴以往白马选铁尾矿钛铁矿回收试验研究与攀枝花密地选钛厂 2008 年选钛扩能改造成功经验，并结合白马选铁尾矿中含有较多的橄榄石，且橄榄石与钛铁矿密度有一定差异这一特点，依据白马选铁尾矿矿石性质的特殊性，强磁作业虽可将辉石和斜长石有效分离，但橄榄石和钛辉石会进入下一步的浮选作业，这决定了要进一步除去影响钛铁矿浮选的橄榄石，特别是铁质橄榄石，有必要引入重选选别工序。但重选工序也存在运行不稳定、尾矿损失大等问题。

一、白马钒钛磁铁矿尾矿工艺矿物学性质

白马钒钛磁铁矿尾矿多元素分析结果见表 3-6。

表 3-6 白马钒钛磁铁矿尾矿化学多项分析结果

单位：%

成分	TFe	FeO	TiO_2	V_2O_5	SiO_2	Al_2O_3	Cr_2O_3	MnO	Sc_2O_3	CaO
质量分数	12.17	12.99	4.20	0.042	40.87	13.09	0.003 36	0.23	0.002 41	6.98
成分	MgO	Cu	Co	Ni	S	P	K_2O	Na_2O	烧失量	
质量分数	11.90	0.021 5	0.013	0.014 4	0.47	0.014	0.42	1.98	2.04	

尾矿样品中主要组分为 Fe、TiO_2、SiO_2、Al_2O_3、CaO、MgO、Na_2O，其余组分含量均低。矿石中硫含量较高，质量分数为 0.47%，说明硫化物含量略高；钾低钠高，长石以钠长石为主。矿石为选铁较彻底的尾矿。

白马钒钛磁铁矿尾矿铁物相分析结果见表 3-7，白马钒钛磁铁矿尾矿钛物相分析结果见表 3-8。白马钒钛磁铁矿尾矿钴物相结果见表 3-9。

表 3-7 白马钒钛磁铁矿尾矿铁物相分析结果

物相	磁性铁中铁	菱铁矿中铁	赤铁矿、褐铁矿中铁	钛铁矿中铁	硫化物中铁	硅酸盐中铁	合计
品位/%	1.18	2.07	5.33	0.55	0.27	2.73	12.13
分布率/%	9.73	17.07	43.94	4.53	2.23	22.51	100.00

表 3-8 白马钒钛磁铁矿尾矿钛物相分析结果

物相	钛磁铁矿中 TiO_2	钛铁矿中 TiO_2	硅酸盐中 TiO_2	合计
品位/%	0.34	2.88	0.99	4.21
分布率/%	8.08	68.40	23.52	100.00

表 3-9 白马钒钛磁铁矿尾矿钴物相分析结果

物相	硫化物中钴	氧化物中钴	硅酸盐中钴	合计
品位/%	0.003 9	0.004 2	0.005	0.013 1
分布率/%	29.77	32.06	38.17	100.00

注：物相分析结果为化学选择性溶矿结果，仅供参考。

铁的赋存状态较为分散，钛的赋存相对集中。铁以赤褐铁和褐铁矿中铁为主，品位为 5.33%，占铁总量的 43.94%，其次为主要分布在硅酸盐、菱铁矿中的铁，共占总量的 39.58%，原则上可回收的主要是磁铁矿，故理论上回收率接近磁铁矿的分布率即可达到要求。

钛铁矿 TiO_2 的品位为 2.88%，分布率为 68.40%，原则上只有粒状钛铁矿的钛可以通过选矿回收，但实际样品中铁钛氧化物被脉石包裹时，化学溶矿不一定能有效溶出钛，使得实际钛铁矿中的 TiO_2 高于溶矿法溶出的 TiO_2。钛磁铁矿中的钛弱磁除铁进入铁精矿，其他钛主要是赋存在硅酸盐中而进入尾矿。

氧化物和硅酸盐脉石矿物中存在的钴占比达到了 70.23%，该部分钴按照选矿工艺可回收性小；可回收的钴主要以硫化物形式存在，占比为 29.77%。

白马钒钛磁铁矿混合样尾矿成分较为复杂，尽管研究的矿石为选铁尾矿，但部分矿物之间依然紧密嵌生，样品中矿物含量的测定以混合样尾矿综合样为准，经过缩分、筛分分级，再分别进行磨片制样。在显微镜下研究测定的同时，采用了 X 射线衍射分析、电镜分析、MLA(Mineral Liberation Analyzor)统计等手段确定样品中各矿物种类(表 3-10)，并结合样品的化学成分确定样品中主要矿物的含量(表 3-11)。

表 3-10　白马钒钛磁铁矿混合样尾矿矿石的主要矿物种类

类型	主要矿物	少量及微量矿物
金属硫化物	磁黄铁矿	黄铁矿、钴镍黄铁矿、黄铜矿
金属氧化物	钛铁矿、钛磁铁矿	褐铁矿、赤铁矿
硅酸盐矿物	斜长石、辉石、橄榄石、绿泥石	绿帘石、蛇纹石、透闪石、滑石、黑云母、角闪石、石英、榍石、高岭石、石榴子石、绢云母

表 3-11　白马钒钛磁铁矿选铁尾矿综合样矿物组成及含量

矿物	质量分数/%	矿物	质量分数/%
长石	30.21	绿泥石、高岭石	8.54
辉石	24.09	绿帘石	2.50
钛磁铁矿	1.85	云母	1.41
钛铁矿	6.64	磁黄铁矿	1.14
橄榄石、蛇纹石	20.07	磷灰石	0.14
石英	0.88	黄铁矿、钴镍黄铁矿、紫硫镍矿	0.10
黄铜矿	0.01	其他	2.42

样品中矿物种类较多。其中，金属矿物为钛磁铁矿、黄铁矿、磁赤铁矿、磁铁矿、赤铁矿、褐铁矿、钛铁矿、磁黄铁矿、黄铜矿、镍黄铁矿、紫硫镍矿、辉钴矿、硫钴矿、硫镍钴矿、闪锌矿、方铅矿等。脉石矿物为中—拉长石、普通辉石、橄榄石、普通角闪石、蛇纹石、黑云母、磷灰石、绿泥石、方解石、透辉石、绿帘石、金云母、白云母、榍石、镁铝尖晶石、锆石、石榴子石、黝帘石、高岭石、金红石、白钛石等。

尾矿综合样中大量的是脉石矿物，硫化物含量很低，显示不明显。脉石矿物中长石类、辉石类、橄榄石类含量最多，绿泥石、高岭石次之，此外石英、云母、黄铁矿均有显示。

白马钒钛磁铁矿尾矿综合样矿石中金属氧化物含量不高，钛铁矿及钛磁铁矿共为 8.49%。可综合利用载硫、钴、镍、铜的硫化物主要为磁黄铁矿，占矿物总量的 1.14%。非金属矿物含量大，主要为长石、辉石、橄榄石，占矿物总量比例分别为 30.21%、24.09%、20.07%，其余脉石含量均在 10%以下，属于典型的橄榄辉长岩类矿石。

选铁尾矿中钛的主要矿物是钛铁矿。钛铁矿主要为以他形粒状单体或富连体形式存在，占总量的80%；连体钛铁矿连生钛磁铁矿及辉石、橄榄石、长石等。钛铁矿矿物较纯净，电子探针结果较稳定，TiO_2 质量分数为 51.38%。

矿石中硫的质量分数为 0.47%，以磁黄铁矿、黄铁矿、镍黄铁矿等形式存在，主要为磁黄铁矿，少量黄铁矿，其他硫化物含量极低。硫化物中含少量的钴，可作为伴生组分回收利用。

尾矿中含量最高矿物为长石，质量分数为 30.21%，主要为中—拉长石，中—拉长石中 $TFe+TiO_2$ 质量分数为 0.231%，有利于长石作为独立产品进行回收利用。

二、白马钒钛磁铁矿尾矿有价元素回收

通过工艺矿物学研究查明了白马钒钛磁铁矿选铁尾矿的矿物种类和嵌布特性。白马钒钛磁铁矿选铁尾矿中铁钛含量低，金属矿物含量亦低，主要金属矿物为钛磁铁矿、钛铁矿，钛磁铁矿和钛铁矿的矿物质量分数分别为1.85%和 6.64%。主要脉石矿物为橄榄石、辉石、长石等，脉石矿物约占矿物总量的87.70%。钛铁矿矿物较纯净，探针结果较稳定，TiO_2 质量分数为 51.38%，钛铁矿主要以他形粒状单体或富连体形式存在，占总量的 80%。硫化物以磁黄铁矿、黄铁矿、镍黄铁矿等形式存在，主要为磁黄铁矿，少量黄铁矿，其他硫化物含量极低，硫化物中含少量的钴，作为伴生组分回收利用。综上所述，明确了白马钒钛磁铁矿尾矿中有价元素回收利用方案为硫钴精矿、铁精矿、钛精矿。

选矿前要收集整理和测定白马钒钛磁铁矿主要矿物的物理性质，即主要矿物钛磁铁矿、钛铁矿、黄铁矿、磁黄铁矿、橄榄石、辉石、长石等几种矿物的磁性、密度、硬度、脆性、解理及电学性质，以及综合分析不同矿物的浮游特性。通过选硫、扫铁、强磁选钛的探索试验发现，在不磨矿的条件下，选硫、扫铁、强磁选钛的效果均不理想。因此，对尾矿需进行再磨，最终在充分分析矿物性质的基础上确定尾矿综合利用合适的原则流程，即“再磨→浮硫→弱磁除铁→强磁分离含铁矿物→钛铁矿重选富集”的工艺流程。

白马钒钛磁铁矿尾矿有价元素回收原则流程见图 3－2，试验结果见表 3－12。

钒钛磁铁矿尾矿综合利用以“再磨→硫钴浮选→弱磁除铁→强磁分离→重浮联合富集钛铁矿→强磁分离尾矿高梯度强磁深度除铁→反浮选回收非金属长石”工艺为原则工艺流程，确定以矿物种类为导向、基于矿物性质差异为依据、融合“重选→磁选→浮选”三大选别方式、阶梯式选别回收的工艺流程。该工艺流程先以“再磨→浮硫→弱磁除铁→强磁分离含铁矿物→钛铁矿重选富集”从尾矿中富集出硫钴粗精矿、铁粗精矿、长石粗精矿及选钛入浮物料，再对粗精矿产品分别精选获得合格的精矿产品。硫钴粗精矿经过“一次精粗选、三次精选和一次精扫选”可获得含硫品位不低于 32%、钴品位不低于 0.25%的钴硫精矿产品；铁粗精矿经过再磨、再选可获得合格的铁精矿产品，TFe 品位不低于 53%；钛铁矿采用“高梯度强磁磁选-摇床重选”的组合工艺进行预富集，获得钛粗精矿 TiO_2 品位为 23.89%，钛粗精矿再磨除铁后采用“预先浮硫、浮硫尾矿一粗一扫五精”的顺序返回流程获得 TiO_2 含量为 47.68%的钛精矿，实现从该超低品位含钛尾矿中获得合格钛精矿产品。

“再磨→硫钴浮选→弱磁除铁→强磁分离→重浮联合富集钛铁矿→强磁分离尾矿高梯度强磁深度除铁→反浮选回收非金属长石”工艺可充分回收利用有价元素，获得硫钴精矿、铁精矿、钛精矿，基本实现尾矿中有价元素的合理回收利用以及尾矿资源化减量。

白马钒钛磁铁矿尾矿有价元素回收产品多项分析结果见表 3－13。

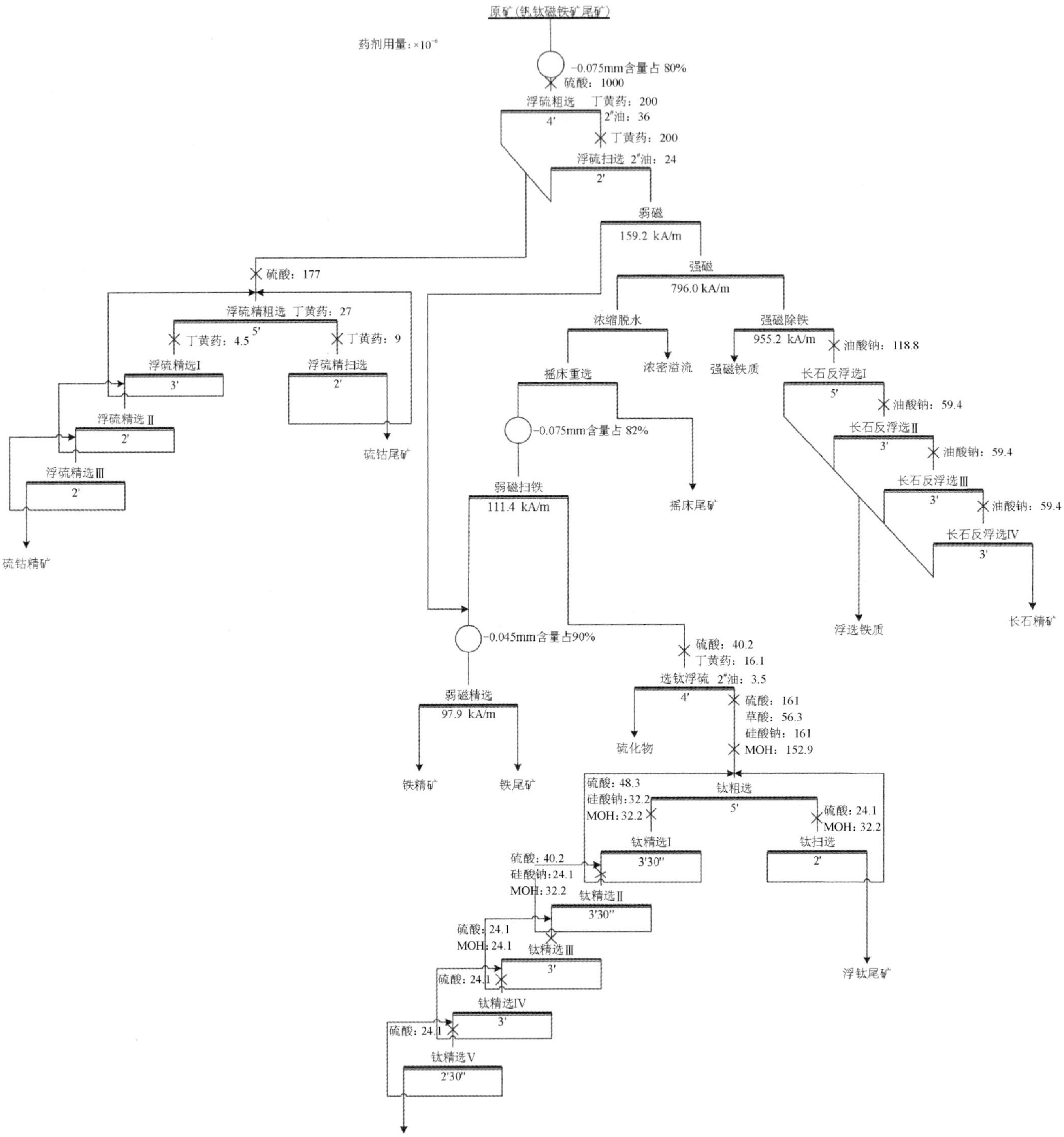

图 3－2　白马钒钛磁铁矿尾矿有价元素回收工艺流程

表 3-12 白马钒钛磁铁矿尾矿有价元素回收试验结果

产品名称	产率/%	品位/%				回收率/%			
		TFe	TiO_2	S	Co	TFe	TiO_2	S	Co
硫钴精矿	1.32	44.29	0.21	33.56	0.25	4.68	0.06	68.15	22.27
铁精矿	1.81	53.77	9.44	0.34	0.020 3	7.79	4.00	0.95	2.48
钛精矿	3.15	35.37	47.68	0.18	0.020 1	8.92	35.17	0.87	4.27
总尾矿	93.72	10.48	2.77	0.21	0.011 2	78.61	60.77	30.03	70.98
原矿	100.00	12.49	4.27	0.65	0.014 8	100.00	100.00	100.00	100.00

表 3-13 白马钒钛磁铁矿尾矿回收产品多项分析结果

产品类型	钛精矿	浮钛尾矿	铁精矿	硫钴精矿	摇床精矿	摇床尾矿
TFe/%	35.37	20.65	52.72	44.29	26.16	16
TiO_2/%	49.07	7.98	9.78	0.212	22.89	5.86
V/%			0.32	0.007 8		
SiO_2/%	2.50	35.94	6.34	5.99	22.73	39.27
Al_2O_3/%	0.27	2.51	2.96	1.24	1.34	4.48
MnO/%	1.05	0.51	0.40	0.03	0.66	0.29
CaO/%	0.094	3.11	0.47	0.51	2.08	6.96
MgO/%	5.24	27.32	5.40	2.62	18.62	23.69
S/%	0.41	0.093	0.32	31.39	0.38	0.15
P_2O_5/%	0.015	0.064	0.031	0.031	0.046	0.108
Cu/$\times10^{-6}$	91.9	103.7	324.9	6000	130.6	80
Co/$\times10^{-6}$	644.1	469.4	928.8	2700	534.7	390
Ni/$\times10^{-6}$	220.8	214.5	267.1	5000	222.5	160
K_2O/%		0.059	0.032	0.053	0.038	0.140
Na_2O/%	0.037	0.192	0.185	0.159	0.150	0.600
Cr/$\times10^{-6}$		70	340.9			16
Sc/$\times10^{-6}$	38.70					5.86
Cl/$\times10^{-6}$	73.10	130.70	204.50	177.10	166.40	
Zr/$\times10^{-6}$	127.50	33.80			45.70	39.27
La_2O_3/$\times10^{-6}$						4.48
Pb/$\times10^{-6}$				65.00		0.29
Se/$\times10^{-6}$				77.10		6.96
Y_2O_3/$\times10^{-6}$		8.50				23.69
Zn/$\times10^{-6}$	115.7	237.3	340.6	3700	197.7	16
Nb/$\times10^{-6}$	34.5	11.3			22.3	
CeO_2/$\times10^{-6}$					170.9	
Ga/$\times10^{-6}$			39.4			
Sr/$\times10^{-6}$		42.6	25.8	41.1	37.1	130.0

第三节　稀土矿尾矿有用组分利用

大陆槽稀土矿是四川第二大稀土矿资源，位于四川西部较为重要的轻稀土矿成矿带——攀西稀土成矿带上，是该带的重要组成部分。该成矿带为我国单一氟碳铈矿成矿富集区域，属于内生碱性岩热液型稀土成矿带。四川德昌大陆槽稀土矿区处于南北向和北东向构造的复合部位，多组断裂汇聚于矿区。矿石呈灰白色，细—中粒结构，似片麻状、块状构造。主要矿物为中长石、普通角闪石、石英，少量黑云母，局部见纤闪石。矿区内与稀土矿化有关的围岩蚀变类型多，范围广，主要有萤石化、重晶石化、碳酸盐化、绿泥石化、绢云母化、黄铁矿化、褐铁矿化等。矿床处于氧化带上，矿石以物理风化为主，呈碎粒、碎粉状。

该稀土矿在资源开发过程中产生了大量稀土尾矿，由于现阶段尚未有成熟的尾矿综合利用技术，生产过程产生的尾矿只能采取堆存处置。这种方式是目前处理尾矿最常见和通用的方式，但是现在也显现出一定的弊端。由于尾矿库二次开发的难度较高，其中蕴藏的资源也难以利用，且废水的渗出对矿山环境也会造成负面影响。本节以大陆槽稀土矿尾矿为研究对象，通过浮选药剂的研发和选矿工艺的优化，提出大陆槽稀土矿尾矿资源的综合利用技术方案，形成稀土矿尾矿的合理化处置方案及矿山环境治理建议。

一、大陆槽稀土矿尾矿工艺矿物学性质

大陆槽稀土矿尾矿多元素分析结果见表 3－14。

表 3－14　大陆槽稀土矿尾矿化学多项分析结果　　单位：%

成分	质量分数	成分	质量分数	成分	质量分数
REO	1.77	S	3.8	SrO	8.72
K_2O	2.24	CaF_2	18.8	MnO	0.2
BaO	2.33	Ti	0.31	SiO_2	26.66
ThO_2	0.007 3	Al_2O_3	5.66	Zn	0.023
MgO	0.53	Pb	0.17	Fe_2O_3	2.6

尾矿样品中 REO 质量分数为 1.77%，可作为有价矿物回收利用。除 REO 外，矿石中的 CaF_2 和 SrO 质量分数分别为 18.80%和 8.72%，具有一定的综合利用价值，可在回收稀土矿物的同时综合回收萤石和锶矿物。样品中 SiO_2 质量分数为 26.66%，表明其中硅酸盐类脉石矿物含量较高。

该稀土尾矿中稀土含量相对较高，具有再次回收价值；矿样中主要元素为氧、硅、铝、钙、锶、钡、钾、氟、铁等；矿石中 CaF_2、$BaSO_4$、$SrSO_4$ 等含量相对较高，可以考虑附带综合回收；样品中 Al_2O_3、Fe_2O_3、$CaCO_3$、K_2O 等含量相对较高，表明该矿石中铝硅酸盐及含铁矿物含量偏高，泥含量较高，碳酸盐含量偏高，从而使得该矿石中稀土矿物、锶钡矿物及萤石的综合回收难度偏大。

采用多级标准筛，开展样品粒度筛析试验，考察尾矿样品的粒度组成，分析样品 REO 和 CaF_2 在不同粒级中的分布，筛析试验结果见表 3－15。

表 3-15 大陆槽稀土尾矿样品粒级筛析试验结果

粒级/mm	产率/%	品位/%		回收率/%	
		REO	CaF_2	REO	CaF_2
-3+0.15	28.33	1.40	16.94	22.45	25.52
-0.044+0.074	19.39	1.14	21.05	12.51	21.71
-0.074+0.044	9.56	1.36	23.06	7.36	11.73
-0.044+0.028	8.47	1.76	22.58	8.44	10.18
-0.028	34.25	2.54	16.94	49.24	30.86
给矿	100.00	1.77	18.80	100.00	100.00

样品筛析结果表明,尾矿样品+0.074mm 粒级产率约 50%,显微镜下检查发现该粒级中未完全解离矿物颗粒较多,需进一步磨矿解离。这表明大陆槽稀土矿原矿选别时磨矿粒度较粗,部分稀土矿物未完全解离,造成稀土矿物在尾矿中的损失;样品中-0.028mm 粒级产率为 34.25%,但 REO 分布率接近 50%,这表明损失在尾矿中另一部分稀土矿物为样品中的细粒级稀土矿物。综上所述,实现稀土尾矿中稀土资源的高效回收的研究重点是要回收其中的细粒级稀土矿物。

德昌稀土矿尾矿中矿物,主要有氟碳铈镧矿、氟碳钙铈镧矿、天青石、重晶石、菱锶矿、磷铝锶石、方解石、钙铝榴石、绿帘石、绿泥石、黄铁矿、黄铜矿、赤铁矿、褐铁矿、萤石、方铅矿、石英、白铅矿、长石、角闪石、磷灰石、白云母、黑云母、霓辉石、榍石、褐帘石、独居石、锆石、磁铁矿、钛铁矿等。

通过对样品的定量检测,其中主要矿物的含量情况如表 3-16 所示。

表 3-16 大陆槽稀土尾矿中主要矿物含量 单位:%

矿物	质量分数	矿物	质量分数	矿物	质量分数
重晶石	0.25	黄铁矿	0.5	方解石	10.82
天青石	6.45	方铅矿	0.3	碳酸锶矿	0.86
钡锶互含硫酸盐	11.82	磷灰石	0.1	赤褐铁矿	2.7
氟碳铈镧矿	1.87	萤石	18.1	长石	28.12
氟碳钙铈镧矿	0.68	石英	11.36	云母	5.46
角闪石	0.51	辉石	0.36	绿泥石	0.29

样品的矿物定量分析表明,其主要的矿物组成为长石、石英、云母以及方解石等硅酸盐及碳酸盐矿物,占矿物总量的 60%左右。萤石质量分数达到 18.1%,主要以钡锶互含硫酸盐形式存在,碳酸锶矿质量分数仅 0.86%;氟碳铈镧矿和氟碳钙铈镧矿为主要稀土矿物,矿物质量分数分别为 1.87%和 0.68%;此外尾矿中还含有少量硫化矿物,是矿山重金属污染的潜在来源。

二、大陆槽稀土矿尾矿有价元素回收

大陆槽稀土尾矿矿物性质研究结果表明,尾矿中稀土矿物、萤石和锶钡矿物具有综合利用价值,通过开展稀土尾矿中稀土等有价元素的回收以及萤石和锶钡矿物整体回收利用的综合研究,可有效减少尾矿的排放,实现稀土尾矿的资源化、减量化。尾矿中的铅矿物是矿山环境的潜在污染源,在综合利用的同时应尽量脱除尾矿中的含铅矿物,实现稀土尾矿的减害化。

尾矿中存在的含重金属元素矿物对矿山周边环境来说是潜在重金属污染源。硫化矿物是常见的重金属元素载体矿物，大陆槽稀土矿尾矿中的方铅矿是主要的硫化矿物，同时由于其铅含量高使其成为矿山环境的主要威胁，因此在改善矿山环境的过程应将其作为重点对象加以回收并统一堆存。并将铅浮选尾矿作为稀土选矿试验给矿，开展大陆槽稀土矿尾矿稀土选矿试验研究。有价元素回收试验流程见图 3-3，试验结果见表 3-17。

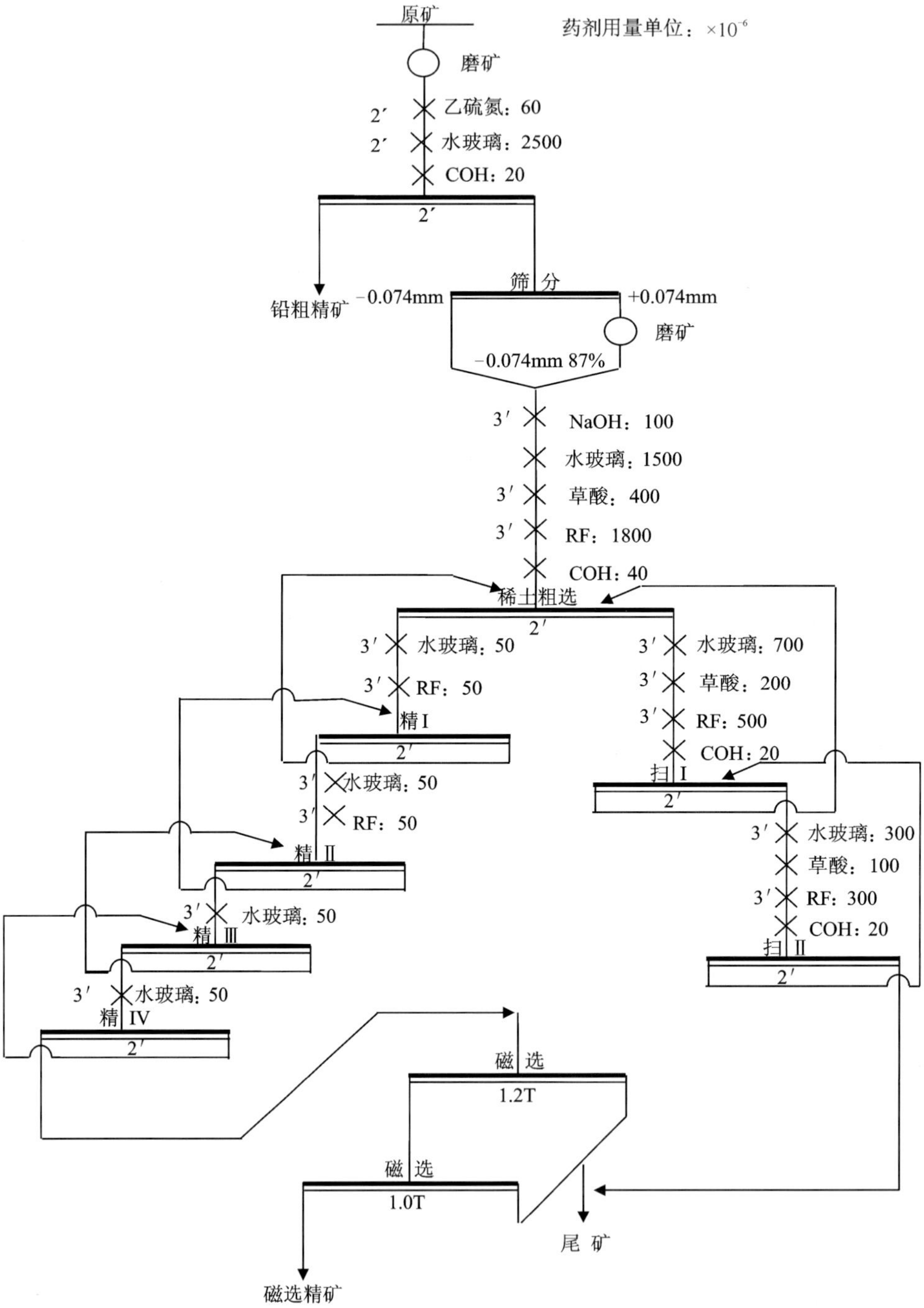

图 3-3 大陆槽稀土矿尾矿有价元素回收试验流程

表 3-17　大陆槽稀土矿尾矿有价元素回收试验结果

产品	产率/%	品位/%				回收率/%			
		Pb	REO	CaF_2	SrO	Pb	REO	CaF_2	SrO
铅粗精矿	1.24	11.02	1.56	17.85	7.45	64.03	1.10	1.18	1.10
稀土精矿	2.19		40.44	5.45	6.02		51.45	0.65	1.57
尾矿	96.57		0.85	18.74	8.47		47.45	98.17	97.33
原矿	100.00	0.21	1.76	18.81	8.44		100.00	100.00	100.00

铅粗精矿可以回收近60%的铅矿物，且仅有1%左右的稀土、萤石和锶钡矿物损失在铅精矿中。经一次粗选作业，铅品位由给矿中的0.21%降低至0.08%，浮选尾矿中铅的分布率为35.97%，极大减少了尾矿中铅的排放量。同时，铅的物相分析结果表明试验样品中约66%的含铅矿物为硫化铅矿，而在铅的浮选作业中铅的回收率达到64%，而白铅矿为氧化矿物，其可浮性较差，因此可以认为试验样品中95%以上的硫化铅矿物均进入浮选精矿，可以集中单独处理。

对尾矿中的稀土等有价金属元素回收，可以获得REO品位40.44%、回收率51.45%的稀土精矿，同时尾矿中CaF_2品位为18.74%，SrO品位为8.47%，可进行尾矿有用矿物的整体利用研究。

第四节　铅锌矿尾矿有用组分利用

攀西地区最具规模和代表性的铅锌有色金属矿为会理铅锌有色金属矿（简称会理铅锌矿），因此本节以该矿选别后的尾矿作为研究对象。工艺矿物学研究查明，会理铅锌有色金属尾矿中锌矿物以氧化锌为主，主要是菱锌矿和异极矿，少量闪锌矿；铅矿物含量低，以白铅矿为主，少量方铅矿，偶见铅矾；铜矿物含量极低，以黄铜矿为主，偶见辉铜矿、斑铜矿；非金属矿物主要为白云石、石英、绿泥石，其次为辉石、角闪石等；铁钛氧化物有磁铁矿、赤铁矿、褐铁矿、钛铁矿，少量铬铁矿、金红石。物质组成结果表明，选矿作业的重点是对尾矿中的氧化锌矿物进行再回收。

一、会理铅锌矿尾矿工艺矿物学性质

会理铅锌矿尾矿多元素分析结果见表3-18。

表 3-18　会理铅锌矿尾矿化学多项分析结果　　单位：%

成分	质量分数	成分	质量分数	成分	质量分数
SiO_2	31.8	K_2O	0.65	Ce	0.002 6
Al_2O_3	5.49	Na_2O	0.32	Rb	0.002
Pb	0.35	TiO_2	0.96	Nb	0.001 8
Zn	2.02	C	5.78	Cd	0.01
TFe	3.32	As	0.013 8	Zr	0.003 4
CaO	15.14	S	0.48	Cu	0.025
MgO	13.00	P	0.088	Sr	0.006 6

矿石中主要组分为 SiO_2、MgO、CaO、Al_2O_3、TFe，其余组分含量均低，说明有一定量的硅质和钙镁质矿物。矿石中硫较高，质量分数为 0.48%，说明尾矿中有少量硫化物。尾矿中 Pb、Zn 质量分数为 0.35%、2.02%，会理铅锌矿尾矿含一定的锌矿物，但铅矿物含量少。原矿锌物相分析结果见表 3-19。

表 3-19 会理铅锌矿锌物相分析结果

物相	硫化锌	氧化锌	其他形态锌	合计
质量分数/%	0.32	1.27	0.43	2.02
分布率/%	15.84	62.87	21.29	100.00

锌的赋存状态较为分散，锌以氧化锌为主，质量分数为 1.27%，占锌总量的 62.87%，其次为其他形态的锌和硫化锌，合计占总量的 37.13%，硫化锌回收较易，氧化锌回收往往较难。

尾矿样品中大量的是脉石矿物，脉石矿物中碳酸盐、石英、绿泥石含量最多，长石、云母、角闪石、辉石次之，此外白铅矿、异极矿、磁铁矿等均存在。

锌矿物主要为异极矿、菱锌矿，含微量闪锌矿；金属铁矿物主要为钛磁铁矿，含微量铬铁矿；钛矿物主要为钛铁矿，含微量金红石、榍石；铅矿物含量低，主要为白铅矿，含极微量方铅矿、铅矾；铜矿物含量极低，为黄铜矿；铁硫化物主要为黄铁矿，微量毒砂（表 3-20）。

脉石矿物主要为白云石、石英、绿泥石，少量角闪石、黑云母、辉石、长石、方解石，微量磷灰石、高岭石、滑石、榍石、绿帘石、锆石、石膏等。

表 3-20 会理铅锌矿尾矿主要矿物种类

矿物分类	主要	次要	少量—微量
锌矿物	异极矿	菱锌矿	闪锌矿
铅化物	白铅矿	—	铅矾、方铅矿
铜矿物	—	—	黄铜矿
硫铁、铁矿物	钛磁铁矿、黄铁矿	—	铬铁矿、褐铁矿
砷矿物	—	—	毒砂
钛矿物	钛铁矿	—	榍石、金红石
脉石矿物	白云石、石英	绿泥石	角闪石、辉石、黑云母、长石、方解石、磷灰石、金红石、滑石、榍石、绿帘石、锆石、石膏、一水铝石等

尾矿矿石中矿物含量测定结果可以看出（表 3-21），会理铅锌矿尾矿矿物组成复杂，分为碳酸盐类、硅酸盐类、钛矿物、铁矿物、砷矿物、铅矿物、锌矿物、铜矿物等。铅矿物有白铅矿、方铅矿、铅矾，主要为白铅矿。锌矿物有异极矿、菱锌矿、闪锌矿，主要为氧化锌矿物，硫化锌矿物含量低。铜矿物有黄铜矿和辉铜矿，主要为黄铜矿，铜矿物总体含量低，作为伴生组分回收。

二、会理铅锌矿尾矿有价元素回收

针对氧化锌矿物的回收多以硫化-胺法和硫化-黄药法两种方法为主，而硫化-黄药法需要对矿浆加温至 50～60℃，并且药剂消耗大，使用受到一定的限制，故采用硫化-胺法回收氧化锌矿物。该工艺流程具有 3 个显著特点：①创造性引入强磁工艺，应用较高的磁场强度可抛除高达 36%左右的含铁磁性矿物，如钛磁铁矿、钛铁矿、绿泥石等，降低浮选处理量和药剂成本，同时消除硫化-胺法浮选时含铁磁

表 3－21　会理铅锌矿尾矿矿物含量

矿物类别	矿物名称	质量分数/%	合计	矿物类别	矿物名称	质量分数/%	合计
脉石矿物	白云石、方解石	38.67	90.70	锌矿物	异极矿、菱锌矿	3.61	3.79
	石英	21.98			闪锌矿	0.18	
	绿泥石	12.52		铜矿物	黄铜矿、辉铜矿	0.03	0.03
	角闪石、辉石	8.48		铅矿物	白铅矿	0.40	0.48
	长石、云母	7.77			方铅矿、铅矾	0.08	
	磷灰石	0.35		钛矿物	钛铁矿	1.60	1.85
	其他脉石矿物	0.93			榍石、金红石	0.25	
铁矿物	磁铁矿	2.20	2.22	硫化铁矿物	黄铁矿	0.90	0.90
	铬铁矿	0.02		砷矿物	毒砂	0.03	0.03

性矿物易浮夹杂影响氧化锌精矿产品质量；②氧化锌矿物单体解离程度高，不宜采用磨矿，减少泥化干扰；③药剂制度及工艺简单。

会理铅锌矿尾矿有用组分回收利用流程见图 3－4，试验结果见表 3－22 和表 3－23。“强磁-硫化胺法浮选”工艺可回收尾矿量 4.31%的氧化锌精矿产品，氧化锌精矿锌质量分数不低于 32%，锌回收率不低于 66%，从而减少锌金属量的损失，使铅锌尾矿资源化，形成高附加值的氧化锌精矿产品。

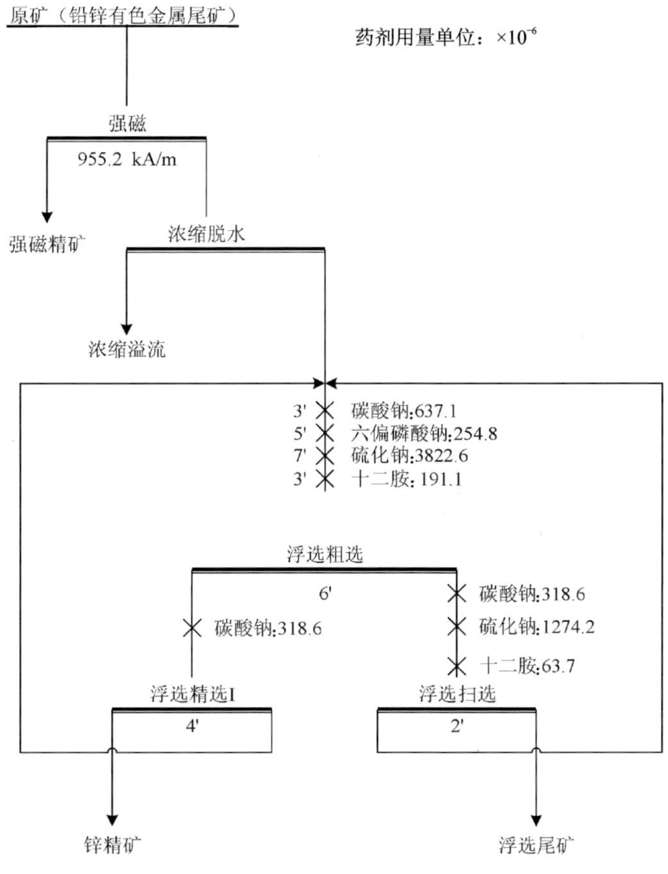

图 3－4　会理铅锌矿尾矿有用组分回收利用流程

表 3-22 会理铅锌矿尾矿有用组分回收利用试验结果

产品名称	产率/%	Zn 品位/%	回收率/%
强磁精矿	36.29	1.13	19.63
浮选尾矿	59.40	0.48	13.59
锌精矿	4.31	32.50	66.78
原矿	100.00	2.10	100.00

表 3-23 会理铅锌矿尾矿有用组分回收利用产品多项分析结果

产品名称	强磁精矿	锌精矿	浮选尾矿	产品名称	强磁精矿	锌精矿	浮选尾矿
Pb/%	0.27	3.93	0.15	K_2O/%	0.91	0.29	0.50
Zn/%	0.98	32.80	0.51	Na_2O/%	0.78	0.10	0.15
TFe/%	7.45	3.68	1.03	Cu/$\times10^{-6}$	376	1490	105
TiO_2/%	2.52	0.09	0.13	Co/$\times10^{-6}$	44.6	24	45
SiO_2/%	58.12	56.57	35.50	Ni/$\times10^{-6}$	60.5	13.5	8.2
Al_2O_3/%	9.55	1.55	2.94	S/%	0.083	0.22	7.45
CaO/%	7.96	4.24	20.20	P/%	0.13	0.035	0.056
MgO/%	11.42	4.01	15.79	Cr_2O_3/$\times10^{-6}$	393	208	199

第四章　攀西地区金属矿山尾矿整体利用

尾矿是污染破坏矿山环境的重要部分，尾矿处理是众所周知的难题。只有整体利用尾矿，才不至于浪费尾矿中的有用资源，才能恢复尾矿库原地的生态面貌，使矿区的环境治理能持之以恒进入良性循环，实现尾矿利用资源化、产业化以及环境和谐双赢。开展尾矿整体利用研究是矿山实现少尾和无尾化过程最有效的途径。通过开发高附加值的产品，可以提高产品的市场竞争力。

必须要将尾矿整体利用与环境综合治理有机结合，精心组织，以最小的环境代价获得最大的资源经济效益和环保社会效益。结合我国尾矿利用与环境保护的实际，要实现双赢就要把尾矿从危害环境的废物变成为利国利民的财富。

尾矿作为复合材料进行整体利用，成为经济、实用的新矿产资源，不但可使原来枯竭或资源不足的矿山重新成为新资源基地，恢复或扩展生产，而且能充分利用不能再生的矿产资源和原有的矿山设施，发挥矿山潜力，使国家、企业不必大量投资基本建设就能获得大量已加工成细颗粒原料的资源。在对尾矿整体开发利用时，可解决环境污染，改善生态环境和整治国土，具有巨大的经济、社会、环境效益。

因此，加强尾矿综合利用的科技攻关，使尾矿开发利用建立在扎实的科学基础之上，提高综合利用效率。尾矿各类物质的分选技术是矿产资源综合利用的关键，包括提高目标矿物和伴生金属、非金属矿物的分选提取技术，脉石和围岩中非金属矿粉的分类、分级、分选技术，分装、包装技术，以及相关的经济分析。

大量尾矿未处理已成为制约矿业可持续发展、危及矿区及周边生态环境的重要因素。在矿石日趋贫化、资源日渐枯竭、环境意识日益增强的今天，解决困扰的根本出路必须依赖于资源的二次开发利用，尾矿综合利用已成为矿山可持续发展的必然选择。各矿山企业应将环境保护贯穿于矿山资源开发利用的全过程；依靠科技进步，从矿山资源特点和条件出发，以资源化、无害化、减量化原则开展尾矿的综合利用研究；以开发高附加值、多功能新材料作为技术攻关的核心，采用先进的技术措施，运用市场机制和经济手段，开展尾矿综合利用将产生巨大的经济效益和社会效益。

第一节　铜矿尾矿整体利用

拉拉铜矿尾矿样品中金属硫化物主要为黄铁矿，其次为黄铜矿和斑铜矿，占总量的0.65%；金属氧化物主要为磁铁矿、赤铁矿、褐铁矿，其次为金红石和锐钛矿，占总量的5.26%；硅酸盐矿物主要为石英、长石、云母、黏土矿物，占总量的86.64%；其他含氧盐主要为方解石和白云石，其次为磷灰石，占总量的6.45%；微量矿物为透闪石、滑石、普通角闪石、石榴子石、榍石、铅钒、重晶石、独居石、萤石、毒砂，占总量的1%。

经过有价金属元素回收利用后的铜矿尾矿，含有大量的云母矿物及硅酸盐矿物，可被整体回收利用，从而实现尾矿的资源化、减量化。

一、云母矿物整体利用

云母是应用较广泛的非金属铝硅酸盐矿物，在材料工业、化学工业、涂料工业、化妆品制作等行业中广泛应用。多数变质岩金属矿山尾矿中都含有大量云母资源，大多堆存在尾矿库中而没有得到回收利用。

目前，云母回收主要采用浮选工艺，少量采用诸如“重选-浮选”“磁选-浮选”等以浮选为主的联合工艺。浮选工艺主要有两种：一种是在酸性矿浆（pH＝2～4）条件下，用阳离子捕收剂浮选云母，该方法由于矿浆 pH 较低，易对管道及设备造成腐蚀，故对设备耐强酸腐蚀要求较高；另一种是在中性或弱碱性矿浆条件下，用阴离子捕收剂浮选云母，该方法对设备要求不高，但云母精矿产品质量及回收率均不及酸性矿浆浮选法。同时，两种浮选工艺均使用大量化学药剂，生产成本较高，且浮选环境恶劣对环境污染严重，安全和环保很难达到国家相关标准，不符合国家有关环境保护和节能减排的政策要求。

尾矿样品中含有大量的云母矿物，占样品总矿物量约 14.75％，以黑云母为主。云母矿物具有弱磁性，考虑采用强磁选工艺对其进行初步富集回收。对初步富集的粗精矿采用重选工艺进行精选，获得较优质量的云母精矿产品。云母矿物整体回收利用流程见图 4－1，回收利用结果见表 4－1。

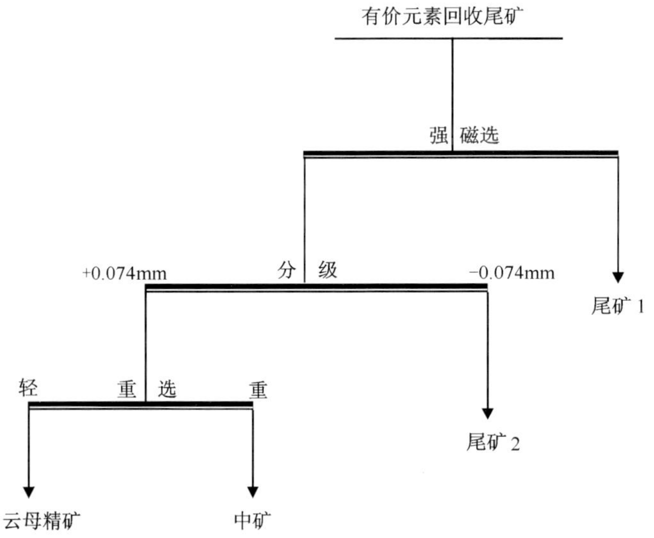

图 4－1　云母矿物整体回收利用流程

表 4－1　云母矿物整体回收利用结果

产品名称	产率/％	K_2O 品位/％	K_2O 回收率/％
云母精矿	13.05	8.67	35.26
中矿	9.11	3.83	10.87
尾矿 2	27.72	2.55	22.01
尾矿 1	50.12	2.14	31.86
有价元素回收尾矿	100.00	3.37	100.00

针对拉拉尾矿中有价元素回收后的尾矿，采用强磁选工艺，可抛除 50.12％的尾矿；再将粗精矿分级，直接抛除－0.074mm 粒级产品作为尾矿，剩余＋0.074mm 粒级进入摇床重选，可获得 K_2O 品位 8.67％、回收率 35.26％的云母精矿。

二、硅酸盐矿物整体利用

经过强磁选工艺回收云母矿物后的尾矿含有大量硅酸盐矿物，可将其制备为多功能矿物硅肥进行整体利用。

硅肥是一种以硅酸钙为主的微碱性、枸溶性矿物肥料。它具有无毒、无臭、无腐蚀、不吸潮、不结块、不变质、不易流失等特点。硅是农作物生长所需要的重要营养元素，农作物吸收硅元素后能促进根系生长发育，提高抗倒伏、抗病虫害、抗旱、抗寒和养分吸收的能力，并能够改善农作物品质，符合现代"绿色食品"发展的要求。硅肥可以调节农作物在不同阶段对氮、磷、钾等元素的营养需求，在其他元素使用过量时有抑制供给的作用；硅肥可以改善农作物的营养成分，使瓜果类的糖及维生素、花生的脂肪、谷物的淀粉、小麦的蛋白质等含量明显提高；施用硅肥还可以降低工业污水中重金属对农作物造成的污染。另外，硅肥对红土壤和盐碱地的土壤结构改良还有独特的作用，由于硅肥中所含的硅、钙、镁等离子能够与红壤中大量积聚的铁离子、铝离子及盐碱地中大量积聚的铁离子、铝等离子和钠离子发生交换反应，形成无害化合物，减少了这些离子对农作物的不良作用，同时还能补充农作物生长急需的硅、钙、镁等元素。

我国硅肥发展相对较缓慢，在 20 世纪 70 年代中期才开始硅肥的研究，到 80 年代初期也只有室内及小范围应用，进入 90 年代硅肥的生产和施用开始迅速发展。同时，一批中小型硅肥企业应运而生，例如大连希林索科工贸有限公司可年产硅素肥料 20 万 t；广西磷酸盐化工厂、贵州磷酸盐厂、南京化学工业公司等厂主要利用黄磷炉渣为原料生产硅肥；江西高安化肥厂、辽宁新金县化工厂主要利用碳化气煤球生产硅肥；20 世纪 80 年代末，河南省科学院信阳硅肥厂以炼铁高炉渣为原料生产硅肥获得成功，随后在河南省原阳、南阳、平顶山、三门峡等地相继建成一批小型硅肥厂；云南省从 1988 年开始进行硅肥的开发研究，同年列为云南省科委（现云南省科技厅）"星火计划"项目，后又于 1990 年列为国家科学技术委员会（现为科技部）"星火计划"项目，1989 年建成硅肥实验生产工厂——昆磷多元素肥料厂，其年产硅肥 7000～10 000t并批量生产投放市场，进行试验示范推广。根据《2020—2025 年中国硅肥行业发展分析与投资战略咨询报告》数据，2019 年国内硅肥产量约为 293 万 t，较 2018 年上涨了 29.1%。硅肥缺乏就成了植物生长的限制因素。硅肥逐渐开始在水稻、小麦的种植中大规模使用。我国的耕地面积大约为 18 亿亩，而缺硅的耕地面积超过 10 亿亩，而每亩耕地需用硅肥 5～20kg，所以硅肥的需求量约为 500 万～2000 万 t，硅肥生产还存在巨大的缺口和发展空间。

多功能矿物硅肥制备原则流程见图 4－2。采用主助剂碳酸钙，辅助助剂碳酸钠，m（硅肥原料样品）：m（主助剂）：m（辅助助剂用量）＝20：10：1.5，焙烧温度为 1200℃，焙烧时间为 0.33h（唐福军等，2006）。获得硅肥产品有效硅质量分数（以 SiO_2 计）为 38.75%，可消耗硅肥原料 43.59%（实现整体利用率 40%以上）。

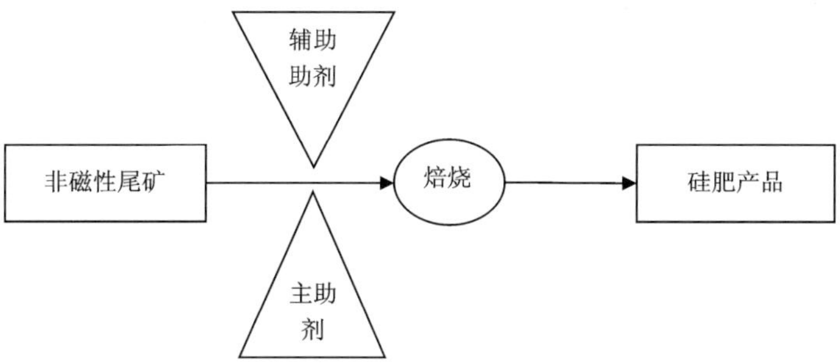

图 4－2 多功能矿物硅肥制备原则流程图

第二节 钒钛磁铁矿尾矿整体利用

一、回收利用长石

白马钒钛磁铁矿尾矿中主要脉石矿物为长石、辉石、橄榄石。其中,长石占矿物总量的 30.21%,且主要为中—拉长石,其中($TFe+TiO_2$)质量分数为 0.231%,有利于长石作为独立产品进行回收利用。

在陶瓷釉料应用中,钾长石可作为制备陶瓷釉料的主要原料,添加量可达 10%～35%,起到绝缘、隔音、过滤腐蚀性液体或气体、降低生产能耗的作用。

在陶瓷坯体中,长石可作为瘠性原料改善体系干燥,减少收缩变形;它也可作为助溶剂,促进石英和高岭土熔融,使物质互相扩散渗透进而加速莫来石的形成;它还能提高陶瓷的介电性能、机械强度,以及减少坯体空隙使其致密。由于钾长石中 Al_2O_3 含量高且易熔,故成为玻璃工业生产的原料,它的加入可以降低体系的熔融温度,减少能耗,还可以减少纯碱的用量,提高配料中铝的含量,生成无晶体缺陷的玻璃制品。钾长石可作为提取碳酸钾、硫酸钾及其含钾化合物的原料,制备复合肥料,用于农业生产(刘佳囡,2016)。

由于长石的应用领域较为宽广,目前市场上关于长石的标准确定不尽统一,但由于长石主要还是被应用于建材行业,其中玻璃工业对长石原料的品质要求见表 4-2,陶瓷工业对长石原料的品质要求见表 4-3,其他应用领域对长石原料的要求见表 4-4(陈志勇,2018)。

表 4-2 玻璃工业对长石原料的质量要求 单位:%

成分	SiO_2	Al_2O_3	Fe_2O_3	Na_2O	K_2O
钾长石	≤70	≥18	≤0.20	—	—
钠长石	63～70	16～20	<0.3	≥8	≤1

表 4-3 陶瓷工业对长石原料的质量要求 单位:%

成分	K_2O+Na_2O	Na_2O	Fe_2O_3	Al_2O_3	MgO+CaO
特级品	≥12	<4	≤0.15	≥17	<2
一级品	≥11	<4	≤0.20	≥17	<2
二级品	≥11	—	≤0.50	≥17	<2

表 4-4 其他应用领域对长石原料的质量要求 单位:%

成分	K_2O	Na_2O	Fe_2O_3	Al_2O_3	SiO_2	MgO+CaO
研料	>10	<4	15	>18	>60	<1
制钾肥	>9	<1	—	15	<70	<2

经过有价金属元素（TFe、TiO_2、硫、钴）回收利用后的钒钛磁铁矿尾矿含有大量的长石矿物，可进行选别回收达到整体利用，实现尾矿的资源化、减量化。长石矿物整体回收工艺流程见图 4－3，回收试验结果见表 4－5，长石精矿产品多项分析结果见表 4－6。

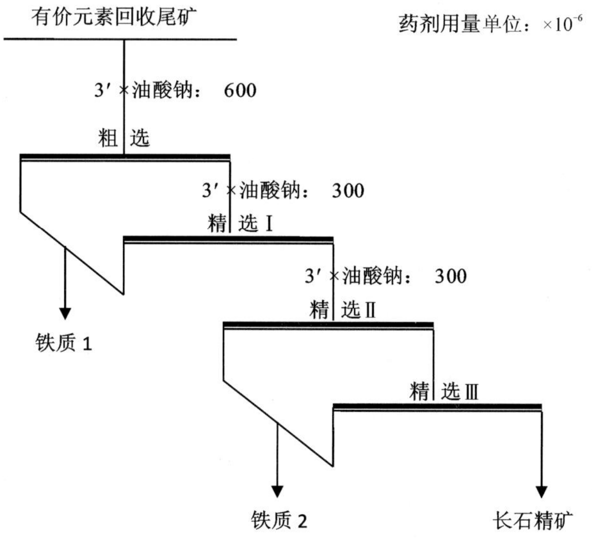

图 4－3 长石矿物整体回收利用流程

表 4－5 长石矿物整体回收利用试验结果

产品名称	产率/%	品位/%		回收率/%	
		TFe	TiO_2	TFe	TiO_2
铁质 1	23.65	3.25	0.62	61.64	63.41
铁质 2	8.78	1.83	0.34	12.89	12.91
长石精矿	67.57	0.47	0.08	25.47	23.68
有价元素回收尾矿	100.00	1.25	0.23	100.00	100.00

表 4－6 长石精矿产品多项分析结果

元素	含量	元素	含量	元素	含量
TFe/%	0.49	$Cu/\times10^{-6}$	22.7	TiO_2	0.089
$Zn/\times10^{-6}$	19.8	SiO_2/%	53.29	$Ga/\times10^{-6}$	21.1
Al_2O_3/%	25.1	$Rb/\times10^{-6}$	24.5	MnO/%	0.011
Sr/%	0.14	CaO/%	10.9	K_2O/%	0.84
MgO/%	0.49	Na_2O/%	4.28	S/%	0.025
Ba/%	0.054	P_2O_5/%	0.172		

采用高梯度强磁深度除铁-反浮选工艺获得 $w(TFe+TiO_2)\leqslant 0.6\%$的长石精矿产品，白度达到 56；该长石精矿作业产率为 67.57%，相对钒钛磁铁矿尾矿（未进行有价元素回收前的尾矿）产率达 13.38%，即整体回收利用长石矿物后可使尾矿减量 13%以上，并从富铁、钛的基性超基性岩体的钒钛磁铁矿尾矿中分选出长石（类）精矿，为陶瓷、玻璃工业提供原料，突破了尾矿资源化利用的局限。

二、制备泡沫陶瓷材料

泡沫陶瓷是一种经高温烧制，具有三维空间网架结构的高气孔率的多孔材料，具有质轻、保温、耐腐蚀、机械性能高等优良性能，可作为家居隔断板、保温板、阻燃板等。结合现在的装配规模及合理增长预期，2025 年该领域整体市场规模可达到 4 万亿元以上。其中，泡沫陶瓷隔断板主要性能需满足国标《建筑用轻质隔墙条板》(GB/T 23451—2009)的要求，如表 4－7 所示。

表 4－7　建筑用轻质隔墙条板主要性能指标

指标	抗压强度	吸水率	体积密度
轻质隔墙条板	≥3.5MPa	≤12%	≤0.9kg/cm^3

另外，泡沫陶瓷类材料可应用于园林建设及家居绿化领域。保水砖是一种多孔材料，具有吸水、透水、净水、节水性能，被广泛应用于市政建设、立体绿化等方面，能够美化环境并减缓城市热岛现象的发生。目前，立体绿化墙几乎都是使用有机物质，而有机材料容易造成植物根部腐烂、生虫、产生异味。而采用保水砖加营养液的配套组合将杜绝这类问题的发生，因为泡沫陶瓷是经过高温烧制而成，不存在腐烂、有异味的问题。保水砖能够更好地保存土壤水分，节约市政用水。泡沫陶瓷保水砖也可作为室内绿化载体。预计 2024 年底，中国园林绿化和私人绿化市场规模可分别达到 4452 亿元及 7202 亿元。绿化用保水砖属于一种新的应用材料，目前没有针对该材料的相关国标技术标准。根据市场调研，市场上保水砖的保水率在 44%左右。

攀西某钒钛磁铁矿尾矿经磨细后，粒径中位数 $d(50)$为 17.7μm，可满足陶瓷配料的粒度要求。通过 TG－DSC 综合热分析法分析表明，钒钛磁铁矿尾矿在 1214℃出现一个大的吸热峰，主要与尾矿熔融吸热有关(图4－4a)。图 4－4b 为尾矿样品在 30℃、1170℃、1190℃、1210℃下保温 30min 后宏观图，由图可知，当温度为 1190℃尾矿开始熔融。

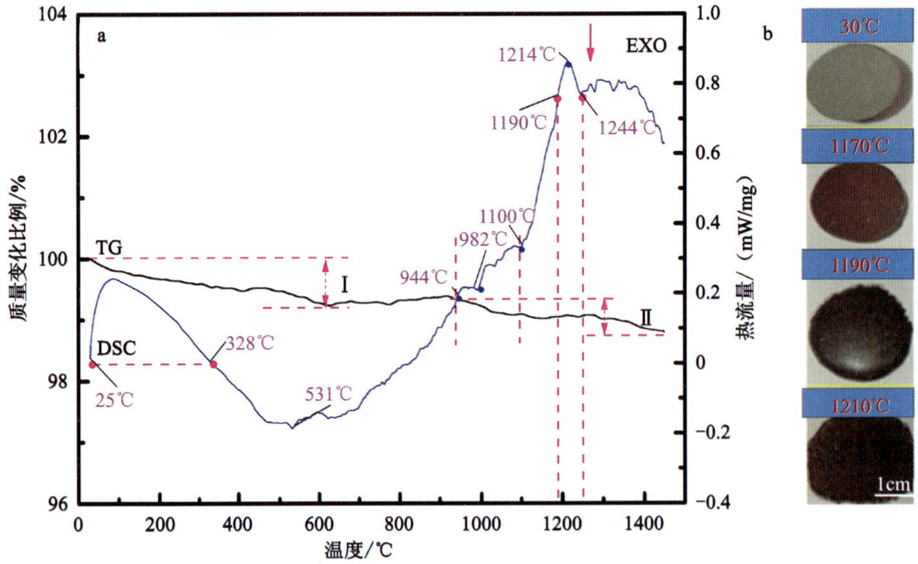

图 4－4　钒钛磁铁矿尾矿的 TG－DSC 曲线图(a)及不同温度条件下样品宏观图(b)

实验表明，单独利用钒钛磁铁矿尾矿无法制备泡沫陶瓷材料，需添加其他原料进行化学成分调控，使配方中化学成分基本满足 $w(SiO_2+Al_2O_3)\geqslant 60\%$。配料可选择高硅钠的废玻璃或石英砂、钾长石和高岭土等。另外，还应保证发泡剂稳定发泡温度范围与配方熔融范围相适应，添加助熔剂有助于进一步降低烧制温度，添加稳泡剂可防止气泡破裂。钒钛磁铁矿尾矿制备泡沫陶瓷材料技术路线如图 4－5 所示。

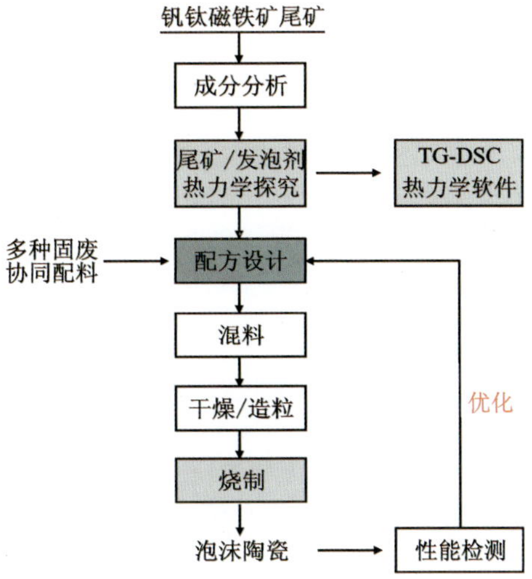

图 4－5　钒钛磁铁矿尾矿制备泡沫陶瓷技术路线

按照图 4－5 的技术路线，利用钒钛磁铁矿尾矿制备泡沫陶瓷隔断板，并对试验条件进行优化，获得的泡沫陶瓷材料的体积密度为 0.59g/cm³，体积吸水率为 2.45％，抗压强度为 3.88MPa，气孔大小为 0.26cm，材料性能满足国标《建筑用轻质隔墙条板》(GB/T 23451—2009)的主要性能要求。

调整配方与烧成制度，利用钒钛磁铁矿尾矿与废玻璃制备泡沫陶瓷保水砖，获得的泡沫陶瓷材料体积密度为 0.26g/cm³，体积吸水率为 56.5％，抗压强度为 0.68MPa，气孔大小为 0.32cm。

因此，以钒钛磁铁矿尾矿为主要原料制备多用途的泡沫陶瓷材料是可行的。该工艺不仅可以整合尾矿资源、降低环境负荷，而且可以为企业开发新的经济增长点，突破尾矿资源化利用局限。

三、制备水泥混合材料

结合钒钛磁铁矿尾矿主要矿物是长石、辉石等硅酸盐矿物且化学特征与常规水泥混凝土材料基本相似的特点，该尾矿具备制备建筑材料的可行性。与此同时，国内对水泥混凝土需求旺盛，亟需寻求替代资源以减少原生矿石的开采和对生态环境的破坏。因此，研究钒钛磁铁矿尾矿制备混合材料的可行性，力求将其进一步大宗量、低成本的利用。

非活性混合材料是指不与水泥成分起化学作用或起很小作用的混合材料，主要起到惰性填充作用而又不损害水泥性能的矿物质材料。掺入惰性混合材料的目的主要是为了提高水泥的产量，调整水泥的标号，减少水化热。根据攀西地区钛铁矿尾矿物料性质分析可知，尾矿物料本身没有火山灰活性，可用于制备非活性混合材料。同时，考虑原料中黏土矿物等超细组分具备进一步提升活性的潜力，将经超细粉磨的尾矿与激发剂(氢氧化钙、水玻璃、三乙醇胺)按照一定比例混合均匀，于行星球磨机内完成活化。活化加工后的尾矿以一定替代比例与基准水泥充分混合均匀后按照《水泥胶砂强度检验方法(ISO)法》(GB/T 17671—2020)标准进行水泥胶砂强度试验，分别检测水泥胶砂件 3d、28d 的抗折、抗压强度，与表 4－8《通用硅酸盐水泥》(GB 175—2007)中的技术要求进行对比。试验结果表明，尾矿基混合材料在掺入量为 20％以内时均可满足复合硅酸盐水泥中 32.5 水泥的技术要求。

表 4-8 《通用硅酸盐水泥》(GB 175—2007)中的技术要求

品种	强度等级	抗折强度/MPa		抗压强度/MPa	
		3d	28d	3d	28d
复合硅酸盐水泥	32.5	≥2.5	≥5.5	≥10.0	≥32.5
	32.5R	≥3.5		≥15.0	
	42.5	≥3.5	≥6.5	≥15.0	≥42.5
	42.5R	≥4.0		≥19.0	
	52.5	≥4.0	≥7.0	≥21.0	≥52.5
	52.5R	≥4.5		≥23.0	

第三节 稀土矿尾矿整体利用

德昌大陆槽稀土矿尾矿中主要含有稀土矿物、锶钡矿物、萤石等可利用组分，其中稀土矿物主要为氟碳铈镧矿，锶钡元素主要以钡锶混合硫酸盐形式存在，萤石在尾矿中含量可达到 18.1%。此外尾矿中还含有以长石、石英、云母以及方解石为主的硅酸盐及碳酸盐矿物，其矿物含量占到尾矿的 60%左右。

德昌大陆槽稀土尾矿在铅、稀土元素等有价元素回收利用后，尾矿中依然含有萤石、锶钡矿物等有用矿物，可将其整体回收利用。萤石锶钡矿物整体回收试验结果见表 4-9，整体回收试验产品多项分析结果见表 4-10，整体回收利用流程见图 4-6。

表 4-9 萤石锶钡矿物整体回收试验结果

产品	产率/%	品位/%		回收率/%	
		CaF_2	SrO	CaF_2	SrO
萤石精矿	8.80	90.78	1.41	42.55	1.47
萤石尾矿	7.93	37.16	8.76	15.70	8.26
锶钡精矿	6.08		33.83		24.07
锶钡尾矿	27.42		15.42		51.46
尾矿	49.77	3.22	2.49	8.54	14.74
稀土浮选尾矿	100.00	18.77	8.41	100.00	100.00

表 4-10 稀土尾矿精矿产品化学分析结果　　单位:%

产品	萤石精矿	锶钡精矿	产品	萤石精矿	锶钡精矿	产品	萤石精矿	锶钡精矿
CaF_2	90.78	2.14	K_2O	0.04	0.016	REO	2.5	1.5
P_2O_5	0.097		SrO+BaO	1.7	54.78	PbO	0.19	0.011
Fe_2O_3	0.12	0.19	CuO	0.02		SiO_2	0.92	0.31
NaO		0.068	Al_2O_3	0.09	0.007 1	MgO		0.016

稀土浮选尾矿通过混合浮选-分离工艺得到 CaF_2 品位 90.78%、回收率 42.55%（大陆槽稀土尾矿原矿的回收率为 41.78%）的萤石精矿，对萤石分离尾矿通过重选方式得到锶钡氧化物质量分数 54.78%、矿物质量分数 91.79%的锶钡精矿。

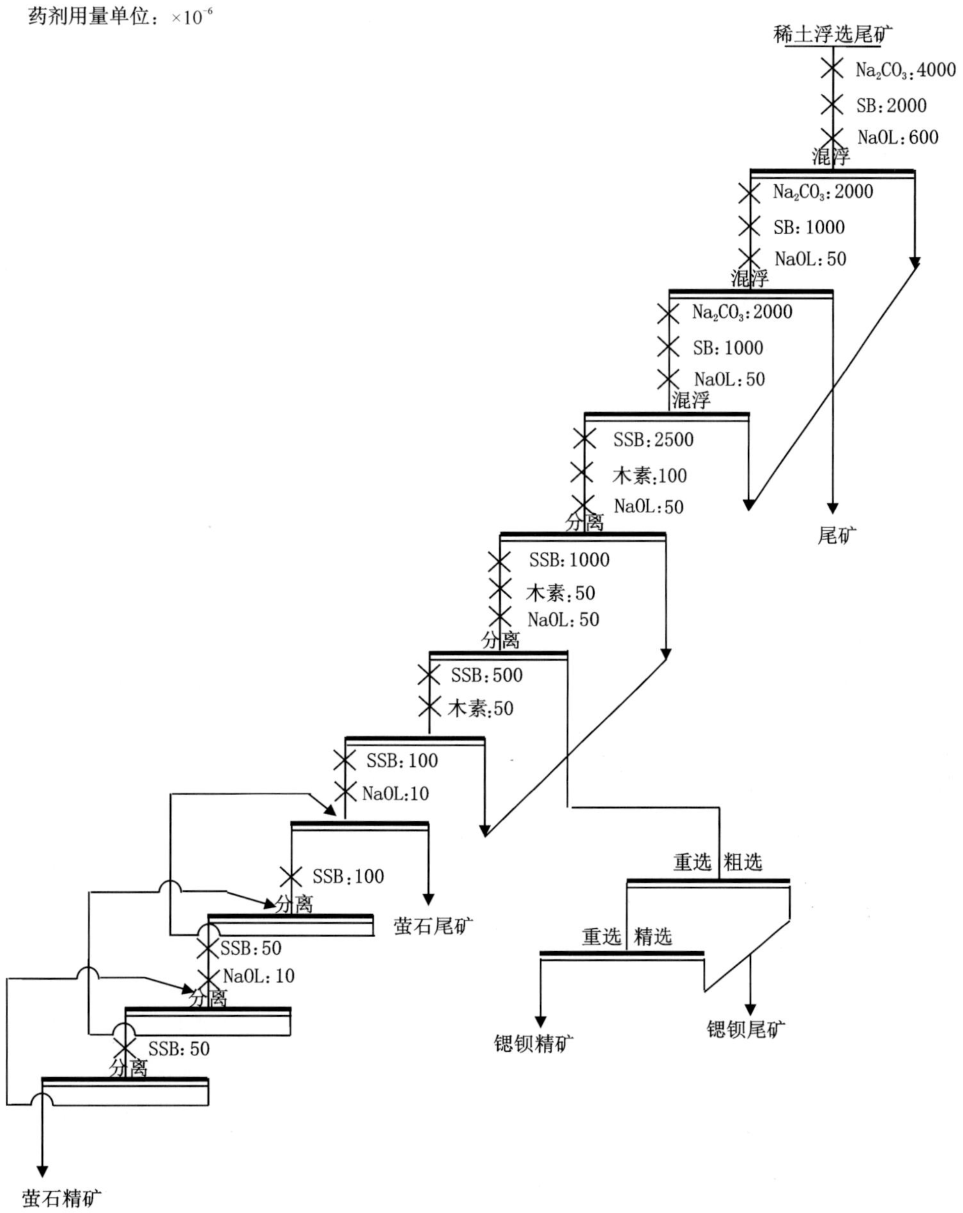

图 4-6　萤石锶钡矿物整体回收试验流程

第五章　攀西地区金属矿山尾矿水净化与回收利用

第一节　选矿废水的来源及危害

一、选矿废水的来源

水是人类及其他生物赖以生存的生命之源，同时也是国民经济发展必不可少的资源。据中国水利学会2016年《世界水资源状况》数据，当前全球水的总储量约为 $1.4\times10^{19}m^3$，其中咸水占97.3%，淡水只占2.7%；有限的淡水中，冰川、冰盖等难以利用的水资源占77.2%，深层地下水占22.4%，仅有剩余0.4%的淡水分布在湖泊、河流与大气中，共计 $4.0\times10^{13}m^3$ 的水供人类与其他生物使用。同时，联合国发布的《2018年世界水资源开发报告》显示，由于人口增长、经济发展和消费方式转变等因素，全球水资源的需求正在以每年1%的速度增长，而这一速度在未来20年还将大幅加快。我国水资源总量约为 $2.8\times10^{12}m^3$，人均占有量仅为世界的1/4，在世界上排名110位，是一个水资源严重短缺的国家，然而伴随缺水的是全国范围内的水污染问题。《2019年中国生态环境状况公报》显示，中国地下水现状不容乐观，同时根据地下水质监测点数据，Ⅰ～Ⅲ类水质监测点占14.4%，Ⅳ类占66.9%，Ⅴ类占18.8%。

矿业作为国民经济发展提供原材料的基础工业，在国民经济中占据极其重要的地位。矿业的发展需要消耗大量的水，而选矿作为矿业生产中一个极其重要环节，生产过程中还会产生大量的废水。据统计，选矿工业是我国产生工业废水最多的行业之一（戴晶平，2005）。

选矿废水产生于选矿作业的各个阶段，从矿石的破碎、磨矿，到之后的选别作业以及精矿和尾矿的脱水等，都会产生大量的废水。每年选矿排放的废水量大约占全国工业废水总量的10%。选矿废水一般包括重选废水、电磁选废水、浮选废水等。在金属选矿过程中，不同的选别工艺耗水量也不同，一般处理每吨原矿石，浮选需用水 $4\sim7m^3$，重选需用水 $20\sim26m^3$。选矿废水主要来源于以下几个方面（张艳等，2008；吴兆清等，2003；刘年兰和黄万抚，2008；严群等，2006，2008；洪建军等，2004；王生镐和龙道湖，2001；张艳和戴晶平，2007；刘敏捷，1995；孙水裕等，2001）。

（1）精矿废水：是指精矿脱水过程中所产生的溢流废水和压滤废水。这些废水pH或高或低，酸性或碱性较强，并含有大量的浮选药剂、重金属离子以及悬浮物，一般较难处理。

（2）尾矿废水：是指选矿结束后浮选尾矿中水。这些废水占选矿废水的绝大部分，一般跟随尾矿被排往尾矿库，在尾矿库经过自然沉降后可以直接回用或者经过简单处理后回用，因为废水中含有的有害物质都得到不同程度的降解。

（3）设备冷却水：主要是指部分选矿设备的冷却水，废水量小，处理相对较方便。

（4）地面冲洗水：选矿车间地面冲洗水是指生产过程中为了防尘的冲洗水、冲洗设备或者地面的水。这些废水一般含有大量的悬浮物与少量的浮选药剂，通常较易处理。

(5)其他废水:是指选矿生产过程中的事故废水或者自然降水等。这部分废水量不大,但是水质复杂,一般较难处理。

二、选矿废水的特点

矿石进行浮选分离时,往往需要依据矿物的种类和特点添加各种选矿药剂,如浮选硫化矿时需要添加黄药、黑药等硫化矿捕收剂,浮选氧化矿则需添加油酸(钠)、氧化石蜡皂等氧化矿捕收剂,有时还需要加入调整剂调整矿浆 pH,加入抑制剂来抑制脉石矿物上浮。因此,选矿废水一般具有以下特点(刘晗,2011)。

(1)选矿废水有毒有害成分较多,如重金属离子含量超标等。

(2)选矿废水排放量大,浮选每吨矿石需耗水 4～7t,重选每吨矿石耗水 20～26t。

(3)浮选厂的选矿废水所含的药剂品种复杂多变且浓度高。浮选厂添加的药剂通常有捕收剂、抑制剂、调整剂,每吨原矿添加量一般都有几十到几百克,多的达到几千克,这些药剂部分随选矿废水排出。

三、选矿废水的危害

(一)选矿废水对环境的影响

选矿废水的危害主要来自其较高的 pH、重金属离子及浮选时添加的药剂。高 pH 可引起水体碱性的增强以及土壤的盐碱化,当水体 pH 较高时,会对植物形成直接的伤害。选矿废水中的主要污染物及危害见表 5-1(黄益宗和王毅力,2008)。

表 5-1 选矿废水中主要污染物的危害

污染物种类	危害
悬浮物	恶化水体环境,阻碍鱼类的呼吸作用
	影响藻类的光合作用
	作为灌溉用水时引起土壤板结
	细菌和病毒的载体
黄药	刺激性气味,嗅味阈为 0.005mg/L,使水质变臭
	使水中鱼虾的肉质变差
	抑制中枢神经系统
	使人体的肝脏和肾脏发生病变
黑药	硫化氢臭味
	酚、磷等污染物的主要来源
氰化物	剧毒物质
	可导致组织缺氧中毒

续表 5-1

污染物种类	危害
硫化物	酸性条件下可产生 H_2S，具有臭鸡蛋气味
	生成的 CS_2 易挥发，可导致精神性疾病的发生
重金属离子	妨碍生物大分子的生物技能，改变大分子具有活性部位的机构-取代
	生物大分子的必要元素，引发多种人体疾病

（二）选矿废水对浮选的影响

选矿废水时，如果废水不经处理或是处理效果不理想，废水中的污染物会对选矿过程造成较大的影响。总体来讲，废水水质对浮选的主要影响因素包括：难免离子的影响、残留选矿药剂的影响、悬浮物的影响等（Kobaqeb et al.，1964）。

1. 难免离子的影响

矿物在磨矿和浮选等一系列加工过程中，由于矿物的氧化、溶解，导致水中含有该矿物组分所溶解的阳离子或阴离子，这些难免离子及硬水中钙、镁离子等对浮选过程常产生多方面的影响（罗开贤，2002；坎德尼等，2001；顾国华，1998）。不同的金属离子在不同矿石浮选试验中的影响是不一样的。概括来说，难免离子的影响方式主要有：①对矿石的活化，促使药剂在矿物表面吸附；②对矿石的抑制，阻止药剂在矿物表面吸附；③与药剂发生反应，消耗浮选药剂，减弱其在浮选中作用。

2. 残留选矿药剂的影响

在浮选工艺中，要用到大量的选矿药剂，这些药剂并不能完全与矿物作用。加入到矿浆内的浮选药剂能与矿物发生物理化学反应的仅占 35.00%左右，而剩下的 65.00%左右则存在于水中，随精矿和尾矿一同排出。这部分浮选药剂虽在输送、存放过程中出现一定的损失，但剩余部分可继续与矿物作用（马杰和王建国，2002），这些残留的选矿药剂对浮选可能会产生影响。概括来说，残留选矿药剂的影响方式主要有：①对非目的矿物具捕收作用，残留的非目的矿物捕收剂对非目的矿物具捕收作用，使目的矿物精矿质量下降；②残留的抑制剂对矿石的抑制，残留的抑制剂可能对有用矿物产生抑制作用，使得浮选的效率降低；③残留的活化剂对矿石的活化，残留的活化剂活化脉石矿物，使有用矿物与脉石矿物难以分离；④残留起泡剂过量，浮选矿浆中就有可能积聚较多的起泡剂，使起泡剂用量的控制遇到困难；⑤其他浮选药剂作用，这些药剂在废水中都或多或少地存在，有些成为络合物、胶体状物等，对不同的矿物浮选影响不一。

3. 固体悬浮物对浮选的影响

未经处理的浮选废水一般都含有大量固体悬浮物，这些固体悬浮物具有质量小、比表面积大的特点，其主要来自不溶于矿浆的颗粒和在浮选过程中反应形成的不溶性沉淀。主要影响途径为：①覆盖矿物颗粒表面，影响药剂在矿物表面的吸附密度，从而提高或降低精矿品位与回收率；②悬浮物中若含胶体组分，会使矿浆黏度增大，从而影响浮选效果；③悬浮物有较强药剂吸附能力且选择性较差同时质量小，容易机械夹带至精矿产品中影响浮选结果（米丽平等，2010；王生镐和龙道湖，2001）。

（三）选矿废水处理回用方法

作为矿业大国，我国每年排放的工业废水中，约有 1/10 为矿山选矿废水，选矿废水排放量巨大。对选矿废水进行循环利用，实现选矿废水无害化和资源化不但可以有效节省矿山企业的处理成本，产生经济效益，也能够有效缓解选矿废水对生态环境的影响，具有较高的社会效益。

矿山废水是一个混合体系，其中囊括了各种类型的污染物。针对不同的污染物，往往需要采取不同的方法。例如对废水中的悬浮物可采取絮凝法、沉淀法去除，对于重金属离子可采用调节 pH 共沉淀法、硫化物沉淀法、螯合树脂吸附法或膜交换法去除，对于黄药、黑药等浮选残留药剂则可采用铁盐混凝沉淀法、氧化降解法或人工湿地技术等。选矿废水处理回用的主要方法如下。

1. 自然降解回用法

尾矿库自然降解回用法充分利用了矿山尾矿库大容量、大面积的特点，将洗矿废水、破碎系统废水、选矿废水、设备冷却水、冲洗废水等全部回收送入尾矿库，利用尾矿库的自然条件，让废水在尾矿库内经过长时间的自然沉降、蒸发、光降解、氧化及生物降解等综合作用，大部分重金属会沉淀在库内，COD（化学含氧量）和浮选药剂的含量都会有一定程度地减少，从而达到降低尾矿库溢流水中污染物浓度的目的，然后再回收利用。尾矿库自然降解回用法工艺简单，投资小，水质净化效果较好，能够基本满足选矿工艺指标对回水质量的要求。目前，我国大多数矿山选矿企业采用的都是这种方式（曾小星和徐薇，2019）。

2. 酸碱中和法

溶液的酸碱中和法是矿业中一个简单而常用的办法，即通过向酸性废水中添加中和剂，使废水中的重金属离子与 OH^- 反应，生成难溶于水的氢氧化物或碳酸盐沉淀，同时使溶液 pH 呈中性，从而达到净化污水的目的。石灰、熟石灰、石灰石、氢氧化钠等都是用于酸性废水的中和剂，其中石灰最常用，可除去汞以外的重金属离子，价格便宜，工艺简单。

3. 化学沉淀法

化学沉淀法是指向水中加入某种化学药剂，使之与水中的某些溶解物质发生化学反应，形成难溶的沉淀物，然后进行固液分离，从而去除水中污染物。例如通过向废水中投加硫化钠等硫化剂，使废水中的重金属离子与其发生反应，生成难溶于水的硫化物沉淀，从而实现将重金属离子从废水中去除的目的。常用的硫化剂包括硫化钠、硫氢化钠、硫化氢、硫化钙和硫化亚铁等。化学沉淀法具有沉淀完全、沉淀物易浮和同时沉淀多种重金属离子的优点。但由于其处理费用较高、易造成二次污染等缺点，目前应用并不广泛（常自勇，2014）。

4. 吸附法

吸附法是一种物质附着在另一种物质表面上的过程，一般用于深度处理。吸附剂一般为多孔性的固体，比如活性炭。活性炭拥有内部孔隙结构发达、表面积大、吸附能力强等特点，所以广泛用于水处理，可去杂、脱色、过滤、净化液体，也可用于净化空气、废气回收等领域。活性炭吸附可以减少有机物和悬浮颗粒在污水中的含量，达到净水效果。

5. 氧化法

氧化法是通过加入强氧化性物质，使黄药、黑药、乙硫氮等有机浮选药剂氧化，从而达到去除污染物的作用。目前，常用的氧化剂有漂白粉、次氯酸钠、双氧水等。氧化法具有处理效果好、沉淀少、设备投资少等优点，但成本较高，一般在絮凝后用氧化法进行深度处理。

6. 絮凝法

絮凝法是通过添加絮凝剂凝结微细颗粒而去除污染物。絮凝剂的絮凝原理可分为化学絮凝和物理絮凝两种。前者假设粒子以明确的化学结构凝集，并由彼此的化学反应造成胶质粒子的不稳定状态。后者则是由于存在双电层及颗粒表面电性，当加入与胶体粒子具有不同电性的离子溶液时，会发生凝结作用。

7. 膜分离法

膜分离法是一种利用膜对混合物中不同组分的选择性渗透使不同组分分离的新方法，具体可分为超滤、微滤、渗透挥发和反渗透等。与传统分离方法（如萃取、蒸发、混凝、沉淀等）相比，膜分离法具有效率高、能耗低、投资小、污染轻、工艺简单的特点，在污水处理领域发展迅速。但廉价、性能齐全的膜制备工艺不成熟以及膜污染等问题仍然制约膜分离技术的广泛应用（雷晓东等，2002）。

8. 人工湿地法

人工湿地法通过人工监督控制，模拟沼泽等自然湿地建立起来的生态系统，对于废水具有很强的净化功能。根据植物种类的不同，可分为浮水植物系统、挺水植物系统和沉水植物系统，目前讨论的人工湿地一般为挺水植物系统。湿地系统绝大多数由透水性基质、能够在厌氧水中生活的植物、水体、脊椎或无脊椎动物、厌氧或好氧微生物群五大要素组成。选矿废水经调节 pH 和沉淀去除悬浮物后，湿地系统能有效地去除如有机物、金属元素等其他污染物。在某些地区，人工湿地处理废水已进入半工业应用（刘志斌和金晓芳，2005）。

总之，尾矿水的净化方法主要根据尾矿水中含有的有害物质种类及要求净化的程度来选择。同时应考虑优先采用净化剂来源广、工艺简单、经济有效的方法，常见的尾矿水净化方法见表 5-2。

表 5-2 常见尾矿水净化方法

净化方法	适用范围
石灰	清除铜、镍离子
未焙烧的白云石	清除铅离子
焙烧的白云石	清除铜、铅离子
铅锌矿石粉末	清除有机浮选药剂和氰化物
漂白粉	清除氰化物
硫酸亚铁	清除氰化物
活性炭	吸附重金属离子和氰化物

第二节　水质及水质标准

一、水质指标分类

水质是对水的物理、化学及生物特性进行综合评价的描述。它既包括有定量参数(如温度、pH 和浓度等),也包括有定性的参数(如臭、味、颜色等)。水的用途不同,对水质的要求也不同。例如生活饮用水的水质就比工业用水和农业灌溉用水的水质要求高,在水质分析中常采用以下水质指标表示(李华封,1988)。

1. 悬浮物

悬浮物是水体中呈固体状态的不溶解物质,是水体污染的基本指标之一。

2. 有毒污染物

废水中的有毒污染物主要有 3 类:无机化学污染物、有机化学污染物和放射性物质。无机化学污染物主要包括重金属离子、氰化物、氟化物和亚硝酸盐等。有机化学污染物的种类繁多,常见的有酚、醛、苯、硝基化合物、多氯联苯和有机农药等。放射性物质主要来自含有铀、镭、钍、钚等放射性金属的生产和使用过程。

3. 有机污染物

绝大多数有机污染物在水体中具有可被微生物逐渐分解转化的特性,即生物可降解性。有机污染物在分解转化时要消耗水中的溶解氧,而当溶解氧耗尽时,水质就会腐败。

由于分别测定各种有机物比较困难,故一般采用生化需氧量(BOD)、化学需氧量(COD)、总有机碳(TOC)和总需氧量(TOD)来表示有机物的浓度。

生化需氧量(BOD)是表示水中的有机污染物经微生物分解所需的氧量。生化需氧量越高,表示水中需氧的有机物质越多。

化学需氧量(COD)是表示用化学氧化剂氧化水中有机污染物时所需的氧量。COD 越高表示水中有机物质越多。

将有机物转化成二氧化碳、水和氨的第一阶段的生物化学反应,需要 20d 才能基本完成,其测定值用 BOD_{20} 表示。由于这一测定废水中 BOD 值的时间太长,目前都以 5d 作为测定的标准时间,用 BOD_5 表示。而测定化学需氧量(COD)值虽然能在 2～3h 完成,但又不能得出被微生物氧化分解的全部有机物量,只能氧化一部分有机物。因此,为了迅速而全面地掌握废水中有机碳、有机氮、有机硫等在水体中消耗溶解氧的量,又发展了测定总有机碳(TOC)和总需氧量(TOD)的方法.

4. pH

pH 是测定废水水质的重要指标之一。因为各种动物、植物和微生物都有其适应的 pH 范围,甚至铁路、桥梁、建筑物、排水管道等受水体 pH 的影响也都很大。

5. 细菌

废水中有时含有对人体和牲畜有危害的致病细菌，如霍乱弧菌、伤寒杆菌等病菌。测定废水被细菌污染的程度，是用每毫升水中细菌的总数和大肠菌群的数目两个指标来表示的。水体若含有大肠菌群，就说明已被污染。

除以上5个表示水体污染情况的重要指标外，温度、颜色等也是反映水体污染情况的指标。

二、水质分类标准

我国对各类水质已制定了统一的标准，分别介绍如下。

1.《污水综合排放标准》(GB 8978—1996)(表5－3、表5－4)

表5－3 第一类污染物最高允许排放浓度

序号	污染物	单位	最高允许排放浓度
1	总汞	mg/L	0.05
2	烷基汞	mg/L	不得检出
3	总镉	mg/L	0.1
4	总铬	mg/L	1.5
5	六价铬	mg/L	0.5
6	总砷	mg/L	0.5
7	总铅	mg/L	1.0
8	总镍	mg/L	1.0
9	苯并(a)芘	mg/L	0.000 03
10	总铍	mg/L	0.005
11	总银	mg/L	0.5
12	总α放射性	Bq/L	1
13	总β放射性	Bq/L	10

表5－4 第二类污染物最高允许排放浓度

序号	污染物	适用范围	单位	一级标准	二级标准	三级标准
1	pH	一切排污单位	—	6～9	6～9	6～9
2	色度(稀释倍数)	一切排污单位	mg/L	50	80	—
3	悬浮物	采矿、选矿、选煤企业	mg/L	70	300	—
		脉金选矿	mg/L	70	400	—
		边远地区砂金选矿	mg/L	70	800	—
		城镇二级污水处理厂	mg/L	20	30	—
		其他排污单位	mg/L	70	150	400

续表 5-4

序号	污染物	适用范围	单位	一级标准	二级标准	三级标准
4	五日生化需氧量（BOD_5）	甘蔗制糖、苎麻脱胶、湿法纤维板、染料、洗毛工业	mg/L	20	60	600
		甜菜制糖、酒精、味精、皮革、化纤浆粕工业	mg/L	20	100	600
		城镇二级污水处理厂	mg/L	20	30	—
		其他排污单位	mg/L	20	30	300
5	化学需氧量（COD）	甜菜制糖、合成脂肪酸、湿法纤维板、染料、洗毛、有机磷农药工业	mg/L	100	200	1000
		味精、酒精、医药原料药、生物制药、苎麻脱胶、皮革、化纤浆粕工业	mg/L	100	300	1000
		石油化工工业（包括石油炼制）	mg/L	60	120	500
		城镇二级污水处理厂	mg/L	60	120	—
		其他排污单位	mg/L	100	150	500
6	石油类	一切排污单位	mg/L	5	10	20
7	动植物油	一切排污单位	mg/L	10	15	100
8	挥发酚	一切排污单位	mg/L	0.5	0.5	2.0
9	总氰化物	一切排污单位	mg/L	0.5	0.5	1.0
10	硫化物	一切排污单位	mg/L	1.0	1.0	1.0
11	氨氮	医药原料药、染料、石油化工工业	mg/L	15	50	—
		其他排污单位	mg/L	15	25	—
12	氟化物	黄磷工业	mg/L	10	15	20
		低氟地区（水体含氟量低于 0.5mg/L）	mg/L	10	20	30
		其他排污单位	mg/L	10	10	20
13	磷酸盐（以 P 计）	一切排污单位	mg/L	0.5	1.0	—
14	甲醛	一切排污单位	mg/L	1.0	2.0	5.0
15	苯胺类	一切排污单位	mg/L	1.0	2.0	5.0
16	硝基苯类	一切排污单位	mg/L	2.0	3.0	5.0
17	阴离子表面活性剂（LAS）	一切排污单位	mg/L	5.0	10	20
18	总铜	一切排污单位	mg/L	0.5	1.0	2.0
19	总锌	一切排污单位	mg/L	2.0	5.0	5.0
20	总锰	合成脂肪酸工业	mg/L	2.0	5.0	5.0
		其他排污单位	mg/L	2.0	2.0	5.0
21	彩色显影剂	电影洗片	mg/L	1.0	2.0	3.0
22	显影剂及氧化物总量	电影洗片	mg/L	3.0	3.0	6.0

续表 5-4

序号	污染物	适用范围	单位	一级标准	二级标准	三级标准
23	元素磷	一切排污单位	mg/L	0.1	0.1	0.3
24	有机磷农药 （以 P 计）	一切排污单位	mg/L	不得检出	0.5	0.5
25	乐果	一切排污单位	mg/L	不得检出	1.0	2.0
26	对硫磷	一切排污单位	mg/L	不得检出	1.0	2.0
27	甲基对硫磷	一切排污单位	mg/L	不得检出	1.0	2.0
28	马拉硫磷	一切排污单位	mg/L	不得检出	5.0	10
29	五氯酚及五氯酚钠 （以五氯酚计）	一切排污单位	mg/L	5.0	8.0	10
30	可吸附有机卤化物 （AOX，以 Cl 计）	一切排污单位	mg/L	1.0	5.0	8.0
31	三氯甲烷	一切排污单位	mg/L	0.3	0.6	1.0
32	四氯甲烷	一切排污单位	mg/L	0.03	0.06	0.5
33	三氯乙烯	一切排污单位	mg/L	0.3	0.6	1.0
34	四氯乙烯	一切排污单位	mg/L	0.1	0.2	0.5
35	苯	一切排污单位	mg/L	0.1	0.2	0.5
36	甲苯	一切排污单位	mg/L	0.1	0.2	0.5
37	乙苯	一切排污单位	mg/L	0.4	0.6	1.0
38	邻-二甲苯	一切排污单位	mg/L	0.4	0.6	1.0
39	对-二甲苯	一切排污单位	mg/L	0.4	0.6	1.0
40	间-二甲苯	一切排污单位	mg/L	0.4	0.6	1.0
41	氯苯	一切排污单位	mg/L	0.2	0.4	1.0
42	邻-二氯苯	一切排污单位	mg/L	0.4	0.6	1.0
43	对-二氯苯	一切排污单位	mg/L	0.4	0.6	1.0
44	对-硝基氯苯	一切排污单位	mg/L	0.5	1.0	5.0
45	2,4-二硝基氯苯	一切排污单位	mg/L	0.5	1.0	5.0
46	苯酚	一切排污单位	mg/L	0.3	0.4	1.0
47	间-甲酚	一切排污单位	mg/L	0.1	0.2	0.5
48	2,4-二氯酚	一切排污单位	mg/L	0.6	0.8	1.0
49	2,4,6-三氯酚	一切排污单位	mg/L	0.6	0.8	1.0
50	邻苯二甲酸二丁酯	一切排污单位	mg/L	0.2	0.4	2.0
51	邻苯二甲酸二辛脂	一切排污单位	mg/L	0.3	0.6	2.0
52	丙烯腈	一切排污单位	mg/L	2.0	5.0	5.0
53	总硒	一切排污单位	mg/L	0.1	0.2	0.5
54	粪大肠菌群数	医院*、兽医院及医疗机构含病原体污水	个/L	500	1000	5000
		传染病、结核病医院污水	个/L	100	500	1000

续表 5－4

序号	污染物	适用范围	单位	一级标准	二级标准	三级标准
55	总余氯（采用氯化消毒的医院污水）	医院*、兽医院及医疗机构含病原体污水	mg/L	<0.5**	>3（接触时间≥1h）	>2（接触时间≥1h）
		传染病、结核病医院污水	mg/L	<0.5**	>6.5（接触时间≥1.5h）	>5（接触时间≥1.5h）
56	总有机碳（TOC）	合成脂肪酸工业	mg/L	20	40	—
		苎麻脱胶工业	mg/L	20	60	—
		其他排污单位	mg/L	20	30	—

注："其他排污单位"指除在该控制项目中所列行业以外的一切排污单位；* 指 50 个床位以上的医院；** 指加氯消毒后需进行脱氯处理，达到本标准。

2.《农田灌溉水质标准》(GB 5084—2005)（表 5－5、表 5－6）

表 5－5　农田灌溉用水水质基本控制项目标准值

序号	项目类别	单位	作物种类		
			水作	旱作	蔬菜
1	五日生化需氧量	mg/L	≤60	≤100	≤40[a] ≤50[b]
2	化学需氧量	mg/L	≤150	≤200	≤100[a] ≤60[b]
3	悬浮物	mg/L	≤80	≤100	≤60[a] ≤15[b]
4	阴离子表面活性剂	mg/L	≤5	≤8	≤5
5	水温	℃	≤25		
6	pH		5.5～8.5		
7	全盐量	mg/L	≤1000[c]（非盐碱土地区） ≤2000[c]（盐碱土地区）		
8	氯化物	mg/L	≤350		
9	硫化物	mg/L	≤1		
10	总汞	mg/L	≤0.001		
11	镉	mg/L	≤0.01		
12	总砷	mg/L	≤0.05	≤0.1	≤0.05
13	六价铬	mg/L	≤0.1		
14	铅	mg/L	≤0.2		

续表 5－5

序号	项目类别	单位	作物种类		
			水作	旱作	蔬菜
15	粪大肠菌群数	个/100mL	≤4000	≤4000	≤2000[a]
					≤1000[b]
16	蛔虫卵数		≤2		≤2[a]
					≤1[b]

注：a. 加工、烹调、去皮蔬菜；b. 生食类蔬菜、瓜类和草本水果；c. 具有一定的水利灌排设施，能保证一定的排水和地下水径流条件的地区，或有一定淡水资源能满足冲洗土体中盐分的地区，农田灌溉水质全盐量指标可以适当放宽。

表 5－6　农田灌溉用水水质选择性控制项目标准值

序号	项目类别	单位	作物种类		
			水作	旱作	蔬菜
1	铜	mg/L	≤0.5	≤1	
2	锌	mg/L	≤2		
3	硒	mg/L	≤0.02		
4	氟化物	mg/L	≤2(一般地区)		
			≤3(高氟地区)		
5	氰化物	mg/L	≤0.5		
6	石油类	mg/L	≤5	≤10	≤1
7	挥发酚	mg/L	≤1		
8	苯	mg/L	≤2.5		
9	三氯乙醛	mg/L	≤1	≤0.5	≤0.5
10	丙烯醛	mg/L	≤0.5		
11	硼	mg/L	≤1[a](对硼敏感作物)		
			≤2[b](对硼耐受性较强的作物)		
			≤3[c](对硼耐受性强的作物)		

注：a. 对硼敏感作物，如黄瓜、豆类、马铃薯、笋瓜、韭菜、洋葱、柑橘等；b. 对硼耐受性较强的作物，如小麦、玉米、青椒、小白菜、葱等；c. 对硼耐受性强的作物，如水稻、萝卜、油菜、甘蓝等。

3.《生活饮用水卫生标准》(GB 5749—2006)(表 5－7)

表 5－7　水质常规指标及限值

指标		单位	限值
1. 微生物指标	总大肠菌群	MPN/100mL 或 CFU/100mL	不得检出
	耐热大肠菌群	MPN/100mL 或 CFU/100mL	不得检出
	大肠埃希氏菌	MPN/100mL 或 CFU/100mL	不得检出
	菌落总数	CFU/mL	100

续表 5-7

指标		单位	限值
2.毒理指标	砷	mg/L	0.01
	镉	mg/L	0.005
	六价铬	mg/L	0.05
	铅	mg/L	0.01
	汞	mg/L	0.001
	硒	mg/L	0.01
	氰化物	mg/L	0.05
	氟化物	mg/L	1.0
	硝酸盐(以 N 计)	mg/L	10(地下水源限制时为 20)
	三氯甲烷	mg/L	0.06
	四氯甲烷	mg/L	0.002
	溴酸盐(使用臭氧时)	mg/L	0.01
	甲醛(使用臭氧时)	mg/L	0.9
	亚氯酸盐(使用二氧化氯消毒时)	mg/L	0.7
	氯酸盐(使用复合二氧化氯消毒时)	mg/L	0.7
3.感官性状和一些化学指标	色度	铂钴色度单位	15
	浑浊度	NTU-散射浊度单位	1(水源与净水技术条件限制时为 3)
	臭和味	无异臭、异味	
	肉眼可见物	无	
	pH		不小于 6.5 且不大于 8.5
	铝	mg/L	0.2
	铁	mg/L	0.3
	锰	mg/L	0.1
	铜	mg/L	1.0
	锌	mg/L	1.0
	氯化物	mg/L	250
	硫酸盐	mg/L	250
	溶解性总固体	mg/L	1000
	总硬度(以 $CaCO_3$ 计)	mg/L	450
	耗氧量(COD_{Mn}法,以 O_2 计)	mg/L	3(水源限制,原水耗氧量大于 6mg/L 时为 5)
	挥发酚类(以苯酚计)	mg/L	0.002
	阴离子合成洗涤剂	mg/L	0.3
4.放射性指标	总 α 放射性	Bq/L	0.5
	总 β 放射性	Bq/L	1

注:①MPN 表示最可能数,CFU 表示菌落形成单位,当水样检出总大肠菌群时,应进一步检验大肠埃希氏菌或耐热大肠菌群,水样未检出总大肠菌群,不必检验大肠埃希氏菌或耐热大肠菌群;②放射性指标超过指导值,应进行核素分析和评价,判定能否饮用。

第三节　攀西地区钒钛磁铁矿废水水质分析及利用

一、攀西地区钒钛磁铁矿开发利用现状及现行工艺

（一）攀枝花矿区

1. 开采现状

攀枝花矿区朱家包包、兰家火山、尖包包 3 个矿段由攀钢集团矿业公司进行开采。至 2016 年底，保有资源储量为 24 082.6 万 t，2016 年开采矿石量为 1 646.8 万 t，采出矿石 TFe 品位为 27.68%，实际开采回收率为 98.61%。

2. 选矿现状

攀枝花密地选矿厂长期以来一直采用较简单的"一段磨矿一段弱磁粗选一段精选"流程。后来国内高炉冶炼实行"精料方针"，对炉料的铁含量要求越来越高。在此形势下，攀钢选矿厂改进了生产工艺，2004 年 5 月成功实施阶段磨矿、阶段选别新工艺，台时（单台设备的小时处理量）处理量提高了 15%～20%，精矿品位提高到 54%左右，选铁流程见图 5－1。

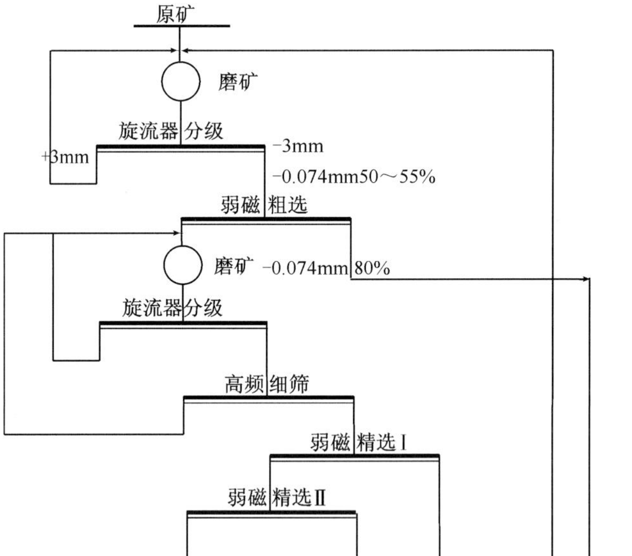

图 5－1　攀枝花选厂选铁流程

2016 年入选矿石量 1 372.9 万 t，生产铁精矿 475.8 万 t，精矿品位为 53.90%，选矿回收率达 68.90%。

钛的综合利用一直是攀西资源综合利用的重中之重。攀钢集团有限公司经过不懈努力，依靠自己的力量成功地从选铁尾矿中回收了以粒状钛铁矿形式存在的部分钛资源。于 1978 年采用重选-磁选-电选流程，建成 5 万 t/a 选钛厂；“九五”期间又通过技术攻关，采用强磁-浮选流程有效地回收了粒径小于 40μm 的钛铁矿，使攀钢钛精矿的生产能力达到 25 万 t/a；进入 21 世纪，由于原选钛工艺中电选工艺越来越不适应选铁尾矿的粒度不断变细的影响，攀钢开展科技攻关，对选钛流程进行大幅改造，采用强磁-全浮流程，使钛精矿产量在 2010 年达 35 万 t；到 2016 年，全年钛精矿产量为 61.5 万 t，TiO_2 品位为 47.5%，选钛流程见图 5-2。

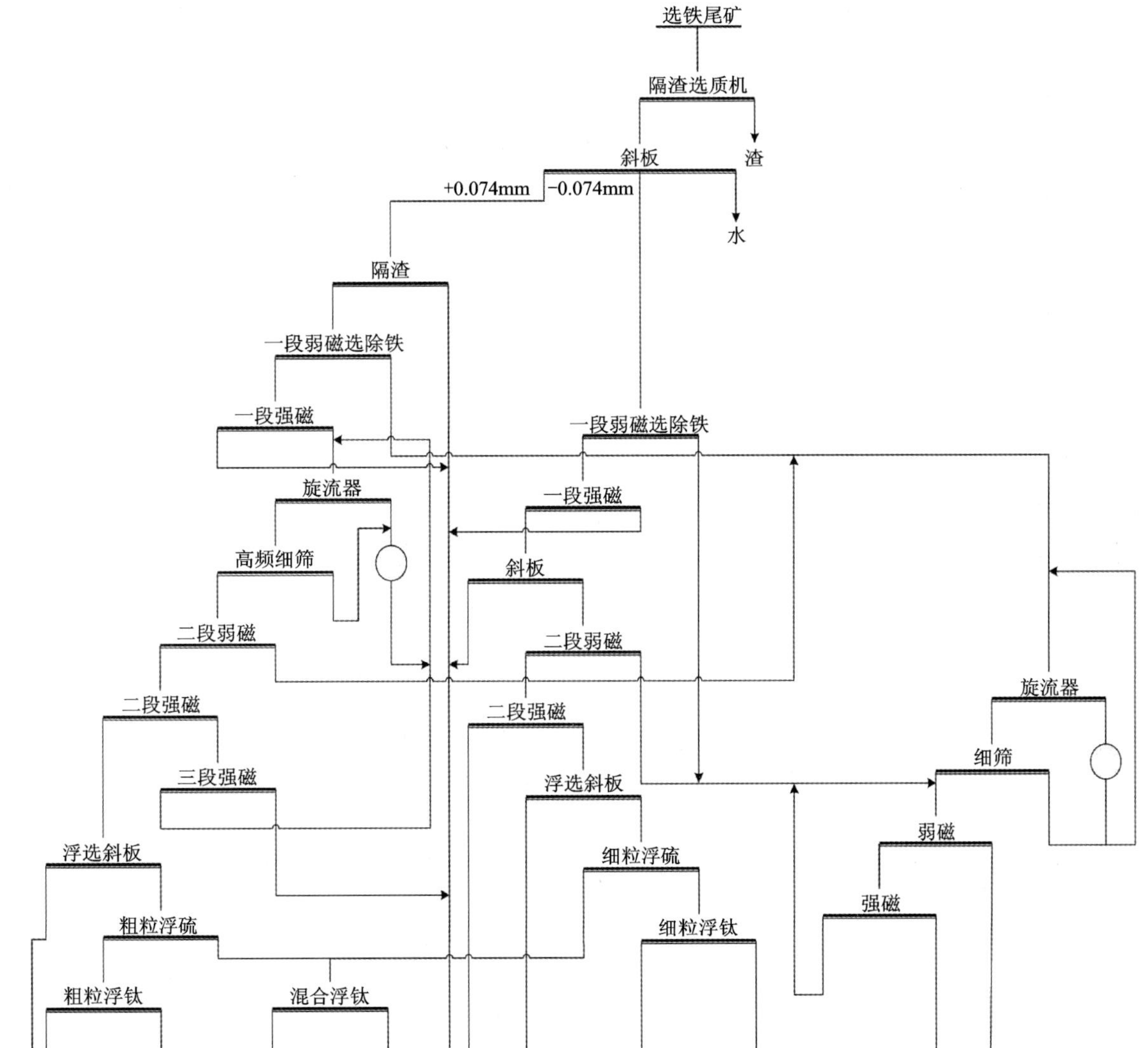

图 5-2 攀枝花选厂选钛流程

(二)白马矿区

1.开采现状

白马矿区及及坪和田家村矿段由攀钢集团矿业公司进行开采。至2016年底,保有资源储量为66 276.9万t,2016年开采矿石量为1 718.7万t,采出矿石中TFe品位为25.39%,实际开采回收率为95.51%。

2.选矿现状

白马选厂2016年入选矿石量1535万t,生产铁精矿463.8万t,精矿中铁品位为56.00%,选矿回收率为65.60%,选铁流程见图5-3。白马选厂选钛段2016年还未正常生产,选钛设计流程见图5-4。

(三)红格矿区

1.开采现状

红格矿区开采始于20世纪80年代,最先只有个体采矿业主在矿石较富的露头上进行分散式小规模开采,后来采矿户逐渐增多。2003年开始,四川省矿政管理部门和攀枝花市矿政管理部门进行大力整顿。按照"停南(矿区)采北(矿区)"的原则,把南矿区暂作封存,北矿区以民营企业四川龙蟒集团公司控股的矿冶股份公司整合开采。该企业获得红格北矿区从地表至地表以下50m范围的采矿权。龙蟒集团公司控股的矿冶股份公司2016年开采规模开采矿石量为1 515.75万t,其中表内矿开采矿石量为802.31万t,表外矿开采矿石量为713.44万t,采出矿石TFe品位为22.06%,实际开采回收率为98.51%。

2.选矿现状

龙蟒选厂2016年入选矿石量1535万t,采用"三段破碎→粗粒抛尾→三段磨矿磁选→铁精矿"工艺流程,生产铁精矿463.8万t,精矿品位为56.00%,选矿回收率达65.60%,选铁流程见图5-5。

红格北矿区整合后,开发主体单位四川龙蟒矿冶股份公司与科研院所合作,针对红格矿石特点进行了岩矿鉴定和选矿试验研究。选矿厂采用中国地质科学院矿产综合利用研究所提供的选铁、选钛新工艺,采用全粒级强磁-浮选技术,钛的总回收率大幅提高。2016年钛精矿产量为72.3万t,TiO_2品位为46.82%,选钛流程见图5-6。

(四)太和矿区

1.开采现状

至2016年底,太和矿区保有资源储量为11 390.8万t,2016年开采矿石量为537.9万t,采出矿石TFe品位为31.50%,实际开采回收率为95.78%。

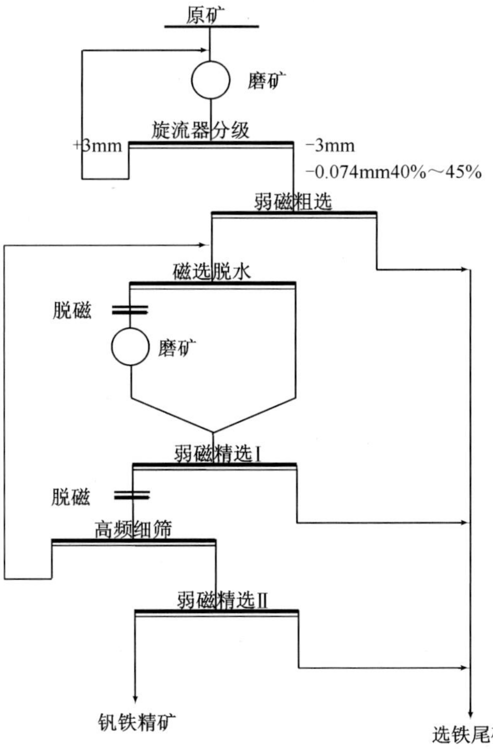

图 5-3 白马选厂选铁流程

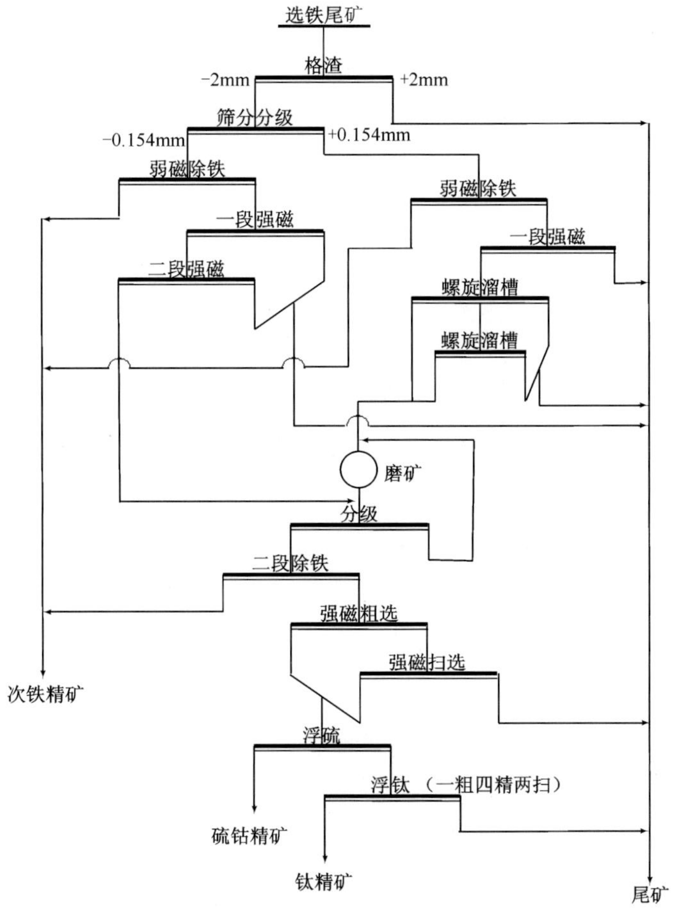

图 5-4 白马选厂选钛设计流程

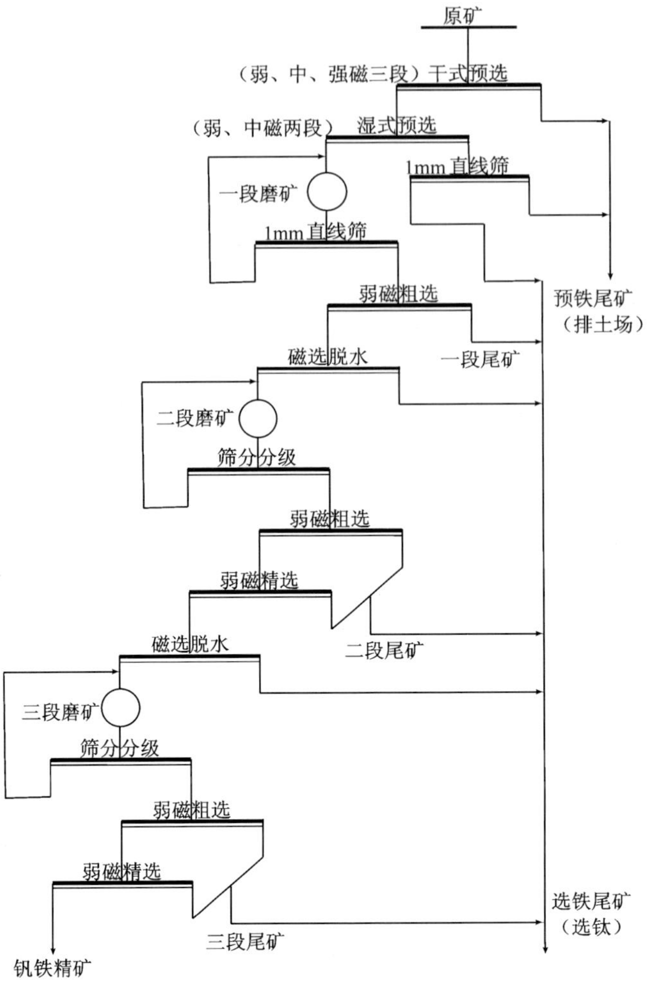

图 5-5　龙蟒选厂选铁流程

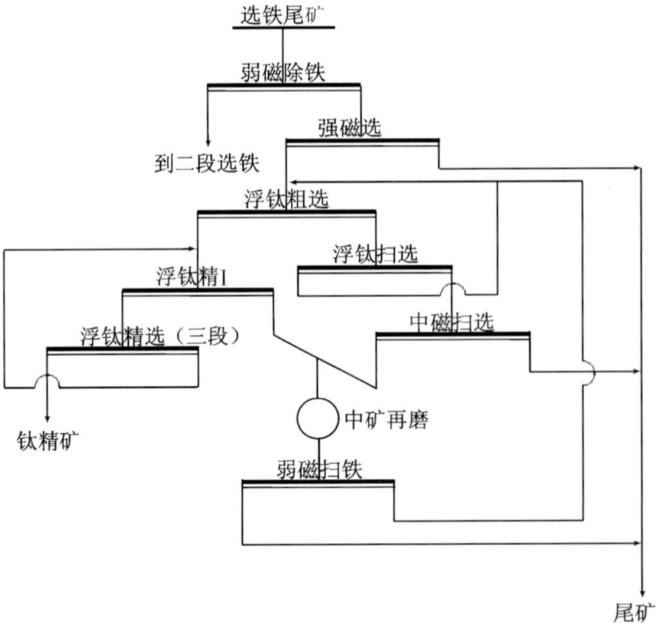

图 5-6　龙蟒选厂选钛流程

2. 选矿现状

太和选厂 2016 年入选矿石量 566.72 万 t，采用“三段→闭路破碎→一段磨矿→磁选→二段磨矿→磁选”工艺流程，生产铁精矿 233.45 万 t，精矿品位为 56.29%，选矿回收率为 73.69%，选铁流程见图5－7。

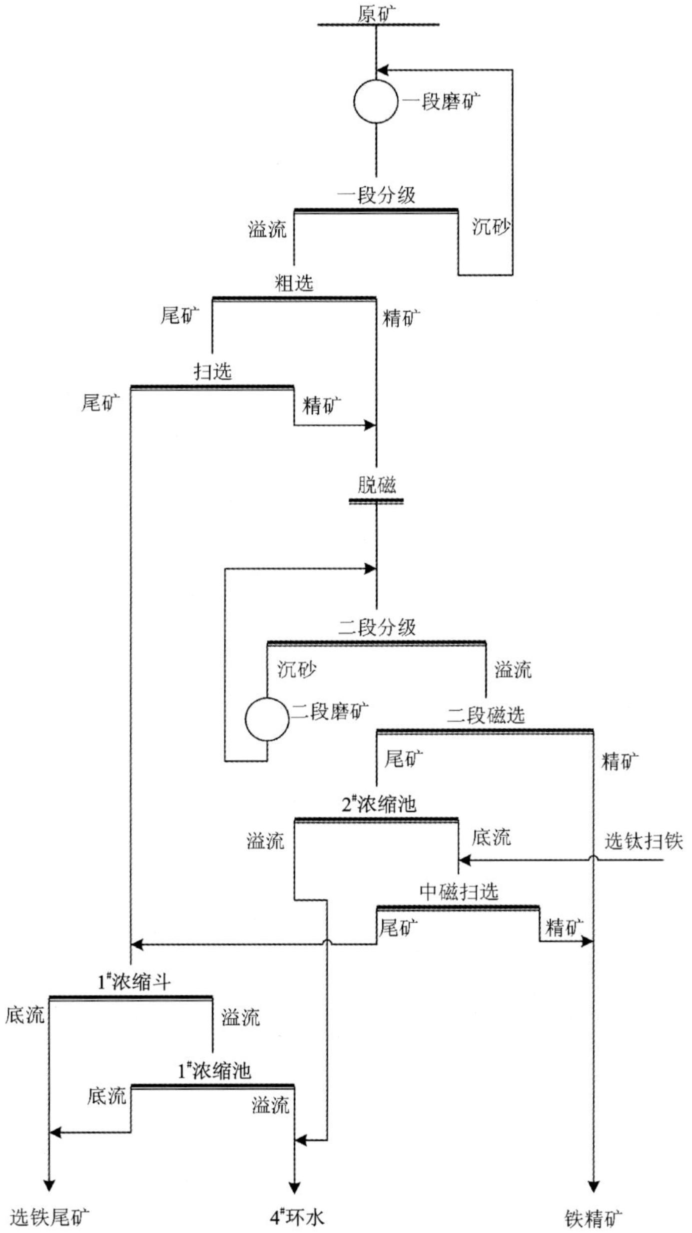

图 5－7　太和选厂选铁流程

太和矿区 2010 年生产钛精矿 9.95 万 t，经过采选工程扩建，2016 年钛精矿产量为 41.76 万 t，TiO_2 品位为 47.33%，选钛流程见图 5－8。

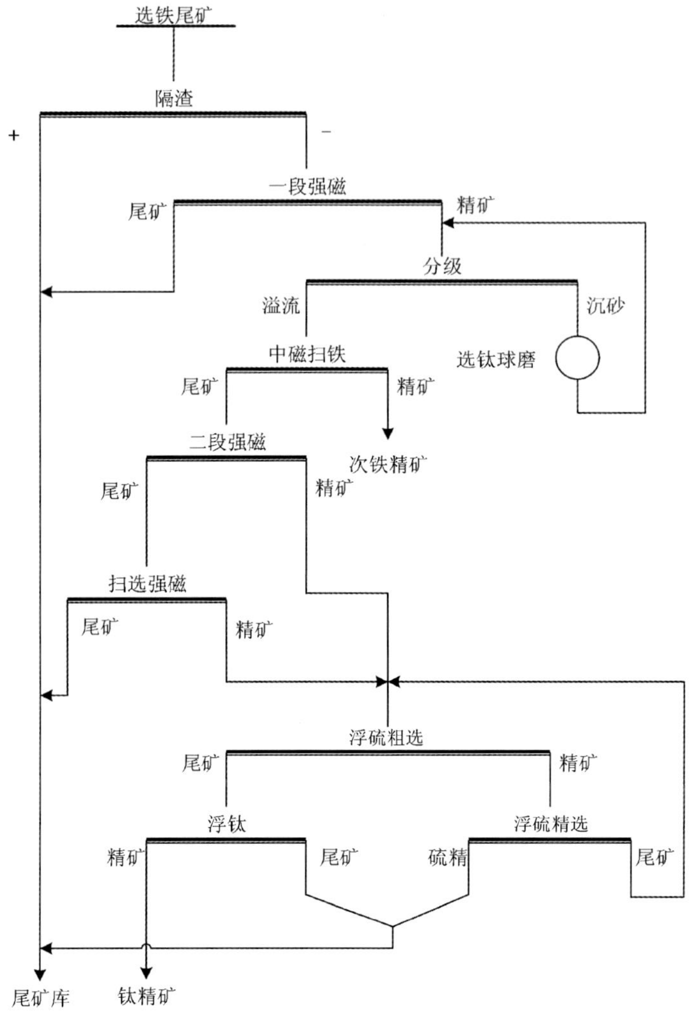

图 5-8　太和选厂选钛流程

二、白马钒钛磁铁矿尾水水质分析

以白马钒钛磁铁矿尾水作为研究对象，对其进行水质分析，研究其受矿区采选活动的影响。

针对白马钒钛磁铁矿现有尾矿水，主要采集了尾矿库内水、尾矿库外水、安宁河河水，将水体进行了详细水质分析，水质分析结果见表 5-8。

表 5-8　白马钒钛磁铁矿尾水水质分析结果

序号	项目	单位	尾矿库内水	尾矿库外水	安宁河河水
1	生化需氧量(BOD_5)	mg/L	1	1.3	2.6
2	化学需氧量(COD_{Cr})	mg/L	6	7	13
3	悬浮物	mg/L	11.5	1	23
4	阴离子表面活性剂(LAS)	mg/L	0.5	0.05	0.05
5	凯氏氮	mg/L	0.1	0.05	0.05
6	总磷(以 P 计)	mg/L	<0.05	<0.05	<0.05

续表 5-8

序号	项目	单位	尾矿库内水	尾矿库外水	安宁河河水
7	pH		7.25	7.54	7.31
8	全盐量	mg/L	1950	485	275
9	氯化物	mg/L	53.9	13	5.95
10	硫化物	mg/L	未检出	未检出	未检出
11	总汞	μg/L	<1	<1	<1
12	总镉	mg/L	<0.005	<0.005	<0.005
13	总砷	μg/L	<5	<5	<5
14	六价铬	mg/L	<0.2	<0.2	<0.2
15	总铅	μg/L	10	<10	<10
16	总铜	μg/L	29	<5	5.2
17	总锌	μg/L	18	9.9	12.3
18	总硒	μg/L	<1	<1	<1
19	氟化物	mg/L	1.18	1.07	1.18
20	氰化物	mg/L	未检出	未检出	未检出
21	石油类	mg/L	0.02	0.02	未检出
22	挥发酚	mg/L	未检出	未检出	未检出
23	苯	mg/L	未检出	未检出	未检出
24	三氯乙醛	mg/L	未检出	0.19	0.25
25	丙烯醛	mg/L	未检出	未检出	未检出
26	硼	μg/L	189	61	71
27	硫酸根	g/L	1	0.198	0.095
28	磷酸根	mg/L	<0.05	<0.05	<0.05
29	硝酸根	mg/L	5.96	<0.05	<0.05

以《农田灌溉水质标准》(GB 5084—2005)作为水体质量评判标准,分析发现由于白马钒钛磁铁矿尾矿可溶解重金属离子少,整体对水体影响较小,除尾矿库内水的总盐超标以外,其他项均符合农田灌溉水质标准,可直接进行农田灌溉使用,不需要进行额外处理。

三、白马钒钛磁铁矿尾水回用

对白马钒钛磁铁矿尾水回用的研究,确定以"再磨→浮硫→弱磁除铁→强磁分离含铁矿物→钛铁矿重选→浮选富集工艺"为原则流程。该工艺流程回水循环可确定出两种方案。第一种方案是矿浆性质分成两部分分别利用及考虑,即弱磁-强磁选-重选系统可以大量使用选厂生产回水,该系统设备选别时受干扰程度较小。弱磁-强磁选-重选系统废水中不含药剂,主要以高固体悬浮物为特征,只需澄清后固含量达标即可,配置时以厂区浓缩池直接回水循环利用更适宜,也可在尾矿库回水。且该选矿工艺流程以弱磁-强磁选-重选系统用水量最大,占生产用水的88%以上,该系统大量使用回水可显著降低新水用量。浮选系统产生的废水含有选矿药剂,试验表明循环使用时对浮硫指标基本无影响,但由于药剂残留会强烈抑制钛铁矿浮选,可减少药剂用量10%。第二种方案即尾水全混合返回循环,重点考察尾水全混合返回后对浮选系统的影响。试验表明尾水全混合返回对浮选系统的影响基本可忽略不计，指标稳定。

尾水循环方案对比试验研究流程见图 5－9，试验结果见表 5－9。

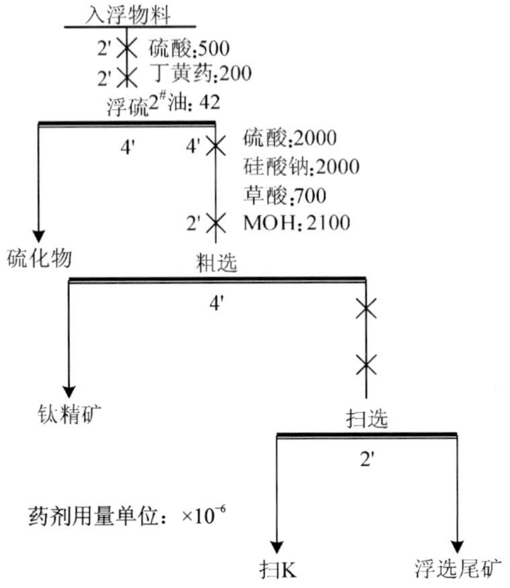

图 5－9　尾水循环方案对比试验流程

表 5－9　白马钒钛磁铁矿尾水循环方案对比试验结果

尾水返回方案	产品名称	产率/%	TiO_2 品位/%	TiO_2 回收率/%
浮选尾水直接返回浮选系统	硫化物	1.65	11.73	0.81
	钛精矿	35.18	41.70	61.43
	扫 K	10.20	33.31	14.23
	浮选尾矿	52.97	10.61	23.53
	入浮物料	100.00	23.88	100.00
浮选尾水直接返回浮选系统（硫酸、草酸、硅酸钠用量减少 10%，捕收剂用量不变）	硫化物	1.51	17.65	1.12
	钛精矿	49.94	38.06	79.71
	扫 K	5.50	22.15	5.11
	浮选尾矿	43.05	7.79	14.06
	入浮物料	100.00	23.85	100.00
尾水全混合返回浮选系统	硫化物	1.73	16.63	1.20
	钛精矿	52.86	37.36	82.47
	扫 K	4.75	24.21	4.80
	浮选尾矿	40.67	6.79	11.53
	入浮物料	100.00	23.95	100.00
自来水	硫化物	1.69	16.57	1.19
	钛精矿	47.43	38.52	77.77
	扫 K	5.95	27.63	7.00
	浮选尾矿	44.93	7.34	14.04
	入浮物料	100.00	23.49	100.00

第六章　攀西地区金属矿山尾矿其他可能处理方法

第一节　坑道充填

一、尾矿坑道充填技术

尾矿充填技术是一种制备尾矿充填料，并将其输送到井下采空区，形成具有一定强度的充填体以支撑围岩或堆存尾矿废料的技术。尾矿充填技术主要可分为充填料配比与强度、充填料制备、充填料输送和采场工艺四部分。我国尾矿充填技术经历了从卧式砂池工艺到立式砂仓工艺、从干式充填到水力充填、从分级尾砂充填到全尾砂充填、从高浓度自流充填到膏体泵送充填的发展过程。

尾矿充填技术在保护环境、保护资源、提高采矿资源回收率、保证安全和保证矿山可持续发展等方面有着非常重要的意义。随着全球矿产资源的不断减少和对环保重视程度的提高，除了传统的有色矿山外，越来越多的黑色矿山和煤矿也开始采用尾矿充填技术进行矿产资源的开采（施士虎等，2010）。

由于有色金属矿产的价值较高，有色行业普遍采用了充填法采矿，所以有色行业的矿产资源回采率较其他行业要高，尾矿库库容较小，对地表塌陷及环境影响较少，井下采矿更为安全。

选矿厂的尾矿作采空区的充填料，在化学成分和物理性质方面应考虑符合以下要求：①有用矿物的含量很低，预计在很长的时期以内选矿技术上难以经济地回收；②尾矿中绝大多数矿物的性质稳定，不易被风化或水解，不会析出大量有毒或有害的气体，不易氧化自燃；③尾矿的粒度组成有利于迅速脱水和形成致密的充填体。

对于需要保护地表的矿床，稀土金属、贵金属或有色金属的高品位矿床，有自燃危险的金属矿床，地表水体（如河流）下或强含水层下的富矿，赋存条件复杂的富矿以及深部矿体等，往往采用充填法开采，即将开采矿石后的采空区，用充填料加以充填。这样做的目的就是为了减少采矿的损失和贫化，限制围岩的移动，防止坑内火灾和水灾。

我国已有多数矿山采用充填法开采。在有色金属矿山中采用充填法开采的矿石量占全国有色金属矿山采矿量的11.2%左右。每开采一吨矿石要回填0.25～0.4m^3（或0.4～0.6t）的充填料。充填料可以用废石、围岩、分组尾矿和水泥加尾矿胶结充填料等。例如凤凰山铜矿、招远金矿和麻阳铜矿等用分级尾矿作充填材料，凡口铅锌矿和托里铬矿等用水泥加尾矿胶结充填材料。

1964年，我国湖南锡矿山矿务局为了减少残留矿柱的损失、提高矿石的回收率，及时地把在河床和重要建筑物下的矿体开采出来，并从此逐步推广了胶结充填采矿法。胶结充填采矿法与原来的房柱采矿法相结合后，既保存了房柱采矿法的优点，又发挥了充填采矿法的长处。锡矿山矿务局采用的充填采矿法特点是实行两个步骤回采：第一步回采矿壁，采后进行胶结充填；第二步回采矿房，采后以尾矿充填。胶结充填料是以选矿厂的手选尾矿经破碎后作为混凝土骨料，选矿厂全尾砂经旋流器分级、浓缩作细集料，再加自产矿渣硅酸盐水泥。m(水泥)∶m(昆砂)∶m(骨解)＝1∶3∶6，水灰比在1.5以下，养护28d的试验抗压强度为78kg/cm^2。但在实际生产中，由于种种原因，实测抗压强度一般为20～40 kg/cm^2。回采矿房时的尾砂充填材料，除采用全尾砂外，有时还利用一部分经旋流器分级后的溢流细砂。

云南大姚铜矿采用尾矿井下水力充填技术，将硫化矿选厂尾矿用直径125mm的旋流器进行分级。凡口铅锌矿、麻阳铜矿等也都采用分级尾矿作为充填材料。对于部分有色金属矿山，为了改善矿柱回采条件、降低贫化损失，往往在水力充填料中加入适量的水泥或其他胶凝材料，使松散的尾矿凝结成具有一定强度的整体。金川公司用粒径3mm以下的棒磨砂作细尾矿胶结充填，获得了很好的效果，年充填量达5万m^{3}以上。

二、尾矿充填方式

井下尾矿充填具有充分回收资源、保护远景资源和保护地表不塌陷三大功能，近年来得到了很大发展。目前，国内应用的充填方式主要有分级尾砂充填、全尾砂胶结充填、废石胶结充填、膏体泵送胶结充填、磨砂胶结充填、赤泥胶结充填、高水固化胶结充填和少量的天然砂胶结充填与干式充填(马志华和王龙龙，2011)。

1.分级尾砂充填

分级尾砂充填是我国应用最为广泛的充填方式，绝大部分充填矿山均建有分级尾砂充填系统，包括分级尾砂胶结充填和非胶结充填。这一充填工艺和技术已相当成熟，其输送料浆的比例为65%～70%。

分级尾砂的利用粒径一般为37μm，要求料浆的渗透速度大于10cm/h。分级尾砂的利用率一般在50%左右。

2.全尾砂胶结充填

传统的尾砂水力充填受采矿工艺、充填技术和设备的限制，其中多数矿山仅能利用脱除－20μm或者－37μm细泥后的粗粒尾砂。而且砂浆输送浓度较低，造成井下生产环境污染严重、充填体强度不均、充填成本较高等问题。为克服或减少分级尾砂充填的不利因素，我国自20世纪80年代以来对全尾充填进行了多方面的研究。

全尾砂胶结充填是以没有进行分级脱泥的全粒级尾砂作为充填集料的一种胶结充填方式。高浓度全尾砂胶结充填则是以结构流或似结构流状态进行输送和采场充填的全尾砂胶结充填方式。

全尾砂胶结充填方式可以利用全部尾砂作为充填料，因而适用于充填料来源不足、在地表不能建尾砂库、尾砂中含有害物质需要处理或尾砂中含有将来可供利用的有用物质需要保存在井下的矿山条件。采用全尾砂胶结充填技术可以实现矿山采矿、选矿、充填三者互为依托和综合平衡的良性闭路循环，在地表不建尾矿库、不外排尾矿。

全尾砂胶结充填工艺包括高浓度(膏体)尾矿制备的脱水系统、充填浆料搅拌系统、泵压输送或重力自流输送系统、检测系统等，其中脱水系统和充填资料搅拌系统是影响充填效果的关键。

三、尾矿充填关键技术

采用没有经过分级的全粒级尾矿作为充填料充填采空区，必须采用高浓度料浆，而且通常需要进行适当的胶结，制备出一种凝固后具有一定强度的支撑体。因此，全尾砂胶结充填的关键技术包括高浓度尾矿的制备、胶结材料的选择和胶结料浆的输送技术（吕宪俊和崔学奇，2006）。

1. 高浓度尾矿的制备

全尾矿泥质含量较高，在低浓度下会带来水泥消耗量过高和严重污染井下作业环境等问题，因而需要采用高浓度充填工艺，或称为膏体尾矿充填工艺。因此，高浓度尾矿或膏体尾矿的制备是全尾矿胶结充填的基础。目前，常用的高浓度尾矿浓缩脱水技术主要包括浓缩-过滤脱水技术、高效重力沉降浓缩技术、储仓自然沉降浓缩等。

浓缩-过滤脱水工艺是稀尾矿经过浓缩后，采用过滤的方法首先将稀矿浆制成滤饼，然后再加水调浆制备成具有一定浓度和流动性的膏体。该工艺由于采用了真空过滤或压滤脱水，能够满足尾矿浓度的要求。主要缺点在于过滤设备投资大、脱水生产成本高，而且滤饼需要重新加水调浆，流程复杂。

高效重力沉降浓缩主要借助重力沉降脱水设备，将尾矿浆一次浓缩至60%以上。该类设备与选矿厂普遍采用的浓密大井相比，在外形上的显著特点在于其高度大、底流排料锥角小、高度和直径比大于1(一般在1.5～2)，另一个特点是普遍采用絮凝技术强化微细颗粒的沉降。

储仓自然沉降浓缩是利用砂仓实现长时间自然沉淀的方法，能够制备高浓度尾矿砂浆，但受颗粒自然沉降速度的限制，生产效率低，适合在小型矿山使用。

2. 全尾矿胶结材料及胶结充填工艺

由于充填体起支撑围岩及上分层工作地板的作用，并且相邻进路回采时.还要求充填体有一定的自立性和抗爆破冲击性能，这就要求充填体必需具有一定的强度。根据《采矿设计手册》要求，在上向充填采矿法中，充填体要满足自行设备正常运行。表面强度要求达到1～2MPa，其他部分要求达到0.5～1MPa（采矿设计手册编写委员会，1988）。

尾矿与胶结材料的混合搅拌根据尾矿浓缩方法的不同主要有两种方法：一种方法是两段强力机械搅拌活化，常用的设备为双轴搅拌机和高速搅拌机；另一种方法是一段强力搅拌槽搅拌。前者适用于经过过滤脱水的滤饼，后者适用于经过砂仓放出的水饱和尾矿浆。

水泥是最为常用的胶结材料，但为了形成较大的胶结强度，水泥用量较大，通常达到200～300 kg/m^3。为了降低成本，国内外对一些新型胶结材料和具有胶凝性能的工业废弃物进行了广泛的研究和应用。

3. 全尾矿胶结料浆的输送

国内全尾矿胶结料浆的输送工艺主要包括高浓度自流输送充填工艺和膏体泵送充填工艺两种，但自流输送充填工艺的充填倍线较小，不能满足长距离输送的要求。泵送充填的关键设备是液压双缸活塞式砂浆泵，其通常从德国引进，同时配套引进液压系统和电控设备，以及流量计、压力计、浓度计和分配阀。目前，最为成熟的泵送充填是以德国普赛格金属公司为代表的膏体泵送充填工艺。这种新工艺的实质是将尾砂或其他用作充填的骨料经浓密机浓缩和真空过滤机过滤后，形成质量分数达85%左右的膏体，冉用往复式活塞泵经管道压送到待充地点。水泥的添加方式通常有两种：一种是将水泥制成砂浆后在井下泵站内添加；另一种是在膏体出口前约30m处安装一个45°角的喷射头，由此压风吹入干水泥，使之与膏体混合。泵送设备以德国Putzmeister公司生产的液压双缸活塞泵为代表，该泵送能力为

40～80 m^3/h，出口压力为 4～9MPa。

四、尾矿充填实例

1. 铜矿尾矿充填

何哲祥等(2005)针对湖北大冶铜绿山铜矿尾矿采用不脱泥直接全尾矿充填进行工业试验。试验结果表明，在尾砂水泥比为 6∶1，浓度为 80%时，28d 抗压强度达到 3.79MPa；在灰砂比为 10∶1，浓度为 76%时，28d 抗压强度为 0.81MPa；在尾砂、碎石与水泥不同配比条件下，28d 抗压强度在 1.1～4.5MPa 之间，可满足不同采矿方法的要求。试验完成了 9 个空区的充填，共计充填量 81 747m^3，利用不脱泥尾矿 13 万 t。这表明全尾矿胶结充填完全能满足采矿生产的要求，达到了全尾矿高强度充填的目的。

江西九江瑞昌武山铜矿是一座地下开采矿山，始建于 1966 年，几经改造于 2002 年底采选综合生产能力达到 3000t/d，2004 年在南矿带进行胶结充填试验且 2007 年在全矿推广，武山铜矿于 2005 年进行深部挖潜扩产(二期扩建)，于 2009 年扩产达到 5000t/d 的采选规模。矿区采用全铜矿尾矿膏体充填，与现有采矿方法相同的下向水平分层胶结充填采矿法，充填体作为顶板，一个分层分两次充填，两层高度各占约 50%。膏体充填采矿具有维护围岩稳定、减少地表沉陷、提高回收率和保护环境等优点，能够彻底解决尾矿库环境污染问题，促进矿山可持续发展。膏体充填技术正是运用尾砂固体废弃物治理开采所引起的地质灾害与地表尾矿库风险的两个矿山重大灾害，即具有“一废治两害”的功用(于云龙，2019)。

安徽铜陵冬瓜山铜矿是一座面向 21 世纪的特大型现代化矿山，设计年生产能力为 429 万 t/a(1.3 万 t/d)，年产铜量 3.4 万 t，日产尾砂量为 7800t/d，采矿方法为阶段空场嗣后一次充填采矿法，日需充填采空区 4062m^3，其中尾砂(含尾砂胶结)充填量为 3912m^3/d，废石充填量为 150 m^3/d，日需全尾砂砂浆 4752 m^3/d。冬瓜山铜矿充填系统遵循“废石不出坑，实现无废开采”目标，采用高浓度全尾充填技术，其充填尾砂浓度为 73.5%，充填综合灰砂比一步骤为 1∶8，二步骤为 1∶15(周强和于先坤，2019)。

甘肃桦树沟铜矿使用全尾砂结构流胶结工艺，利用铜选矿尾砂作为充填骨料，解决了采空区和尾矿库两大矿山危险源，防止地表塌陷及保持上部矿岩的稳定，而且还可充分利用地表固体废弃物，成为矿山安全、高效、环保的标志。桦树沟铜矿采用选矿厂浮选全尾砂及水泥作为充填料，选厂全尾砂经浓密后底流的排放浓度为 45%，泵送输送至充填料制备站的卧式尾砂池。充填站设置两个卧式砂池，两个砂池交替使用以充分发挥系统生产能力。进砂时通过仓顶溢流口进行溢流，进砂完毕后，经自然沉降脱水达到最大沉降浓度，充填前打开排水设施，排除砂面以上的澄清水，溢流水和澄清水自流输送至选矿厂。充填料浆采用两段连续搅拌制备，搅拌好的充填料浆进入料斗供给充填输送泵(活塞泵)，经井下充填管网泵送输送至井下采空区进行充填(张坤生，2019)。

2. 铁矿尾矿充填

目前，我国在铁矿山地下开采过程中多采用崩落法或留矿法等采矿方法，利用充填采矿法还很少。这主要是由于过去我国铁矿石价格一直偏低，且多开采地表出露或浅层矿体。随着开采深度的加大，地下开采矿山所占的比例越来越大，开采条件越来越难，因此需要更安全、更高效的采矿方法。近年来，我国铁矿石价值得到正确的估价，价格回升，特别是充填采矿技术得到了迅速的发展，并且近年来我国的环境保护政策也对矿山企业提出了更高的要求，这些都为铁矿山实现尾砂充填创造了条件。

鞍钢集团有限公司拥有全国最为丰富的铁矿石资源，储量在 80 亿 t 以上，年生产量达到 2300 万 t，累计铁矿尾矿堆存量已达到6亿t以上，目前每年尾矿排放量仍接近4000万t。其尾矿作为一种硅酸盐类无机材料，其中蕴藏着许多有用组分。随着国家对节能减排工作的大力支持和现代工业生产技术水平的提高，目前尾矿已成为新的二次资源，被广泛地综合开发和整体利用。杨晓峰和张丛香(2008)经过研究，将尾矿浓缩到70%以上，形成膏状尾矿，有利于尾矿的输送和堆放。膏状尾矿可用于充填采空区，效果较好。

江西良山铁矿于1977年建成投产，隶属于新余钢铁集团有限公司。公司采用全尾砂充填技术在良山铁矿太平山深部实施了采用两种不同的采矿方法，东区为分段空场爆力运矿嗣后充填采矿，西区为盘区机械化房柱嗣后充填采矿。通过针对性地实施技术方案、充填料浆脱水方式、充填接顶措施，尾矿充填达到了预期的效果，全尾砂充填的成本为20.16元/m^3。同时减少了入库尾矿量，延长了尾矿库服务年限，能有效控制地下水位，预防地表下沉塌陷的次生安全隐患(张移山，2019)。

刘明宇等(2019)针对白象山铁矿充填系统和矿山全尾砂的物理化学特点，参考国内相关矿山充填研究成果，开展了全尾砂充填浆料的流动性和不同配比的实验研究，得出适合矿山充填系统的充填浆料浓度和配比。研究表明，白象山铁矿尾砂SiO_2含量较高，级配分析显示细颗粒占比50%，利于充填浆料的输送，尾砂化学组分有利于充填体强度增长；当充填浆液质量分数达到60%时，充填浆液将无法实现自流充填；当充填浆液质量分数低于58%时，完全可以满足矿山自流输送要求；白象山铁矿采用上向进路充填采矿方法，充填体强度要求在1.7MPa以上，当灰砂比1∶6且充填浆液浓度大于50%及灰砂比1∶8且充填浆料浓度大于52%时，均可满足矿山充填质量要求。

3. 稀土矿尾矿充填

荆倩婧等(2019)针对南方某稀土矿地下开采过程中易出现地表及建筑物不均匀沉降以致塌陷的问题，开展了矿区尾砂胶结充填材料配合比优化研究。通过室内坍落度试验和单轴压缩试验，研究了不同的料浆浓度和灰砂比对充填材料料浆流动性与抗压强度的影响，并应用数值模拟方法，研究了不同配合比的充填材料对抑制地表及建筑物沉降变形的影响。结果表明，料浆质量分数为66%时，充填料浆的保水性较好，无离析现象，流动性满足管道输送要求；充填材料的单轴抗压强度随着料浆浓度和灰砂比的增大均呈增大趋势，且灰砂比的影响程度更大；充填材料的单轴抗压强度超过1.4 MPa时，满足地表及建筑物变形要求；料浆质量分数66%、灰砂比1∶12为该稀土矿充填材料的最优配合比，可以满足该稀土矿采空区对充填材料的强度要求。

山东微山湖稀土矿是我国三大轻稀土产地之一。该矿山设计使用浅孔留矿嗣后尾砂充填采矿法采矿，但2009年以前轻稀土矿业不景气，企业无经济能力对采场进行嗣后尾砂充填。因此，微山湖稀土矿留下了十几万立方米的地下采空区，部分采空区出现了顶板垮塌变形、矿柱压碎破坏等严重地压现象，严重影响采矿作业和建筑物的安全性。此外，采空区下部多条矿体间距较近，无论采哪条矿体都会因采空区围岩移动而相互影响，兼采又过于贫化，无工业价值，由此造成大量矿石资源回收困难。该矿山自2010年5月开始改造充填系统，至2010年10月试车成功，历时近6个月的时间；2010年10月开始对井下采空区进行胶结充填，至2013年5月充填采空区达20万m^3，充填强度达到预期效果，采区地压已彻底被控制。针对矿体之间上、下盘间距在1～3m的薄矿脉，采用先采下盘矿脉，待矿房大量放矿形成采空区后，用尾砂进行胶结充填后，再采上盘矿脉，比原设计采矿方法多回收4个矿房，极大地提高了矿石回采率。全尾砂胶结充填技术在解决地压显现问题上具有重要作用，以其经济安全性为国内大部分地下开采矿山提供了较好的示范作用(吴杨水和朱军，2015)。

4. 铅锌矿尾矿充填

南京栖霞山铅锌矿充填站$-20\mu m$极细颗粒尾砂含量过高，尾砂最大沉降质量分数由69%降至61.98%，充填料浆制备输送质量分数由72%降至64%左右，导致充填体强度大幅下降。经过对充填系统进行优化，使得进入浓密过滤系统的全尾砂不产生溢流细泥而进入充填流程，减少了浓密机溢流细颗粒的含量，提高了充填料浆的级配，将充填料浆浓度提高至74%，并根据充填料浆的流变特性，将充填料浆输送管网管径由89mm增加至100mm，保证高浓度充填料浆的输送。充填料浆质量分数从70%提高到74%，各龄期的充填体强度均提高20%左右，实现了矿山超细粒全尾砂充填，确保了充填质量（佟磊等，2018）。

湖南康家湾铅锌金矿深部开采工程是目前已建有一个尾矿充填站。充填站内有两座立式砂仓和一座水泥仓，立式砂仓每座有效容积为750m^3，水泥仓的有效容积为110m^3，目前可以进行全尾砂胶结充填，年充填能力可达14.4万m^3以上。根据康家湾铅锌金矿的实际情况，在井下开采中采用全尾砂胶结充填法采矿。全尾砂胶结充填工艺直接采用选厂尾砂浆，经浓密机和砂仓沉降脱水，将全尾砂与一定比例的水泥和水，通过双轴叶片式搅拌机和高速活化搅拌机合成均质的胶结充填料，利用管道将充填料充入采场，以达到充填开采的目的（安冠峰和郭志凌，2018）。

从以上国内几个典型的铜矿、钒钛磁铁矿、稀土矿、铅锌矿选矿尾矿胶结充填的研究与应用实践来看，全尾矿坑道充填技术日趋成熟，可将其应用于攀西地区以牦牛坪稀土矿、大陆槽稀土矿、拉拉铜矿、黎溪式铜矿、毛菇坝式铁矿、太和钒钛磁铁矿、白马钒钛磁铁矿、红格钒钛磁铁矿、大梁子铅锌矿为代表的尾矿充填回收上。这样既可以解决矿山充填骨料来源问题，又能够解决或部分解决尾矿的排放问题，一举两得。

第二节　尾矿土地复垦与土壤改良

广义分析认为，我国的土壤包括黄河、长江、珠江的几大冲积平原，这些都是大自然地质活动中分选作用形成的尾砂堆积。尾矿的这种土壤属性已被众多矿山尾矿库土地复垦的实例所证明。

岩石风化、崩解、细化（泥化）、水力搬运到田、自然有机化形成耕作土壤。土壤形成需要千百万年之久，其主要消耗时间和功能的过程在有机化之前，而人工尾矿把大自然千百万年的劳作已基本完成，所差仅是最后一步过程，即有机化形成土壤。

尾矿的有机化作用或土壤化作用并不困难，有两点例证：其一，黄河下游滩涂的垦殖区，每隔几年要经历一次周期性洪水，都会把河滩农田覆盖数厘米甚至数十厘米的泥沙，在这些淤泥层上第二或第三年就能生长出很好的庄稼，且土地的肥力比原来更好；其二，南方一些闭库的尾矿库，其大部分滩涂都能自然生长灌木、野草、植被，愈是靠近细泥沉淀区，植物愈是生长茂盛。这些事例说明，尾矿具有转化为土壤的自然本性（刘照朗，2015）。土壤属性为尾矿的农垦利用展示了广阔的前景，主要有以下两方面应用。

1. 填埋造地

尾矿可用于石漠化、荒漠化地区，以及废矿坑、废露天采场、低洼地或坡地的回填造地。土壤之所以石漠化、荒漠化，是由于原始冲积层自身缺乏细粒土壤质体或后期细粒土壤流失，只留下粗砂、砾石，致使植物无法生长而形成荒漠。通过对尾矿的无害化处置，使尾矿堆积体达到稳定状态，消除或最大限度地减少尾砂对环境的污染，并将尾矿过滤后的滤饼用填埋方式复土造地。前期广种林、草，涵养培育肥力，促进尾矿有机化；后期则可以复垦为果园、耕地。我国人多地少，土地资源日益紧缺，利用尾矿填埋造地来增加耕地或建筑用地，具有很大的社会经济效益、环境效益与资源效益。

2. 土壤改良

平原地区的农田经历数万年的耕作种植，土壤中原始有用矿物质的含量越来越贫瘠，单靠施肥无法弥补这一缺陷。补充土地矿物质营养的本质还在于形成土壤的原岩。由于尾矿中含有多种适合农作物生长的矿物元素，可将其制成改良土壤的多功能矿物肥料，以国家鼓励、扶助、推行的方式令尾矿还田，必会使土地资源长远受益，对于社会生态环境和人类生存环境必会形成一种长效的、潜在的优化机制。

一、尾矿土地复垦

土地复垦这一概念是随着被破坏土地的恢复工作发展而产生的。澳大利亚矿山复垦界采用“Rehabilitation”一词，其概念是“必须使被扰动的土地恢复到预先设定的地表形式和生产力，创建条件使场地有一个新的可持续的不同用途的工艺过程”“再构筑外形和再种植一个区域使之成为稳定的、无污染状态并溶合于自然景观和周围的排水系统……”在苏联，土地复垦是指在受工业影响的土地上，采取旨在有计划地创建和加速形成具有高生产力的、高经济价值的最佳人工景观的采矿技术、生物、工程、土壤改良及生态学综合措施，恢复土地。美国《环境法》要求必须将被工业建设破坏的土地恢复到原来的形态，原农田要恢复到农田状态，原森林恢复到森林状态。我国2011年《土地复垦条例》中将其定义为“对生产建设活动和自然灾害损毁的土地，采取整治措施，使其达到可供利用状态的活动”，按照“谁损毁，谁复垦”的原则，由生产建设单位或者个人负责复垦。但是，由于历史原因无法确定土地复垦义务人的生产建设活动损毁的土地，由县级以上人民政府负责组织复垦。

矿山土地复垦是土地复垦的主要类型之一，它是从生态出发的环境治理工程，即在各类生产开发过程中因挖损、塌陷、占压等造成破坏的土地上，通过建造、经营并保持繁衍一定植物群落来达到土地再利用的目的。它不同于一般的土地整理或复垦，其特点是：使生态系统恢复原有的平衡，并实现土地的良性循环。矿区土地复垦已经成为工业破坏的土地的生产力恢复和再生产的重要方式，它是涉及环境保护、景观美学、土壤改良、农业种植、生物工程和生产工艺等各种科学的系统工程（孙羽丰，2007）。

（一）尾矿复垦特点

尾矿复垦是指在尾矿库上复垦或利用尾矿在适宜地点充填造地等与尾矿有关的土地复垦工作。一般尾矿复垦利用初期大多以环保景观为目的，后期根据其最终复垦利用目标改为实业性复垦，或作半永久性复垦。目前，我国尾矿复垦现状大致有以下3种情况。

（1）仍在使用的尾矿库复垦：这类尾矿库的复垦利用主要是在尾矿坝坡面上进行复垦植被，一般是种植草藤和灌木，而不种植乔木，原因是种植乔木对坝体稳定性不利。

（2）已满或已局部干涸的尾矿库复垦：这种类型是尾矿库复垦利用的重点。

（3）尾矿直接用于复垦：这种类型主要适合于尾矿中不含有毒有害元素的中小矿山，且在矿山周围有适宜的地形，矿山可根据当地地形条件采用灵活多样的复垦模式。

（二）尾矿复垦用途

尾矿复垦工作虽然在我国起步较晚，由于当时的政策和技术方面的原因，尾矿土地复垦工作的总体上处于零星、分散、小规模、低水平的状态。改革开放20多年以来，我国的尾矿土地复垦经历了从自发性零星复垦到自觉性有计划复垦、从单一型复垦到多形式复垦、从无组织到有组织、从无法可依到有法可依的巨大变化。由于土地破坏程度的不同，所处的位置而异，应本着经济合理、因地制宜的原则确定用途。宜农则农、宜林则林、宜渔则渔、宜建则建，有的还可开辟成休闲娱乐用地。总结近些年来我国尾矿复垦情况，主要有如下几种复垦利用方向（张锦瑞，2014）。

1. 复垦为农业用地

这种复垦方式一般应覆盖表土并加施肥料或前期种植豆科植物来改良尾砂，其覆土厚度一般可按下列公式估算：

$$P_c = h_b + h_k + 0.2 \tag{6-1}$$

式中，P_c 为覆土厚度，一般取值为 0.2～0.5m；h_b 为毛细管水升高值，随土壤类型不同而不同，m；h_k 为育根层厚度，随植物种类不同而变化，m。

2. 复垦为林业用地

大多数尾矿库特别是其坝体坡面覆盖一层山皮土后都可用于种植小灌木、草藤等植物，库内可种植乔木、灌木甚至经济果木林等。复垦造林在创造矿区卫生优美的生态环境方面起了很大作用，并对周围地区的生态环境保护起着良好的作用。

3. 复垦为建筑用地

有些尾矿库的复垦利用必须与城市建设规划相协调，根据其地理位置、环境条件、地质条件等修建不同功能的建筑物，以便收到更好的社会效益、经济效益和环境效益。建筑复垦时的地基处理是关键，应根据尾矿特性、地层构造、结构形式等设计相应的基础条件，在结构设计上采取可靠措施，以达到健全、经济、合理之目的。尾矿库上修筑的建筑物一般以 2～4 层为宜，不宜超过 5 层。

4. 复垦为牧草用地

这种复垦方式一般是在其表层覆土并栽种牧草并用来改良尾矿砂，其技术标准稍低于农业用地。

5. 复垦为休闲娱乐用地

这种复垦方式一般是将其覆土后用于公园、体育场、人工湖等人民群众休闲健身娱乐用的场所。土地需要很好夯实，同时需要做好防渗措施，建筑应采取适当加固。

尾矿复垦的用途与技术要求见表 6-1。

表 6-1 尾矿复垦用途与技术要求

复垦方向	用途	技术要求
农业用地	耕地、菜园	土地平整、表层覆土，对粮食作物表层土不小于 0.5m，其中腐殖土层厚度不小于 0.2m，水力条件好
林业用地	栽种树木、果园	地形可有适当坡度，需表层覆土，对种植树木表土一般不小于 0.3m，树穴处局部深挖铺土 1m 左右
牧草用地	栽种牧草	技术要求稍低于农业用地
休闲娱乐	公园、体育场、人工湖等	土地需要很好夯实，有水域是需要防渗层，建筑适当采取加固措施
建设用地	民用或工业建筑用地	地需要很好夯实，建筑适当采取加固措施

（三）尾矿复垦目标

矿山尾矿土地复垦目标可分为基本环境目标和发展利用目标。基本环境目标在工程复垦阶段完成，相应地应满足以下几个方面的要求。

(1)场地需安全与稳定，防止滑坡及泥石流等灾难性事故发生。

(2)清除矿区范围内的有毒有害废物，防止其污染水体和植物。

(3)复垦后的场地要尽可能与自然条件作用形成的地形保持一致，景观地貌要与周围未破坏地区相协调。

(4)表层应具有可供植物生长的土壤环境。

(5)控制侵蚀与保持水土。

(四)攀西矿产开发活动引发的地质环境问题

拉拉铜矿矿集区正在开采的矿山有25家，其中金属矿山14家。矿集区内矿产资源开发活动久远，矿产资源开发活动对地质环境影响较为严重，产生的矿山地质环境问题复杂。主要矿山地质环境问题为大型采坑剥离表土对土地直接破坏，剥离废石常年积存压占土地，采场边帮、排土场滑坡及崩塌地质灾害发育，以及巨量堆放的“三废”影响。目前，在当地政府的大力监督、管理下，大多数矿山企业已意识到环境保护的重要性，加强了科学采矿工艺、尾矿库复垦治理、废水循环使用等措施。该矿集区内矿山开发活动共造成的土地破坏面积达1 084.09hm^2，其中露天采场造成土地破坏面积226.41hm^2，废石堆渣造成土地破坏面积153.3hm^2，尾矿库占用土地431.52hm^2，工业广场占用土地117.40hm^2，地面塌陷破坏土地15.73hm^2，其他矿业开发剥离表土(裸地)破坏土地139.73hm^2，土地破坏以尾矿占压土地最为主要。

白马钒钛磁铁矿矿集区目前正在开采的矿山有25家，其中金属矿山4家，建材类非金属矿山21家。工作区内主要开采矿种为铁矿和建材，大部分矿山均为露天开采。金属矿山主要矿山地质环境问题为大型采坑剥离表土对土地直接破坏，剥离废石常年积存压占土地，采场边坡、排土场滑坡及崩塌地质灾害发育，选矿废水对周边水土环境污染等。建材类矿山主要矿山地质环境问题为废石废渣堆存，地形地貌景观破坏。其他选冶企业主要矿山地质环境问题为尾矿及废渣堆存、选冶废水排放造成的水土环境污染。

大陆槽稀土矿矿集区目前正在开采的矿山有2家，均为稀土矿山。矿山开采方式为露天开采，矿山地质环境问题主要为土地破坏、水环境污染和放射性污染。据调查统计，大陆槽稀土矿矿集区内因矿山开发造成土地占压总面积达到68.76hm^2，其中露天采场占压土地面积达23.32hm^2，工业广场占压土地面积13.96hm^2，排土场占压面积9.36hm^2，废石堆场占压面积0.81hm^2，尾矿库占压土地面积10.72hm^2，地形地貌破坏土地面积为10.59hm^2。破坏的土地类型以林地为主，少量耕地、草地。按占压类型比例划分，露天采场、工业广场、尾矿库位居前三，合计比例高达69.81%。

总之，攀西地区各矿集区中发生的矿业开发活动引起了大量的土地压占、破坏及地质灾害，尾矿土地复垦可有效缓解其危害。目前，我国矿山环境问题呈恶化趋势，重开发，轻保护，先开采，后恢复，甚至只开采，不恢复。开展矿山尾矿复垦工作符合发展循环经济和创建节约型社会的标准，体现了“以人为本”“可持续发展”的理念。矿山企业做好复垦工作，大力发展循环经济，就可以走出一条科技含量高、经济效益好、资源消耗低、环境污染少、人力资源优势得到发挥的新型工业化道路。同时，我国是人口众多的发展中大国，土地利用率很低，而且我国正处于工业化和城市化发展阶段，人地矛盾十分突出，矿山分布众多且征用并占据大量土地，矿山开发又会严重污染环境，因此矿山环境形势不容乐观。为此发展矿山尾矿复垦工作，对于调整经济结构、转变增长方式、缓解人口资源矛盾、提高人民生活质量、实现国民经济健康发展具有极其重要且深远的意义。

(五)尾矿土地复垦实例

1. 拉拉铜矿尾矿复垦

拉拉铜矿自1958年建成投产以来，先后建成4个尾矿库。

Ⅰ期尾矿库已封库：位于矿部以西子弟学校山丘凹地，服务时间为建矿至1985年。服务结束后，尾矿库随即进行了盖土绿化，库面现开辟为子弟学校足球场，四周铺有塑胶跑道，周边有绿化林，表面已无尾矿库痕迹。该尾矿库现作为凉山州绿色矿山生态修复示范基地(图6-1、图6-2)，坝体绿植繁茂，环境优美，是矿区职工群众休闲娱乐的绝佳所在。

图6-1　拉拉铜矿Ⅰ期尾矿库土地复垦后坝体形貌

图6-2　拉拉铜矿Ⅰ期尾矿库土地复垦后子坝坡面形貌

Ⅱ期尾矿库：位于矿部以东的瓦厂沟，故又称为瓦厂沟尾矿库，由初期坝和堆积子坝构成，子坝每道高2m左右，计27道，最终坝长245m。该尾矿库于1985年启用，至1993年服务期满封库，共服务年限为7.5年。服务期结束后，尾矿库随即进行了生物治理，开始覆土绿化，库内种植有小灌木、草藤等植物(图6-3、图6-4)。

图 6－3　拉拉铜矿Ⅱ期尾矿库土地复垦后坝体形貌

图 6－4　拉拉铜矿Ⅱ期尾矿库土地复垦后植被生长

Ⅲ期尾矿库：新厂沟尾矿库位于矿部以南约 3km 处的辣子沟，于 1993 年 6 月建成投入使用，设计堆积标高 2020m，设计尾矿坝堆高 50m，总坝高 79.8m，总库容约 1004 万 m^3，有效库容约 880 万 m^3。2009 年增容后，尾矿库使用标高为 2032m，总坝高 91.8m，总库容为 1 480.73 万 m^3，有效库容为 1 309.05 万 m^3，属三等库，已于 2015 年闭库。现库内大部分区域已覆土，并逐渐种植草本类植物（图 6－5），待后续场地安全稳定后继续栽种木本植物进行绿化。

2. 肖家湾排土场尾矿复垦

肖家湾排土场属于攀枝花市朱家包包铁矿第二大排土场，占地面积约 90 万 m^2，堆积矿渣约 4000 万 m^3，已经有近 40 年历史，对生态景观影响较大，2006 年经当地国土资源部门申请财政资金对该排土场恢复治理。该项目工程以绿化工程为主，辅以一定的工程措施和其他配套措施进行综合治理。

图 6-5　拉拉铜矿Ⅲ期尾矿库土地复垦后坝体形貌

主要完成绿化面积总计约 50 万 m^2，种植刺桐树、橡皮树、攀枝花树、剑麻、仙人掌、三角梅等共计 48 610株，苦葛藤 2294 株；修筑 3m×3m×2m 蓄水池 9 座；人行便道布置于由车道至中心花园及中心花园间，采用 C20 素混凝土铺设，厚 20cm，宽 3m，其中人行道长 2 117.93m，人行梯步长 129.6m；灌溉管道总长 7378m；水泥砂浆毛石护坡共计 1 474.2m^3；截排水工程包括截排水沟、预留车道边沟、效能井和涵盖板预制安装等工程，其截排水沟长度为 3060m，工程情况见图 6-6 至图 6-9。

图 6-6　肖家湾排土场 2 号花园

图 6-7　肖家湾排土场边坡修复

图 6-8　肖家湾排土场种植草皮

图 6-9　肖家湾排土场种植耐旱植物

肖家湾排土场矿山绿化有较大改观，特别是1号、2号、3号花园和预留车道两侧绿化效果尤为明显。该项目工程的建设使工程肖家湾排土场矿区绿化面积增加。原矿区生态环境破坏，水土流失严重，扬尘大，边坡稳定性差问题通过植树绿化、马道工程、护坡脚墙、截排水沟等工程治理，矿区生态环境有极大改观，地质灾害隐患得到消除。

3. 太和铁矿排土场尾矿复垦

太和铁矿是攀西一家典型大型国有企业。围绕建设绿色矿山理念，该矿山目前已经修复的土地面积达到47hm^2，以植被修复为主，具体措施包括矿山道路绿化带、采场边坡、排土场客土植草植树等（图6-10、图6-11）。该矿山还针对太和铁矿排土场及采场边坡独特的生态环境进行生态修复试验，选择高海拔、耐寒性、耐贫瘠的多种植物进行试种，用以遴选适合该矿区进行生态修复的生物物种在整个矿区内进行大范围的种植，目前试验已经取得初步成效。

图6-10　太和铁矿草皮修复边坡实验区

图6-11　太和铁矿植草边坡

二、尾矿土壤改良

1. 攀西拉拉铜矿尾矿制备多功能矿物硅肥

拉拉铜矿尾矿中含有大量硅酸盐矿物，采用主助剂碳酸钙，辅助助剂碳酸钠，m（硅肥原料样品）：m（主助剂）：m（辅助助剂用量）=20：10：1.5，焙烧温度为1200℃，焙烧时间为0.33h。可以制备获得有效硅质量分数（以SiO_2计）38.75%的多功能矿物硅肥产品，可消耗硅肥原料43.59%。产出的多功能矿物硅肥不但能提供农作物生长所需要的硅、钙、镁等重要营养元素，还能对红土壤和盐碱地的土壤结构进行改良，具有良好的经济效益和社会效益。

2. 首钢丰宁招兵沟铁矿尾矿用于土壤改良

以首钢矿业公司丰宁招兵沟铁矿的铁、钒、磷、钛、钴多金属铁矿石为研究对象，确定回收铁、钒、磷、钛、钴的选矿工艺流程及指标，形成铁、钒、磷、钛、钴等多种资源综合回收和利用的技术系统。在招兵沟铁矿完成了年处理量25万t的铁、钒、磷、钛、钴综合回收利用大规模工业试验，尾矿排放量减少了10%。2008—2011年，仅回收磷精粉（28.45万t）一项，就增加销售收入1.19亿元，创造效益4577万元。

利用铁尾矿对盐碱、沙化土地实施改良和生态恢复的实验室与现场种植试验。试验发现，在退化土地中掺入适量铁尾矿后，土壤明显改良，农作物生长状态和产量显著提高（赵亮等，2013）。

3. 铁矿尾矿制备磁化复合肥用于土壤改良

铁尾矿作土壤改良剂及微量元素肥料尾矿中往往含有 Zn、Mn、Cu、Mo、V、B、Fe、P 等微量元素，这正是维持植物生长和发育的必需元素，采用一定的工艺对铁尾矿进行加工处理，生产肥料用于农业生产。另外含钙组分较高的尾矿，可用作土壤改良剂。

马鞍山矿山研究院在国内率先进行了利用磁化铁尾矿作为土壤改良剂的研究工作。用特定设计的磁化机对磁选厂铁尾矿进行磁化处理，生产出磁化尾矿，施入土壤。研究表明，磁化尾矿施入土壤后，可提高土壤的磁性，引起土壤中磁团粒结构的变化，尤其是导致土壤中铁磁性物质活化，使土壤的结构性、空隙度、透气性均得到改善。经田间小区和大田示范试验表明，土壤中施人磁化尾矿后，农作物增产效果十分显著，早稻平均增产 12.63%，中稻增产 11.06%，大豆增产 15.5%。该院又将磁选厂铁尾矿与农用化肥按一定的比例混合，经过磁化、制粒等工序，制成了磁化复合肥，并在当涂太仓生态村建成一座年产 1 万 t 的磁化复合肥厂（王立彬和袁子有，2014；向鹏成和谢英亮，2002）。

4. 鞍钢铁矿尾矿用于盐碱地土壤改良

鞍钢铁矿铁尾矿复合改良剂由尾矿粉、腐殖酸、有机酸性肥、酸性调理剂、活性矿渣等按一定的比例制备而成，铁尾矿粉起到改善盐碱土壤质地和改善土壤物理性质的作用。对尾矿土壤改良剂进行了中、重度盐碱地改良试验，中度盐碱地 pH 从 9.31 下降到 6.95，盐分质量分数从 0.42%降到 0.21%，重度盐碱地 pH 从 10.46 下降到 7.40，pH 下降较为明显，盐分质量分数从 2.51%降到 0.30%，改良盐碱试验田效果显著。在改良后的盐碱地上种植东稻 4 号水稻，种植后水稻长势良好，往日荒置盐碱地已变成金黄色稻田。

以铁尾矿为主要原料的复合改良剂改良苏打盐碱地，能够起到疏松土壤、减少客重、增加孔隙结构、加强透水能力、切断返碱毛细管、使盐碱土壤防返盐碱，解决了盐碱地改良中重大难题（张丛香等，2016）。

5. 稀土尾矿用于土壤修复

国家专利局 2019 年公开了专利《生态修复型稀土尾矿以及修复稀土尾矿方法》（专利号：CN201910730348.9）。其中，生态修复型稀土尾矿包括稀土矿层、黏土阻隔层、稀土尾矿改良层和植被，黏土阻隔层至少设在稀土矿层的一部分上；所述稀土尾矿改良层至少设在所述黏土阻隔层的一部分上，所述稀土尾矿改良层包括壤土、有机质、膨润土和钙镁磷肥；植被至少种植在稀土尾矿改良层的至少一部分上。

通过在稀土矿层表面形成阻隔层，可以有效抑制雨水下渗，显著降低雨水对尾矿的冲洗，从而显著降低稀土尾矿尾砂中残留的化学物质对矿区周围环境的影响，而若采用矿砂土与水泥、生石灰混合来形成阻隔层时，虽然阻隔效果较好，且可以中和酸性尾矿，但要达到较好的中和效果需要加入较多的水泥和生石灰。而阻隔层中生石灰的含量较高时不仅会导致阻隔层表面的有机质迅速分解，还会使改良层土壤中的磷酸盐以及铁、锰、硼、锌、铜等微量元素形成难溶性的沉淀物，大大降低微量元素等的有效性，严重破坏位于改良层的土壤结构，影响稀土尾矿矿区的生态恢复。此外，在用水泥、生石灰形成阻隔层中植物的根系不易生长，对灌木、乔木的生长不利。这一方面是由于土壤 pH 升高严重抑制植物生长，另一方面是由于形成致密的水泥层，根系不能穿透。

通过直接在稀土矿层表面形成密实的黏土阻隔层，不仅可以对稀土尾矿进行原位封存阻隔，并达到较好的阻隔效果，显著降低稀土尾矿中残留的化学物质对矿区周围环境的影响，而且由于黏土阻隔层不含外加剂，还不会对稀土尾矿改良层的土壤造成负面影响。通过在稀土尾矿改良层中加入钙镁磷肥，不仅可以为植被提供生长所需的磷元素，而且钙镁磷肥与膨润土配合使用还可以有效吸附并稳定稀土尾矿改良层中的重金属元素，从而能够在提高植被生长效果的同时有效解决稀土尾矿矿区及其周围地表水中铅、镉等重金属超标的问题。

该生态修复型稀土尾矿不仅结构简单，还可以实现对稀土尾矿的生态修复，使修复后稀土尾矿改良层土壤中的含水量、有机质含量、有效氮磷钾含量得到显著提高，并能使稀土尾矿改良层的 pH 调整至 6～8，同时还能显著降低改良层中的重金属浸出浓度，例如能使改良层中铅的浸出含量符合地表水环境质量标准中Ⅲ类标准。

第三节 制作建筑材料

随着我国城镇化进程日益推进，不仅工业发展迅速，人们生活水平也得到了很大的提高。人们更加注重生活品质，使用各种建筑材料也越来越多。很多地区已经出现了大理石、木材等天然建材急剧消耗的状态，伴随资源的枯竭，天然建材的价格也一直上涨，提高了使用成本。同时，金属尾矿、非金属尾矿的浪费也占用了大量的资源。很多发达国家已经展开了尾矿的再利用，尤其在建材产业中应用效果十分显著。我国尾矿在建材中的使用发展较晚，但近年来也已经出现了很大的进步，取得了较为满意的应用效果。

尾矿在资源特征上与传统的建筑材料、陶瓷、玻璃原料基本相近，实际上是已加工成细粒的不完备混合料，加以调配即可用于生产。工艺试验表明，大多数尾矿可以成为传统原料的代用品。目前，我国尾矿作为建筑材料主要用于制作免烧砖、高标号水泥、微晶玻璃、饰面玻璃等。

尾矿如何利用，主要取决于尾矿的化学组成、矿物组成和粒度特征组成以及现有的技术条件。

一、尾矿制砖

近年来，利用尾矿生产各类建筑用砖已经有大量研究和应用，尾矿可以用于生产烧结砖、蒸压砖、双免砖、空心砖、多孔砖、装饰面砖等。这是由于金属尾矿中含有硅、铝等氧化物，且包含少量钙、镁、钾等物质，与传统建材中的组成材料十分相似，因此可用来制备建筑用砖。

在生产免烧砖方面，选矿尾矿可代替黏土，这种免烧砖以细粒尾矿为主要原料，配入少量骨料、钙质凝胶材料以及外加剂，加水搅拌，在压力机上制成模型，然后经过养护，成为成品。除此之外，选矿尾矿还可以用来制作饰面砖、墙体砖、铺路砖等。用尾矿制作的免烧砖不仅各项性能达到国家标准，而且比采用黏土制的砖成本低。该处理途径不仅能有效地将废石、尾矿进行资源化，也能降低生产成本，从而提高制砖产业的经济效益。

蒸养砖的制作原材料主要为高硅尾矿和水泥，碱激发剂为石灰，脱模切割后进行高温蒸养。蒸养砖中尾矿成分可占到 70%左右，强度在 12MPa，不仅充分利用了尾矿渣，并且也是强度较高的砖材，利用空间较大。富含 SiO_2、Al_2O_3 和 Fe_2O_3 的金属尾矿可用于制备烧结砖，只需添加少量的黏土即可进行高温烧结。

烧结砖是一种用量较大的建筑材料之一，目前我国政府已经开始逐步禁用黏土实心烧结砖，合理使用工业废渣及尾矿替代黏土原料生产烧结砖瓦产品成为当务之急和发展方向。以粉煤灰、铁尾矿、铅锌尾矿等代替部分黏土，掺入适量增塑剂，完全可以烧制出普通黏土砖，而且可通过控制尾矿掺量制成不同强度等级的尾矿砖。

与传统的普通烧结砖、蒸压砖相比，免蒸免烧砖具有保护环境、节约土地、能耗低等优点，而且设备投资少，生产成本低，生产工艺比较简单，便于小规模生产。利用铁尾矿亦可制作装饰面砖，其工艺简单，原料成本低，物理性能好，表面光滑、美观，装饰效果相当于其他各类装饰面砖（如水泥地面砖、陶瓷釉面砖）。

郝先成和蹇守卫（2012）利用铁尾矿渣制备烧结砖进行研究，通过原材料分析，确定试验配比、试件成型和烧成方案，对烧结砖的各项性能指标进行了研究和分析，利用X射线衍射（XRD）、扫描电子显微镜（SEM）等分析手段对烧结砖内部微观结构进行分析。试验结果表明，利用铁尾矿可制备MU15以上强度等级的烧结砖。

张建营（2012）研究试验通过原料处理、配料、消化（陈化）、轮碾、成型、静养、蒸压养护7个阶段的工艺控制，生产过程中严格控制生产工艺参数，利用高硅尾矿渣可以生产出优质的尾矿渣蒸压砖。产品外形完好，表面无裂纹，尺寸达标，耐久性良好，抗压和抗折强度都能满足MU15的要求。

冯学远等（2012）对赤城龙关地区铁尾矿的性质和成分进行分析的基础上，开展了以铁尾矿为主要原料制备免蒸免烧砖的试验研究。通过改变铁尾矿、中砂、石灰、水泥以及外加剂的用量，采用QTY6-16型液压砌块成型机的压制成型，经过自然养护，抗压强度和抗折强度达到了《烧结普通砖》（GB 5101—2003）中MU10标准的要求。

二、尾矿生产混凝土

目前，生产的此类产品多属于水合型建材和胶结型建材，其硬化原理同尾矿砖基本相同。加气混凝土砌块是以硅质材料和钙质材料为主要原料，添加发气剂及其他助剂，加水搅拌、浇筑成型，经预氧切割、蒸压养护等工艺制得的微细孔硅酸盐轻质人造石材，是集保温、防火、隔声、施工方便等优点于一体的新型轻质墙体材料。该砌块有尾矿利用率高、节能降耗、轻质抗震及耐火吸声等特性，符合国家节能减排政策，因而具有广阔的应用前景。

用于生产加气混凝土的尾砂，一般要求SiO_2的质量分数大于70%，并要求石英的质量分数大于40%。

蒸压加气混凝土起源于20世纪20年代的瑞典，引入德国后制备工艺得到了进化，其工艺优势在于废水废热的循环利用。由于激烈的市场竞争，近几十年来，在蒸压加气混凝土的制备工艺方面不断创新。截至2009年，蒸压加气混凝土已占据了60%～80%的北欧建材市场份额。在应用方面，美国对于加气混凝土在抗震A、B、C等级地区的应用给出了明确的标准；日本注重于加气混凝土的抗震性能，多使用加气混凝土板材。我国的蒸压加气混凝土研发与应用晚于欧美发达国家，但发展势头良好。国内蒸压加气混凝土的研制与使用可追溯到20世纪50年代，由于发电体系以燃煤发电为主，积累了大量的粉煤灰，因此我国的蒸压加气混凝土多是粉煤灰-石灰-水泥体系。

毛奎等（2019）以辽宁鞍山、湖北黄石大冶、安徽马鞍山以及四川攀枝花等地的8种铁尾矿为主要原料制备蒸压加气混凝土。结果表明，鞍山风水沟铁尾矿最大掺量为55%时，制品抗压强度可达到A05和干体积密度达到B07级别的合格品要求。样品的抗压强度和干体积密度随铁尾矿掺量的增加先增大后减小。在蒸压养护下，所制备样品物料中钙质材料水化形成的氢氧化钙与铁尾矿和石英砂中的游离二氧化硅及氧化铝反应得到了托贝莫来石，水泥中的钙矾石消失。片状结晶的托贝莫来石与骨料相互交织，形成致密网状结构，有利于制品强度的提高。

国家专利局2019年公开了专利《一种含铅锌尾矿的防辐射加气混凝土》（专利号：CN201910469205.7），可实现铅锌尾砂的高附加值利用，降低生产成本，且提高加气混凝土的防辐射性能，各组分质量分数为：

铅锌尾矿 5%～20%、水泥 5%～15%、细砂 10%～40%、粉煤灰 10%～40%、生石灰 10%～20%、石膏 1%～5%和铝粉膏 0.05%～0.10%。该专利可实现铅锌尾砂的高附加值利用，降低了生产成本，且提高了加气混凝土的防辐射性能。该专利选取铅锌尾矿为重晶石以及部分 SiO_2 来源材料，铅锌尾矿排放为湿排，用于制备加气混凝土时不需要进行烘干处理，可直接进行湿磨，因此可节约大量的生产时间，且降低了生产成本。

孙玉良等(2009)在 2009 年进行了尾矿砂石混凝土耐久性的试验研究。试验结果分析表明，强度等级较低时，尾矿砂混凝土的抗渗性能比天然砂混凝土较差；抗冻性能两者相差不大；尾矿砂混凝土的抗碳化性能高于天然砂混凝土；当强度等级为 C30 时，尾矿砂混凝土的抗氯离子渗透能力比天然混凝土较差。

三、尾矿生产水泥

水泥是国民经济的重要基础材料，目前国内外尚无一种材料可以替代它的地位。改革开放以来，我国水泥工业得到较快的发展。根据 1960—2008 年全国水泥产量排行数据，从 1991 年开始我国水泥产量已稳居世界第一位。随着我国工业化和城镇化进程的加快及全面建设小康社会，水泥消费将继续保持较高的水平，水泥工业也将进入新的发展时期。

凡细磨成粉末状，加入适量水后可成为塑性浆体，既能在空气中硬化，又能在水中继续硬化，并能将砂、石等材料胶结在一起的水硬性胶凝材料通称为水泥。水泥按用途及性能分为 3 类。

1. 通用硅酸盐水泥

通用硅酸盐水泥为一般土木工程通常采用的水泥。通用水泥以水泥的主要水硬性矿物名称冠以混合材料名称或其他适当名称命名，如硅酸盐水泥、普通硅酸盐水泥、矿渣硅酸盐水泥、火山灰硅酸盐水泥、粉煤灰硅酸盐水泥、复合硅酸盐水泥。

2. 专用水泥

专用水泥是专门用途的水泥。专用水泥以其用途命名，并可冠以不同型号，如 A 级油井水泥、砌筑水泥、道路硅酸盐水泥等。

3. 特性水泥

特性水泥是某种性能比较突出的水泥。特性水泥以水泥的主要水硬性矿物名称冠以水泥的主要特性命名，并可冠以不同型号或混合材料名称，如快硬硅酸盐水泥、低热矿渣硅酸盐水泥、膨胀硫铝酸盐水泥等。

尾矿用于生产水泥，就是利用尾矿中的某些微量元素影响熟料的形成和矿物的组成，在水泥配料中加入大量尾矿，按照正常的水泥生产工艺，生产符合国家标准的水泥。由于尾矿一般已经过一定程度的磨细，也可以与正常的生产工艺有所不同，可采用的工艺流程如图 6-12 所示(张锦瑞，2014)。

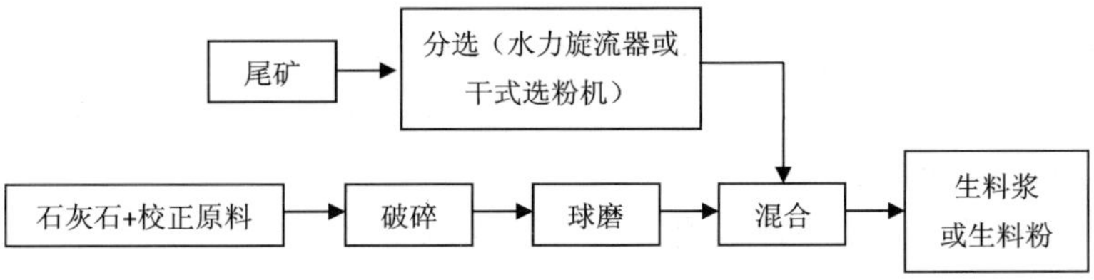

图 6-12 尾矿生产水泥工艺流程

在水泥的原料中一般需配入的黏土和铁粉，如果以尾矿代替既可节约土地，也可省去开采和加工的能耗。尾矿水泥是将尾矿配合石灰石、黏土、铁粉，并按照一定的比例进行调配，在高温煅烧后与石膏进行研磨，成为硅酸盐水泥。此外，尾矿也可用于制造水泥掺和料，工艺为通过高温焙烧使其原料得到活化从而提高使用性能，因此可作为水泥掺和料使用。另外，将金属尾矿进行分级，一般使用三道水洗筛分，区分其粒度等级后即可用于混凝土中，作为混凝土骨料使用，从而起到替代以往砂石成分的作用。

生产高标号水泥的主要原料是铁尾矿、石灰石、硫酸渣和粉煤灰，铁尾矿用量可达到15%左右，其中铁质较正原料硫酸渣可根据铁尾矿中氧化铁的含量来调整，当氧化铁含量达到要求时甚至可以不用。原材料经过破碎和磨细加工、配料、搅拌、烧制等工序制成，其性能完全符合要求（朱欣然，2010）。

史伟等（2012）对湖北某地以铁尾矿为主要原料，辅助石灰石与石膏制备出的水泥进行研究。研究发现，当石灰石与铁尾矿的比例小于0.81∶1时，水泥各龄期的抗压与抗折强度随石灰石的增加而增高，在1350℃保温1 h，加入0.6%的活化剂石膏，水泥强度达到PI 42.5R。

王金忠等（1999）以本溪歪头山尾矿库的铁尾矿为研究对象，针对该尾矿活性差、利用率低等特点，发现掺入5.2%的铁尾矿，烧成温度在1350～1400℃时，水泥熟料表现出更好的胶凝性能，该熟料制得水泥达到国家标准32.5级。研究表明，适量掺入的铁尾矿可以降低硅酸盐的分解温度和矿物的结晶温度，这也一定程度地降低了能源消耗。

铜尾矿中SiO_2、Al_2O_3、Fe_2O_3、CaO等成分含量较高，含有水泥生产所必需的硅、铝、铁等氧化物成分，可作为原料煅烧水泥熟料，主要表现在作为矿化剂、铁质原料、代替黏土等方面。采用铜尾矿配制生料可降低水泥熟料热耗，降低水泥生产成本，实现铜尾矿资源的综合利用。铜尾矿还可用作水泥混合材料，将其按一定比例与熟料混合，可制备符合要求的普通硅酸盐水泥。

用作水泥混合材是尾矿大宗利用的研究热点之一，福建省于2014年审定通过了《用于水泥和混凝土中的尾矿微粉》地方标准，规定了尾矿用作水泥混合材料的检验方法及相关指标，表明尾矿作为二次资源使用逐步得到了社会认可。从地质成矿角度看，铜矿属于热成矿，具有与火山灰质材料相似的矿物物性。

刘志胜等（2018）以某地铜尾矿为原料，考察率值K（石灰饱和系数）、S（硅率）、I（铝率）为指标分析铜矿尾矿作为水泥原料的可行性，借助熟料成分计算判断铜尾矿作原料是否符合设计的率值要求。结果表明，铜尾矿中含有制备水泥的化学成分，有害成分指标也满足原料的需求；将石灰石、铁尾渣等材料与铜尾矿复配后制备的熟料满足生料设计率值的要求；在较高的温度下，铜尾矿替代砂岩作为硅铝质原料制备的水泥易烧性更强。

周婷婷等（2014）利用铜尾矿代替黏土煅烧水泥熟料，代替比例分别为0%、10%、20%、30%。实验结果表明，随着铜尾矿代替比例的提高，生料易烧性变好，熟料抗压强度提高。铜尾矿的掺入可促进水泥熟料的烧成，降低熟料中游离CaO含量，C_2S矿物含量多。

黄少文等（2006）以江西龙南稀土尾矿代替黏土配料进行硅酸盐水泥熟料的烧成试验，研究了利用稀土尾矿代替黏土配料烧制水泥熟料，探讨了稀土尾矿对水泥熟料煅烧和性能的影响。研究结果表明，利用离子吸附型稀土尾矿代替黏土能配制组成合适的硅酸盐水泥熟料，但尾矿中的高含砂量对熟料的烧成可能产生负面影响，配料时控制适宜的尾矿掺量和适当提高粉磨细度有利于减小其负面影响；与传统的黏土配料相比较，稀土尾矿配料对碳酸盐分解影响不大，但在1300℃下会降低生料的易烧性，温度升到1400℃后，其矿化效应起主导作用，能明显促进质点的扩散和A矿的晶体生长，改善熟料的岩相结构；稀土尾矿配料能明显改善水泥熟料的物理力学性能，其中半掺稀土尾矿试样能获得最佳的力学性能；全掺或半掺稀土尾矿代替黏土配料试样在1450℃温度下煅烧都能获得凝结正常、安定性合格和力学性能优良的水泥熟料。

四、尾矿生产微晶玻璃

微晶玻璃是将特定组成的基础玻璃，在加热过程中通过控制晶化而制得的一类含有大量微晶相及玻璃相的多晶固体材料。微晶玻璃综合性能主要取决于其组分中微晶相的种类、微晶颗粒尺寸和数量、残余玻璃相的性质和数量。微晶玻璃因具光学、电学、磁学、热学和生物等多种功能而被广泛用作各种技术材料、结构材料和建筑材料等。

微晶玻璃种类繁多，分类方法也有所不同。通常按微晶化原理，可分为光敏微晶玻璃和热敏微晶玻璃；按基础玻璃的组成，分为硅酸盐系统、铝硅酸盐系统、硼硅酸盐系统、硼酸盐和磷酸盐系统；按所用原料，分为技术微晶玻璃（用一般的玻璃原料）和矿渣微晶玻璃（用工矿业废渣等为原料）；按外观，分为透明微晶玻璃和不透明微晶玻璃；按性能，又可分为耐高温、耐腐蚀、耐热冲击、高强度、低膨胀、零膨胀、低介电损耗、易机械加工以及易化学蚀刻等微晶玻璃，以及压电微晶玻璃、生物微晶玻璃等。

微晶玻璃同普通玻璃的区别在于它具有结晶结构，而同陶瓷材料的区别则在于它的结晶结构要细得多。可以将废石、选矿尾矿等作为主要原材料，生产出可以替代钢材的微晶玻璃。微晶玻璃的附加值很高，因而在工业生产以及建筑业中用途广泛。有试验表明，在微晶玻璃的生产过程中加入金属尾矿，能使其理化性能得到很大的改善。例如利用铁矿尾矿生产的一种微晶玻璃复合板具有良好的保温、隔热、隔音的性能。由于铁矿尾矿中铁、镁、钙等的氧化物的含量较高，也可以通过合适的熔制工艺制成高级饰面玻璃。目前，国内已有很多企业在利用这一技术生产玻璃板材。用该途径生产玻璃市场前景十分广阔，具有良好的经济效益，而且作为固体废弃物资源化的一条良好途径，能使尾矿的使用量达到70％～80％，有效地减少尾矿堆积，具有良好的环境效益。

金属尾矿作为一类废弃的二次资源，其含有制备微晶玻璃需要的 CaO、MgO、Al_2O_3、SiO_2 等化学成分，满足微晶玻璃制备的原料需求。目前，金属尾矿制备微晶玻璃的方法主要有熔融法和烧结法。熔融法由于熔制温度较高、能耗大、热处理制度难以控制、晶化温度高等缺陷而较少被使用。相比之下，烧结法因相对温和、晶化时间短、节能等优点被广泛用于工业生产。烧结法根据生产工艺流程不同细分为熔融水淬烧结法和直接烧结法。相同之处是均将玻璃颗粒熔制与晶化分两次完成。不同点在于两者的基础玻璃制备阶段，前者进行了熔融水淬后成型烧结，而后者直接球磨后成型烧结。在工艺体系上，研制的尾矿微晶玻璃主要分为 $CaO-MgO-Al_2O_3-SiO_2$（简称 CMAS）和 $CaO-Al_2O_3-SiO_2$（简称 CAS）体系（潘德安等，2019）。

张锦瑞等（2005）以唐山某铁尾矿为主要原料，并根据其成分确定透辉石为主晶相，硅灰石和尖晶石为次晶相。研究发现，经过 XRD 检测发现，在 870℃时主晶相为透辉石且含量在 70％以上，通过最终确定 TiO_2 添加 3％、Cr_2O_3 添加 1％、核化温度 770℃、晶化温度 870℃可成功制备出微晶玻璃。

宋杰等（2014）以内蒙古某钢铁厂的铁尾矿为研究对象，掺入 50％的铁尾矿，采用整体析晶法。研究发现，在 1400℃的熔化后，微晶玻璃主晶相为钙铁辉石和钙铝黄长石混合晶相的微晶玻璃，其平均抗折强度为 79.5 MPa，平均显微硬度为 625.4 MPa。

廖力（2017）以某铜尾矿为研究对象，该铜尾矿主要矿物成分为石英、方解石、绿帘石、赤铁矿等，属高铁、低硅型尾矿，采用“原料加工→配料混匀→熔制玻璃→水淬成粒→过筛→铺料装膜→烧结流平→晶化成型→抛磨→切割→成品检验”工艺，生产 $CaO-MgO-Al_2O_3-SiO_2$ 四元系统的微晶玻璃。

刘倩和周春生（2015）以商洛地区铜尾矿为原料进行微晶玻璃的制备，以 Cr_2O_3 为晶核剂，研究了不同烧结温度对铜尾矿制备微晶玻璃性能的影响，并对试样的密度、莫氏硬度、抗压强度以及耐腐蚀性进行测试。结果表明，烧结后试样的密度、抗压强度及莫氏硬度的变化趋势都是随着温度的上升，先增大后减小；试样的耐酸碱性随着烧结温度的上升，也先增大后减小，当烧结温度为 1100℃时，各项性能最优。

赵喜伟等(2013)采用熔融法制备了以白云鄂博稀土矿尾矿为主要原料的微晶玻璃。利用DTA(差热分析法)、XRD、SEM等现代分析手段,系统地研究了 Al_2O_3 含量对稀土尾矿微晶玻璃的析晶温度、主要晶相、晶体结构、晶粒大小、密度和耐酸碱腐蚀性能的影响。结果表明,稀土尾矿微晶玻璃的主晶相为透辉石和钙长石;随着 Al_2O_3 含量的升高,稀土尾矿微晶玻璃的初始析晶温度逐渐升高,晶体粒度变大,析晶困难,析晶率降低;微晶玻璃的表观密度、抗折强度、耐酸性呈现出先升高后降低的趋势,而耐碱性呈现先降低后升高的趋势。Al_2O_3 的质量分数为6.43%时,抗折强度最大为200.11MPa.

五、尾矿生产发泡陶瓷

发泡陶瓷是以矿山尾矿、工业固废料等无机矿物为主要原料,添加特殊的发泡剂,采用湿法或干法制料,经布料成型、窑炉高温(1150~1200℃)烧成,可用于建筑物非承重内外隔墙及外墙的轻质新型板材。它是一类具有三位空间网状结构的高气孔率的新型轻质多孔陶瓷体,该材料就像“被钢化的泡沫多孔塑料”或“被磁化的硬质海绵体”,具有密度小、孔洞率高、隔音与隔热性能优良、耐高温、耐酸腐蚀能力强、热传导率低和抗热震性能好等特点。

近几年,我国发泡陶瓷(建筑用)产业正处于快速发展阶段,发泡陶瓷隔墙板及装饰一体化板、保温板在建筑上的应用正不断广泛,生产技术与相关标准也不断成熟。由于发泡陶瓷可消纳的大量工业固体废弃物及矿山尾矿,受到各方面的重视与关注。

发泡陶瓷的研究历史已久,20世纪30年代法国首先研制了发泡玻璃。20世纪70年代,美国成功研发发泡陶瓷,康宁公司实现发泡玻璃产业化。我国在20世纪80年代开展发泡陶瓷(多孔化陶瓷)的研发工作,20世纪90年代我国陶瓷砖行业开始了轻质发泡陶瓷砖的研发。目前,我国在该领域产业化处于世界领先水平。

发泡陶瓷(建筑用)的主要优点为:轻质高强、保温隔热、防火阻燃、防水防潮、隔音降噪、耐酸耐碱、吸水率低、耐老化性好、施工简单、工期缩短、使用寿命长、无有害物质释放。

目前,生产发泡陶瓷(隔墙板、装饰一体化板、保温板)的主要原料有:瓷砖厂抛光渣,珍珠岩,瓷砖厂废料压榨泥,粉煤灰,煤矸石页岩,花岗岩尾矿,有色金属尾矿(铁矿、钼矿、钨矿、铜矿、稀土矿、金矿等),钢铁制造产生的钢渣、水渣、铁渣等,以及炼铝产生的赤泥、河道淤泥等。根据配方要求及原料化学组成和烧结性能,废料应用率为60%~90%,生产的发泡陶瓷根据应用不同(保温、隔墙、隔音、装饰等)密度可调节,为110~990kg/m^3。

发泡陶瓷隔墙板主要应用于各类工业与民用建筑内隔墙与外隔墙(非承重),发泡陶瓷保温板用于建筑物屋顶与外墙及工业,发泡陶瓷保温装饰一体化板主要应用于建筑物外墙,发泡陶瓷板材深加工产品在建筑物外装饰物件的应用比例在增长。目前,发泡陶瓷隔墙板在装配式建筑领域的应用正逐渐扩大,随着产品性能改善,其在造船、太阳能等工业领域的应用也在延伸(黄惠宁,2019)。

廉晓庆等(2019)以陕南钼尾矿粉、石英粉、铝酸钙水泥为主要原料,以双氧水为发泡剂,采用化学发泡-烧结法制备多孔陶瓷,主要研究了发泡剂添加量(外加,质量分数分别为1%、2%、3%、4%和5%)和烧结温度(分别为1000℃、1100℃)对多孔陶瓷显气孔率、体积密度、常温耐压强度和物相组成的影响。结果表明,随着双氧水添加量的增加,多孔陶瓷的显气孔率增大,体积密度和常温耐压强度减小;随着烧结温度的升高,多孔陶瓷的常温耐压强度明显增大。双氧水添加质量分数为2%、1100℃煅烧制备的多孔陶瓷,其体积密度为0.79g/cm^3,显气孔率为69.6%,耐压强度为0.49MPa;气孔大小一致,分布均匀,孔径为300μm左右;主晶相为石英,次晶相为铝酸钙和氧化铝,并含少量钙长石。

马调调(2019)以某铜尾矿的矿渣为原料,制备出具有气孔率高、抗压强度高的多孔陶瓷材料,并得出了制作多孔陶瓷的最优条件以及各因素对多孔陶瓷气孔率的影响程度。在最佳条件下所制得的多孔陶瓷材料气孔率为53.83%，抗压强度为0.8MPa。各因素对多孔陶瓷气孔率的影响程度为：黏结剂用量>保温时间>烧结温度>造孔剂含量。

国家专利局2019年公开了专利《钒钛磁铁矿尾矿制备多孔陶瓷材料的方法》(专利号:CN201910344890.0)，先将钒钛磁铁矿尾矿经多元酸浸法处理后，与氧化铝粉、碳酸钙粉和玻璃粉按一定比例装入回流型轮碾鼓风装置进行细化，然后置于慢速偏心搅拌装置中加水制浆，并进行驱水处理，最后在高温鼓风集热装置中发泡成型；以钒钛磁铁矿尾矿为主要原料，通过添加校正材料、助溶剂，并采用高温集热发泡工艺可实现多孔陶瓷制备，大幅提高钒钛磁铁矿尾矿的工业附加值。其中，多元酸浸法处理用于去除尾矿中的碱及其他杂质，净化尾矿原料；回流型轮碾鼓风处理的细化效率较高，且粉末分布均匀；慢速偏心搅拌便于混合粉表面充分形成水膜；高温鼓风集热发泡技术有利于气体快速排出，发泡均匀、密集。本专利制备的多孔陶瓷的气孔率不小于83.4%，闭孔率不小于77.5%，渗水率不小于110g/m^3，抗压强度不小于19MPa，抗弯强度不小于14MPa。

肖卓豪等(2015)以赣南离子型稀土尾矿为主要原料，辅以部分低温砂、黑土、锂瓷石、黑滑石和少量发泡剂，采用烧结法制备了轻质隔热泡沫陶瓷，研究了碳酸盐、硫酸盐、碳粉、碳化硅磨料废料等不同种类发泡剂及含量对陶瓷发泡效果的影响，探讨了烧成温度、保温时间对泡沫陶瓷结构及性能的影响。研究结果表明，发泡剂中碳化硅废料对以稀土尾矿为主要原料制备的泡沫陶瓷发泡效果最佳，当发泡剂质量分数为1.0%、烧成温度为1180℃、保温时间为10min时，可获得体积密度为0.23g/cm^3、导热系数为0.014W/(K·m)、抗压强度为10.2MPa的泡沫陶瓷材料。

第四节　制备污水处理剂

一、尾矿制备高效絮凝剂

1. 铁矿尾矿制备高效絮凝剂

聚合磷硫酸铁是一种大有前途的无机高分子絮凝剂，是实现化学絮凝强化一级处理技术的关键，其生产成本不及碱式氯化铝的一半，而其絮凝效果却比碱式氯化铝更加优越，经济效益十分显著。虽然当前我国各大自来水厂还都选用碱式氯化铝作为净水剂，但由于铝对人体健康有害，国际上已经普遍限制铝系絮凝剂的使用，不久的将来聚合磷硫酸铁必将取代碱式氯化铝在水的净化方面发挥更重要的作用。而且聚合磷硫酸铁的性能优越，价格低廉，无毒无害，生产原料来源广泛，生产过程温和，易于控制，可利用尾矿、酸洗废液及钛白粉生产废料等为原料生产，所产生的社会效益是不可估量的。

与传统生产方法相比，利用尾矿制备聚合磷硫酸铁(PFPS)新工艺具有价格低廉、来源广泛的优势，这无疑将对我国防治水污染以及发展水处理剂均具有重要意义。

武汉理工大学李军(2008)以赤铁矿尾矿作为原料，进行了制备新型高分子絮凝剂聚合磷硫酸铁的过程研究。以武钢恩施赤铁矿磁选后的尾矿作为研究对象，通过酸浸、还原、聚合等一系列工艺，制备出高盐基度的聚合磷硫酸铁，并利用制备出的聚合磷硫酸铁对模拟高岭土废水进行了处理。

通过试验确定酸浸过程的较佳条件为：温度90℃，搅拌时间1.5h，搅拌速度400r/min，酸过量系数为1.5；在还原试验过程中，还原过程的较佳条件为时间2h，温度50℃，铁屑过量系数为1.4；PFPS的聚合条件为$n(NaClO):n(Fe^{2+})=0.16$(摩尔比值)，$n(Na_3PO_4):n(Fe^{2+})=0.075$(摩尔比值)，聚合温度75℃，聚合时间30min。

对高岭土模拟水样中投加自制聚合磷硫酸铁(PFPS)、聚合硫酸铁(PFS)和聚合氧化铝(PAC)等絮凝刑进行絮凝试验,考察了 pH、絮凝剂用量以及沉降时间对余浊和透光率的影响。结果显示,在絮凝试验中,自制 PFPS 的絮凝性能远优于 PFS 和 PAC。

2. 高岭土尾矿制备高效絮凝剂

絮凝法是一种既简单又经济的水处理方法,其质量直接影响处理费用和最终的出水水质。因此,高效絮凝剂的研发成为环境工程领域的热点,特别是无机高分子絮凝剂。聚合氯化铝铁(PAFC),是近几年发展起来的一种新型铝铁复合的无机高分子絮凝剂。该絮凝剂既有优良的混凝性能与强大的电荷中和作用,又有吸附性能强、沉淀速度快等特性,因而成为理想的水处理混凝剂。其原料来源便宜,有些甚至是废弃的矿渣,生产成本较低,在工业水处理中具有较高的应用价值。

孙国华等(2013)通过利用苏州高岭土尾矿制备聚合氯化铝铁,研究 Zeta 电位与 COD 去除率的关系,为进一步研究其聚合及絮凝机理提供理论基础,并在实际的印染废水处理中取得了良好的效果。

以高岭土尾矿在马弗炉中煅烧 2h,煅烧温度为 650℃,将煅烧好的高岭土尾矿加入带有回流冷凝装置的四口烧瓶中,按固液比 1∶3 加入质量分数 15%的盐酸,搅拌,逐步升温到 85℃,保温 2h,抽滤得到上层清液,加入氧化钙调整盐基度,在温度为 55℃的条件下保温 10 h,得到聚合氯化铝铁,经过旋转蒸发得到高浓度的聚合氯化铝铁。

将自制的聚合氯化铝铁应用于苏州吴江区新达印染厂的印染废水处理中。对碱减量车间废水进行处理,COD 去除率达 90%;对卷染车间废水进行处理,COD 去除率达 80%;对生化出水进行处理,COD 去除率达 78%,处理后出水直接排放,且处理出水 COD 优于市售絮凝剂。

总的来说,聚合氯化铝铁絮凝剂的絮凝性、沉降性,以及对污水 COD 去除率、药剂用量、综合处理性能等大大优于原使用絮凝剂。这样的处理效果十分令人满意,大大简化了后续处理工艺,降低了处理成本,为该厂印染废水的深度处理并循环利用打下了良好的基础。

3. 铝土矿尾矿制备高效絮凝剂

聚硅酸属阴离子型絮凝剂,具有很强的黏结聚集能力和吸附架桥作用,作为絮凝剂在水处理中很早就有应用,但由于它在静置过程中会不停地自动聚合形成不溶于水的沉淀,稳定性较差,因此应用范围受到了极大地限制。铝盐和铁盐系列絮凝剂则属阳离子型絮凝剂,具有静电中和及卷扫作用,但处理低温水的效果较差。将适量的金属与聚硅酸混合制备的新型水处理药剂,能克服各自单独使用时的缺点,产生协同效应,不仅起到延长聚硅酸胶凝时间的效果,还能增加聚硅酸絮凝剂产品的电中和能力,使其同时具有电中和能力及吸附架桥能力。按引入的金属离子不同,絮凝剂一般可分为聚硅酸铝盐、聚硅酸铁盐和聚硅酸铝铁无机高分子复合絮凝剂。

中南大学童秋桃(2013)以铝土矿尾矿作为原料,进行了浮选尾矿制备氧化铝和絮凝剂的研究。通过酸法浸出、黄钾(铵)铁矾法除铁、铵明矾结晶法提铝后的结晶母液和硅渣制备聚硅酸铝铁絮凝剂,得出最佳工艺条件为 $n(Al+Fe):n(Si)=1:1$(摩尔比值),硅酸聚合 pH 为 5.5,老化时间为 1h;絮凝剂在 pH=6~9 范围内有较好的絮凝效果,最优使用条件为废水 pH=8,用量为 60ml/L;对模拟废水中的甲基橙、乙基黄原酸钾、次甲基蓝等的去除效果明显,且对较高浓度的废水处理效果更为显著。絮凝剂对不同废水的处理效果为:甲基橙>黄药>次甲基蓝。

4. 铁尾矿制备高效絮凝剂

盐酸酸洗废液常用于制备聚合氯化铁(PFC)絮凝剂,但氯化铁的稳定性较差。聚合硅酸(PS)作为一种传统的助凝剂,与铝盐或铁盐等配合,对处理低温低浊污水具有良好的效果。但聚合硅酸极易胶凝,不易贮存,而金属离子(如 Fe^{3+}、Al^{3+} 等)有抑制硅酸聚合、延缓其胶凝的作用。如果聚合硅酸与金属离子结合，则可能形成一类新型的聚合硅酸系列混凝剂。

杨明平和胡忠于(2008)利用酸洗废液浸取铁尾矿中的铁，制备了新型复合型无机高分子絮凝剂聚硅酸聚氯化铁(PSPFC)，并将其用于制革废水处理且取得了良好的效果。结果表明，盐酸酸洗废液分解铁尾矿的适宜工艺条件为：酸解温度为95℃，盐酸酸洗废液与铁尾矿的液固质量比为6∶1。酸解时间为3.5 h。PSPFC的絮凝效果主要受铁硅物质的量比、聚合氯化铁中Fe^{3+}浓度和熟化时间的影响。最佳制备条件为铁硅物质的量比为1∶1，聚合氯化铁中Fe^{3+}质量浓度为0.6 mol/L，熟化时间为40 min。用聚硅酸聚氯化铁处理工业废水，COD和色度的去除率可达90%以上。

5. 黄金尾矿制备高效絮凝剂

国家专利局2012年公开了专利《一种黄金尾矿制备的复合污泥絮凝脱水调理剂》(专利号：CN20120004089.X)，该调理剂按质量分数计，黄金尾矿经氢氧化钠处理后并经活化制得的滤液54%～66%、氯化铝21%～26%、氧化剂13%～20%。黄金尾矿是金矿石经磨细提取黄金精矿粉后排放的废弃物，呈黄色粉状，有较小的粒度和相对均匀的粒度分布，含较多SiO_2、CaO，以及一定量的Fe_2O_3、Al_2O_3、MgO，有较高的表面能和潜在反应活性。而硅、铝、钙这些元素恰恰是复合型无机高分子污泥脱水剂的主要成分。因此，针对不同原矿的黄金尾矿开展制备污泥脱水剂的研究越来越广泛。该调理剂兼有阴阳离子絮凝剂的优点，其通过克服电性排斥作用和水合作用，改善污泥的理化性质，减少与水的亲和力，增强凝聚力，增大颗粒尺寸改善污泥的脱水性能，提高其脱水效果，使污泥减容，减少运输费用和后继处置费用，节省了成本，具有良好的示范意义。

二、尾矿制备生物陶粒

生物陶粒是一种新型的生物膜载体滤料，具有质轻、比表面积大、吸附能力强等优点，适用于各种形式的滤池、滤罐。生物陶粒滤料可作为工业废水高负荷生物滤料池的生物挂膜载体、自来水的微污染水源、预处理的生物滤池、含油废水的粗粒化材料、离子交换树脂垫层、微生物干燥储存，适用于饮用水的深度处理。它具有吸附水体中的有害元素、细菌、矿化水质，是活性生物降解有害物质效果最好的滤料。生物陶粒制备工艺流程见图6-13。

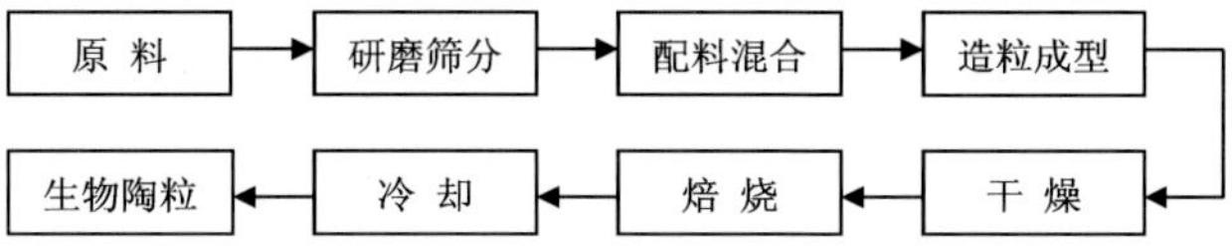

图6-13　生物陶粒制备工艺流程

1. 金属尾矿制备生物陶粒

冯秀娟等(2008)利用江西某金属矿的尾矿、炉渣、粉煤灰制备了一种多孔滤料陶粒。实验结果表明，粒径5～30mm、粒子密度1.5～2.5g/cm^3、堆积密度0.65～1.3g/cm^3、比表面积7.2～13.5m^2/g、酸可溶率小于0.7%、筒压强度6.5～9.1MPa、吸水率0.1%～5%的陶粒质轻多孔，比表面积大，附着的微生物量大，孔隙率高，微生物挂膜快，老化生物膜易脱落。该陶粒材料挂膜开始6d期间，COD去除率仅17%左右，15d测COD去除率达到80%，20d后测量其去除率达到93%以上，连续几天测得值都较稳定。此时挂膜已经完成，流化床进入稳定运行阶段，说明滤料的表面可供生物膜生长，其比表面积的大小影响着生物膜量的多少。滤料表面的粗糙度有利于微生物在其表面附着、固定，粗糙的表面增加了细菌与滤料间的有效接触面积，比表面积形成的孔洞、裂缝等对已附着的微生物起到屏蔽保护，使其免受水力剪切的冲刷作用。

2. 铁尾矿制备生物陶粒

王德民等(2012)以某低硅铁尾矿为主要原料制备出了尾矿添加量达77%的多孔陶粒，并通过试验室曝气生物滤柱考察了所制备陶粒对模拟生活污水的处理效果。结果表明，该陶粒表面粗糙，内部多孔，表观密度、显气孔率和平均孔径分别为1.33g/cm^3、54%和19.80μm，重金属浸出试验浸出液中的重金属浓度符合国家地表水环境质量标准。以该陶粒为滤料的曝气生物滤柱对模拟污水的处理效果良好，COD_{Cr}、NH^{4+}－N、TN的去除率分别为84.26%、84.01%和25.87%。滤柱内陶粒上附着的微生物种类丰富，进水端单位质量陶粒上的生物脂磷总量可达371.63nmol/g，陶粒表面和内部分别占90.79%和9.21%。

3. 铅锌尾矿制备生物陶粒

国家专利局2013年公开了专利《一种硫化铅锌矿浮选尾矿生物陶粒滤料及其制备方法》(专利号：CN201310018664.6)，其特征是由质量分数80%～90%硫化铅锌矿浮选尾矿、质量分数8%～18.5%黏土、质量分数1.5%～2.5%造孔剂和外加黏结剂制成。其中，造孔剂为木屑、竹屑或秸秆；黏结剂为质量分数8%～12%的木质素黄原酸钙、碳酸钠或硅酸钠溶液；生物陶粒滤料所用原料的固液比为8：1～12：1。制备方法是将按照本专利所述的主、辅原料配比称量后，经"干燥→混料→成型→烘干→预热→焙烧→冷却"的步骤，而制得硫化铅锌矿浮选尾矿生物陶粒滤料成品，实施简便，无二次污染产生以及实用可靠。本专利的硫化铅锌矿浮选尾矿生物陶粒滤料具有利用尾矿废渣变废为宝和大幅降低原料成本的优点，是一种优质水处理剂。

第七章 攀西地区金属矿山尾矿资源化利用经济评价

第一节 攀西地区金属矿山尾矿资源综合利用调查与评价指南

一、工作范围

攀西地区金属矿山尾矿资源综合利用调查与评价是针对尾矿库开展的一项基础性调查工作，主要目标是通过调查各尾矿库的尾矿库（设计和实际）库容、尾矿排放量，并在（已闭库和正在使用的）尾矿库进行系统的样品采集，结合化学分析、工艺矿物学分析、选矿实验研究等研究手段，查明尾矿库的堆存量、尾矿库中主要和共伴生元素的品位空间分布特征，分析尾矿的资源特征，评价尾矿资源的潜在可利用性和经济价值，为尾矿资源的二次开发回收利用提供科学依据（周国华等，2012）。

该评价指南规定了攀西地区金属矿山尾矿调查与评价的工作方法总则、资料收集分析、采样布设和样品采集、尾矿分析方法和质量要求、尾矿堆存量调查、尾矿资源量调查、尾矿综合利用评价等技术要求。

二、工作方法和总则

（1）攀西地区金属矿山尾矿资源综合利用调查与评价是传统地质矿产调查评价工作的重要延续，是针对经过人为加工处理后的自然地质体“尾矿库”进行的一项调查工作，对尾矿的综合利用评价则是尾矿资源二次开发回收利用和污染防治决策的前期性工作。

（2）攀西地区金属矿山尾矿资源综合利用调查与评价以尾矿库采样布设、尾矿样品采集、样品加工处理、尾矿化学成分分析测试、尾矿物理特征分析、尾矿工艺矿物学研究等矿产综合利用技术方法手段为主，辅以遥感解释、选矿试验等技术方法。

（3）进行采集，在确保安全的前提下，以有效控制尾矿库的三维空间为原则，布设尾矿库综合利用调查工作，采集代表性尾矿样品。

（4）进行分析测试，以成矿元素、伴生元素等潜在可利用元素，以及重要环境污染元素为重点，尽可能测定尾矿中多元素组成；采用以低检出限、高精度仪器分析方法为主构成的多元素配套分析方法体系，执行严格的质量监控方案，确保分析数据的可靠性。

(5)进行尾矿物理特征分析，如尾矿资源综合利用途径为生产建筑材料的原料、耐火材料原料或是建筑用砂，则应查明尾矿颗粒的粒度分布特征及其堆积密度、松散度等数据。

(6)进行尾矿工艺矿物学研究，工艺矿物学在矿产资源开发与综合利用的整个环节中都具有重要的指导意义，能为尾矿库的开采、配矿提供准确的基础资料。尾矿工艺矿物学研究内容包括尾矿矿物组成和含量、粒度特性、结构构造、富集分散规律等，还可以鉴定主回收矿物的单体解离度以及理论品位和回收率等重要综合利用指标数据。

(7)从尾矿元素和矿物资源的潜在可利用性、尾矿综合利用的经济价值等角度，开展攀西地区金属矿山尾矿综合利用评价，为尾矿资源综合利用提供基础科学依据。

三、资料收集分析与野外踏勘

(1)系统收集矿区自然地理、区域地质、矿山开发历史、矿床(矿石)类型、尾矿库类型、尾矿库(设计和实际)库容、尾砂排放方式、排砂口位置、堆放时间、尾矿库遥感图等相关资料，必要时进行野外现场踏勘(杨刚和杨眉，2015)。

(2)系统收集选矿厂选矿工艺、选厂生产报表数据、选厂日处理能力、精矿品位、回收率，以及采矿成本、选矿比、精矿成本、精矿产品价格、年产一吨矿石的单位投资等相关资料。

(3)考虑尾矿库规模、尾矿类型、堆放时间以及钻孔取样的安全可行性等因素，兼顾其他相关条件，选择代表性尾矿库部署调查工作。

四、采样布设与样品采集

尾矿库调查可分为概查和详查。概查一般以人工开挖方式采集零至数米的表浅层尾矿样，或以洛阳铲在尾矿库合理布设勘探孔取样(品位需二次修正)。详查指通过布设浅钻工程，获得尾矿库不同部位、不同深度(控制不同采矿期)尾矿样品的调查工作。

尾矿库取样方式对尾矿的资源特征分析有着至关重要的作用。由于尾矿资源特征在空间分布的不均一性，概查一般无法兼顾到尾矿库中部和底部，故在经费和采样条件允许的情况下，建议进行详查，取样遵循在不减少取样点的情况下能基本反映尾矿资源空间分布特征的原则。

1.洛阳铲取样

对于正在使用的尾矿库，洛阳铲勘查深度有限，在待调查尾矿库每级子坝坝头位置取尾矿样。具体布孔和取样方案为：根据尾矿库子坝的宽度，在每级子坝坝头区域均匀布设 2～6 个勘探孔，设计孔深为子坝高度，勘探孔直径不小于 50mm，勘探孔呈规律分布；使用洛阳铲按台阶依次施工已布设的勘探孔并取尾矿样，通常情况下同一勘探孔内的尾矿样搅拌均匀后采集一个符合化验要求的样品，特殊情况下(如邻近共伴生成分回收前与回收后分界线的若干子坝)同一勘探孔内每米采集一个符合化验要求的样品。

闭库尾矿库坝顶面取样孔的布设和样品采集方案为：根据尾矿库坝顶面的形状和几何尺寸，在坝顶面中间及两侧沿纵线方向布设 2～3 条取样线，按一定间距取样(参考间距 10～25m)，具体数值可根据坝顶面长度确定；取样孔孔深为 0.5～1m，同一取样孔的尾矿样搅拌均匀后采集一个符合化验要求的样品。

上部堆积了已进行过综合回收后的尾砂的闭库尾矿库，需要参照同类型尾矿库可回收利用矿物的品位分布规律，即在同类型已闭库尾矿库且未进行过综合回收的坝顶面布设纵向孔取样化验。

2. 浅钻取样

鉴于尾矿元素和矿物组成与尾矿库类型及排砂口位置密切有关，排砂口一般位于坝体上。山谷型尾矿库为单面筑坝，不同时期排砂口位置及排砂方向较为一致，其元素在横向上有明显的分异现象；而山坡型特别是平地型尾矿库为多面筑坝，由于其排砂口位置及排砂方向经常变动，导致其元素横向分布规律不明显。尾矿库调查一般布设"十"字剖面或多条平行与尾矿坝的剖面以控制整座尾矿库组成的空间变化，其中"十"字剖面由平行坝体和垂直坝体的两条剖面组成，点线距可根据项目实物工作量进行选择。"十"字剖面点距一般为50～100m，平行剖面线距一般为100～200m，点距为50～100m。布设规模较小的尾矿库以大致均匀为原则，布设数个采样点（或浅钻）加以控制（杨刚和杨眉，2015）。

实际调查时，多数还在利用的尾矿库，除坝体前无水区域可进行钻探取样外，尾矿库的中、尾部位多为水体覆盖，因而无法进行钻探取样，故一些尾矿库可沿平行坝体方向布设一至数条的钻孔剖面进行控制。

按一定的等间距，如0.5m、1m、2m，采用劈心法连续采集钻孔岩芯样。在野外现场，将采集的尾矿砂置于方型聚乙烯塑料薄膜上，对角线法充分混匀后，取2.5kg左右样品，装入洁净布样袋，在野外驻地晒干。每处理完一件样品，用清水彻底冲洗聚乙烯塑料膜、采样器具等（杨刚和杨眉，2015）。

样品编号方式为"矿区代码＋钻孔号＋样品顺序号"。

在野外现场采用100cm^{3}容重仪，采集尾矿样，用精度为0.1g的电子天平称取湿重后计算湿容重，装入自封塑料袋；回野外驻地，将样品风干后，再称取干重，计算干容重；求取干重和湿重之差，获得尾矿样品含水率；获得的尾矿容重参数用于尾矿库元素储量计算（杨刚和杨眉，2015）。

五、尾矿样分析方法及质量要求

尾矿样分析方法及不同分析方法比较结果见表7-1、表7-2。

（1）尾矿样品运回实验室后，进一步风干、混匀，当有胶结现象时，应充分破碎胶结体、混匀。取100g左右样品，研磨至－180目后，送测尾矿元素含量、物相鉴定等化学分析指标。另取100g左右样品，充分烘干干燥后，磨制光片和薄片，送尾矿工艺矿物学分析（杨刚和杨眉，2015）。

（2）为全面查清攀西地区金属矿山尾矿中潜在可利用元素，在经费允许的情况下，建议测定尽可能多的元素指标。可选元素指标包括常量组分（TFe、TiO_2、MgO、CaO、Na_2O、K_2O、SiO_2、Al_2O_3等）、常见的主要成矿与伴生元素（硫、钴、镍、铬、钒、铍、铋、铜、锂、铌、铅、锌、钨、钼、锡、锑等）、稀有分散与贵金属元素、稀土元素等。

（3）进行尾矿工艺矿物学分析，研究手段包括显微镜下鉴定分析、矿物自动定量分析仪分析，如AMICS（Automated Mineralogy System for SEM）分析仪和MLA（Mineral Liberation Analyzor）分析仪，研究内容应包括尾矿样品矿物组成和含量、粒度特性、结构构造、可利用元素的富集分散规律和嵌布特征（杨刚和杨眉，2015）。此外，还可以结合选矿工艺实验鉴定可综合利用的目标回收元素的理论品位和理论回收率等重要综合利用指标数据。

（4）如尾矿综合利用途径为建筑材料的原料、耐火材料原料或是建筑用砂，应取适量样品送测尾砂的粒度及其堆积密度、松散度等指标。

（5）视研究需要，可安排进行尾矿选矿试验、重金属淋滤试验等实验研究，评价其资源可利用性和经济价值。

表 7-1 攀西地区金属矿山尾矿分析方法

质量要求	必选项	可选项
分析样品的制备	取 100g 左右样品，研磨至小于 180 目后，送测尾矿元素含量、物相鉴定等化学分析指标；另取 100g 左右样品，充分烘干干燥后，磨制光片和薄片，送尾矿工艺矿物学分析	当有胶结现象时，应充分破碎胶结体、混匀后再做研磨处理
化学分析	常量组分（TFe、TiO_2、MgO、CaO、Na_2O、K_2O、SiO_2、Al_2O_3 等）、常见的主要成矿与伴生元素	稀有分散与贵金属元素、稀土元素
工艺矿物学分析	研究手段包括显微镜下鉴定分析、尾矿 AMICS（MLA）分析等，研究内容应包括尾矿样品矿物组成和含量，粒度特性，结构构造，可利用元素的富集分散规律和嵌布特征等	结合选矿工艺实验鉴定可综合利用的目标回收元素的理论品位和理论回收率等重要综合利用指标数据
粒度、密度、松散度分析	尾矿粒度分析	尾矿综合利用途径为建筑材料的原料、耐火材料原料或是建筑用砂，应取适量样品送测尾砂的粒度及其堆积密度、松散度等指标
选矿试验、重金属淋滤试验	安排进行尾矿选矿试验，评价其资源可利用性和经济价值	安排重金属淋滤试验

表 7-2 各类金属矿山尾矿分析方法比较

尾矿资源特征分析方法	作用	方法和仪器设备	重要性
尾矿化学成分分析	确定尾矿化学成分	离子体原子发射光谱、电感耦合等离子体质谱和 X 射线荧光光谱	可评估尾矿综合利用价值
尾矿物相鉴定	确定尾矿物相组成	X 射线衍射	可作为镜下矿物鉴定结果的旁证
粒度分析方法	确定尾矿矿物粒度	筛分法和激光粒度仪分析	可提供矿物粒度信息
密度分析方法	确定尾矿矿物密度	气体容积法和浸液法	可提供矿物密度信息
尾矿中矿物镜下鉴定	查清尾矿中的矿物组成，矿物颗粒的大小，估测矿物的百分含量以及矿物颗粒的单体解离度	光学显微镜	鉴定矿物的组成等
尾矿 MLA 分析鉴定	分析主要矿物嵌布特性、矿物学特征、主要矿物的分布粒度以及矿物的赋存状态	MLA	可提供矿物组成、粒度分布、赋存状态等工艺矿物学基础资料
尾矿工艺矿物学特征研究	研究内容包括矿物组成、粒度特性、结构构造，富集分散规律等	各种分析手段相结合	为尾矿库的开采、配矿提供准确的基础资料，在综合利用的整个环节中都具有重要的指导意义

六、攀西地区金属矿山尾矿堆存量调查

尾矿堆存量调查方法主要有生产能力估算法、生产报表统计法、几何计算法、综合调查法(王洛峰，2017)。应根据各尾矿库收集到的基础资料情况，选择适当的方法估算堆存量。其中，生产能力估算法适用于有各阶段主要生产指标的尾矿库，生产报表统计法适用于有生产报表数据的尾矿库，而几何计算法则适用于有尾矿库原始地形线、现状线等资料的尾矿库。

1. 生产能力估算法

对于无原始地形线的尾矿库，无法利用几何计算法和生产报表法统计或计算尾矿堆存量，建议采用生该方法估算尾矿堆存量。主要原理是：根据选矿厂不同阶段设计日处理能力、实际日处理能力、年有效运转天数、精矿产率估算每阶段的堆存尾矿量，然后求和。计算公式为：

$$Q=\sum_{i=1}^{n}T_i\times D_i\times(1-\gamma) \tag{7-1}$$

式中，Q 为总堆存尾矿量，t；T_i 为第 i 阶段日处理能力，t/d；D_i 为第 i 阶段年有效运作天数，d；γ 为精矿产率；n 为总阶段数。

2. 生产报表统计法

在选矿企业生产报表中的排尾数据准确、可靠的情况下，进行库容量调查时可直接引用排尾数据计算尾矿堆存量数据。计算公式为：

$$V=\frac{\sum_{y=1}^{n}W_y}{\rho_d\times\eta} \tag{7-2}$$

式中，V 为总堆存尾矿量(体积)，m^3；W_y 为选矿厂第 y 年排入尾矿库的尾矿量，t/a；ρ_d 为尾矿的松散密度(即平均堆积干容重)，t/m^3；η 为尾矿库库容利用系数；n 为尾矿排放总年数。

ρ_d 的确定：一般参考类似尾矿的勘察资料或实验室的试验资料，若无上述资料时，可参考表 7-3。

表 7-3　堆积尾矿各粒组含量及松散密度参考表(张锦瑞，2014)

尾矿分类名称	各粒组颗粒的含量/%			尾矿的松散密度 $\rho_d/t\cdot m^{-3}$
	黏粒组(＜0.005mm)	粉粒组(0.005～0.05mm)	砾砂组(0.05～2.0mm)	
中尾砂	＜5	＜20	＞50(＞0.25mm)	1.50～1.40
细尾砂	＜5	＜20	＞75(＞0.10mm)	1.40～1.35
尾粉砂	＜5	＜45	＞50	1.35～1.30
尾亚砂	5～10	＜60	＞30	1.30～1.20
尾亚黏	10～30	＜60	＞10	1.20～1.10
尾矿泥	＞30	＜60	＞10	1.10～1.00

注：表中系按尾矿密度 $\rho_g=2.70t/m^3$ 编制的，若尾矿密度不等于 $2.70t/m^3$ 时，堆积密度(尾矿松散密度)数值应乘以校正系数 $\beta=\rho_g/2.70$。

η 值的确定：在有详细尾矿库信息牌的矿区，可直接查询有效库容和总库容，从而计算得知。如果缺失以上信息，则一般根据尾矿堆积的实际边坡、尾矿沉积滩的水上、水下冲积纵坡，绘制出尾矿堆积平

面图，计算出尾矿的实际堆积容积(尾矿库的有效库容)，按下式计算尾矿库库容利用系数(张锦瑞，2014)：

$$\eta = \frac{V_r}{V_z} \quad (7-3)$$

式中，V_r 为尾矿库的有效库容，m^3；V_z 为尾矿库的总库容，m^3。

在无法查询尾矿库信息，并且缺少尾矿沉积滩水上、水下纵坡资料时，可按表 7-4 确定。

表 7-4　库容利用系数表(张锦瑞，2014)

尾矿库形状及放矿方式	库容利用系数 η	
	初期	终期
狭长曲折的山谷形、坝顶放矿	0.3	0.60～0.70
较宽阔的山谷形，单向或两向放矿	0.4	0.70～0.80
平地或山坡形，三面或四面放矿	0.5	0.80～0.90

3. 几何计算法

对于没有或缺失尾矿堆存量数据的尾矿库，需要采用几何计算法，计算尾矿库内尾矿堆存量。主要依据尾矿库原始地形线、实测现状线等资料，利用水平断面法、DTM 法或三维实体模型法等计算尾矿库各级子坝的体积，最后再将计算的尾矿库(体积)堆存量换算成总尾矿堆存量。计算公式为：

$$Q = V \times V_g \quad (7-4)$$

式中，Q 为总堆存尾矿量，t；V 为尾矿库(体积)堆存量，m^3；V_g 为尾矿干容量，t/m^3。

4. 综合调查法

对于建库较早、生产数据缺失、无原始地形线的尾矿库而言，仅采用一种方法无法计算尾矿堆存量或估算的尾矿堆存量准确性较低，可能需要 2 种或 3 种尾矿库调查方法结合起来使用。例如早期的堆存数据采用生产能力估算法估算，后期的数据取值生产报表，同时可以用几何计算法进行整体验证，最终确定较合理的尾矿堆存量。

七、攀西地区金属矿山尾矿资源量调查

尾矿库尾矿资源量调查方法主要有生产报表取值法、尾矿坝面简易取样化验法、洛阳铲取样化验法、地质钻机取样化验法(贾文龙等，2008)。基于元素和矿物组成及其空间分布实测数据、尾矿堆存量及容重等参数，根据尾矿库的工程控制情况及勘查工作程度，选择适当的方法估算资源量。值得注意的是，上述方法适用于尾矿库主要元素的资源量调查，而共伴生元素的资源量调查和评价将单独探讨。

1. 生产报表取值法

选矿企业生产报表中不仅有排放尾矿量数据，而且有排放尾矿的品位数据(含已选别和未选别矿物元素品位)。在这种情况下，尾矿调查人员可直接从生产报表中取被调查矿物元素的品位值。计算公式为：

$$M_a = \frac{\sum_{y=1}^{n} X_{ay}}{n} \times Q \quad (7-5)$$

式中，M_a 为 a 元素的资源量，t；X_{ay} 为第 y 年时生产报表中记录的 a 元素的平均含量，%；Q 为尾矿量，t；n 为尾矿排放的总年数。

但生产报表中往往仅有已选别矿物的尾矿品位，未被调查的未选别矿物的品位，就无法从生产报表中直接获取想要的品位数据。如遇上述情况，则需在送样分析时将潜在的利用元素圈定并送化学检测。

2. 一般勘察尾矿库资源量计算方法

对缺失生产报表数据的老选矿企业及仅化验已选别矿物元素的尾矿品位的选矿企业，一般采用尾矿坝面简易取样化验法、洛阳铲取样化验法（品位需二次修正）进行尾矿资源调查。

洛阳铲取样在每级子坝坝头部位采集的样品均为粗粒尾矿，其样品的品位不能准确反映整个子坝的平均品位，需对其进行二次修正。计算方法为：统计尾矿库取样化验结果，对化验数据进行回归分析，通过拟合分析绘制纵向品位分布曲线，得出其品位趋势线函数关系式，在通过该关系式的积分计算确定坝面平均品位和粗粒区（可近似认为位于子坝面 1.0m 处）品位，最终得出平均品位与粗粒区品位的关系。

3. 详细勘察尾矿库资源量计算方法

采用地质钻机取样化验法。由多条平行剖面均匀控制尾矿库大部分面积时，可利用三维空间模型计算尾矿元素及有用矿物组分潜在资源量。

尾矿性质相对一致的情况下，排砂方向对尾矿库中元素分布起主导作用。对于山谷型尾矿库，在尾矿库中间垂直于坝体方向，即沿着排砂方向进行钻探取样，利用元素含量的平均值进行资源量估算相对最为准确。

1）“十”字剖面法

根据钻孔在尾矿库的分布状况，对钻孔进行抽稀处理后选出若干条剖面线，通过各剖面的排列组合可以形成相应的多个“十”字剖面，可统计各“十”字剖面所含样品中有用元素含量的平均值，计算尾矿库资源量。计算公式为：

$$M_a = X_a \times Q \tag{7-6}$$

式中，M_a为 a 元素的资源量，t；X_a为 a 元素的平均含量，%；Q 为尾矿量，t。

X_a是统计每个“十”字剖面中垂直尾矿坝方向的钻孔中有用元素含量的平均值。计算公式为：

$$X_a = \frac{\sum_{i=1}^{n} X_{ai}}{n} \tag{7-7}$$

式中，X_a为 a 元素的平均含量，%；X_{ai} 为“十”字剖面上第 i 个垂直尾矿坝方向的钻孔中 a 元素的含量，%；n 为尾矿库多个“十”字剖面上垂直尾矿坝方向的钻孔总数。

2）垂直坝体单剖面法

统计沿排砂方向的钻探元素含量的平均值，计算尾矿库资源量。计算公式为：

$$M_a = \frac{\sum_{i=1}^{n} X_{ai}}{n} \times Q \tag{7-8}$$

式中，M_a为 a 元素的资源量，t；X_{ai}为垂直坝体剖面上第 i 个钻孔中 a 元素的含量，%；Q 为尾矿量，t；n 为尾矿库垂直坝体剖面上的钻孔数。

山坡型和平地型尾矿库的排砂方向经常变动，可以认为是由多个山谷型尾矿库模型“叠加”而成，故采用“十”字剖面法或者多方向剖面法，利用所有钻孔分析数据的平均值进行资源量估算更为科学。

4. 尾矿共伴生元素的资源量调查

调查方法分为尾矿综合品位价格法和尾矿综合品位盈利法两种。当使用价格法确定尾矿的共伴生综合品位时，表示不出主要有用成分和伴生有用成分的开采经济价值，也不能全面反映它们之间的真实经济价值关系，故在资料收集齐全的前提下，一般建议使用盈利法计算尾矿综合品位（贾文龙等，2008）。

1）尾矿共伴生元素综合品位价格法

将尾矿库中有回收价值的共伴生有用成分，可按一定的比例关系，折算成一种主要有用成分的综合品位（陈甲斌等，2010）。

共伴生尾矿的综合品位计算公式为：

$$\alpha_{zo} = \alpha_{zh} + \sum_{1}^{n} f_{H} \cdot \alpha_{b} \tag{7-9}$$

式中，α_{zo}为共伴生尾矿库的综合品位，%；α_{zh}为尾矿矿石中主要有用成分的含量，%；f_H为换算系数；α_b为尾矿矿石中某种伴生有用成分的含量，%；n为尾矿矿石中伴生有用成分的数目。

f_H是由伴生有用成分折合成主要有用成分的换算系数，可按下述公式计算：

$$f_{H} = \frac{E_{b} \cdot \varepsilon_{b} \cdot P_{b}}{E_{zh} \cdot \varepsilon_{zh} \cdot P_{zh}} \tag{7-10}$$

式中，E_{zh}、E_b分别为主要有用成分和伴生有用成分的采矿实际回收率，%；ε_{zh}、ε_b分别为主要有用成分和伴生有用成分的选冶加工回收率，%；P_{zh}、P_b分别为主要有用成分和伴生有用成分产品的国家调拨价格，元/t。

2）尾矿共伴生元素综合品位盈利法

在计算换算系数时，采用产品的盈利来确定换算系数，同时还必须考虑在具体条件下，尾矿有用成分的采矿实际回收率（尾矿损失与贫化）和加工回收率。因为它们也直接影响到开采经济效率和主要有用成分与伴生有用成分之间的比值（陈甲斌等，2010）。

共伴生尾矿的综合品位计算公式为：

$$\alpha_{zo} = \alpha_{zh} + \sum_{1}^{n} f_{H} \cdot \alpha_{b} \tag{7-11}$$

式中，α_{zo}为共伴生尾矿库的综合品位，%；α_{zh}为尾矿矿石中主要有用成分的含量，%；α_b为尾矿矿石中某种伴生有用成分的含量，%；n为尾矿矿石中伴生有用成分的数目；f_H为换算系数。

f_H是由伴生有用成分折合成主要有用成分的换算系数，可按下列公式计算：

$$f_{H} = \frac{E_{b} \cdot \varepsilon_{b} \cdot d_{b}}{E_{zh} \cdot \varepsilon_{zh} \cdot d_{zh}} \tag{7-12}$$

式中，E_{zh}、E_b分别为主要有用成分和伴生有用成分的采矿实际回收率，%；ε_{zh}、ε_b分别为主要有用成分和伴生有用成分的选冶加工回收率，%；d_{zh}、d_b分别为主要有用成分和伴生有用成分的单位产品盈利，元/t。

$$E_{zh} = \eta_{zh} \cdot (1 - \rho_{zh}) \tag{7-13}$$

$$E_{b} = \eta_{b} \cdot (1 - \rho_{b}) \tag{7-14}$$

式中，η_{zh}、η_b分别为主要有用成分和伴生有用成分的尾矿矿石视在回收率，%；ρ_{zh}、ρ_b分别为主要有用成分和伴生有用成分的尾矿矿石实际贫化率，%。尾矿进入选矿厂的过程中基本不存在贫化，故该值可近似取为0。

$$\varepsilon_{zh} = \varepsilon_{zh \cdot x} \cdot \varepsilon_{zh \cdot yi} \tag{7-15}$$

$$\varepsilon_{b} = \varepsilon_{b \cdot x} \cdot \varepsilon_{b \cdot yi} \tag{7-16}$$

式中，$\varepsilon_{zh \cdot x}$、$\varepsilon_{b \cdot x}$分别为主要有用成分和伴生有用成分的选矿回收率，%；$\varepsilon_{zh \cdot yi}$、$\varepsilon_{b \cdot yi}$分别为主要有用成分和伴生有用成分的冶炼回收率，%。

$$d_{zh} = P_{zh} - C_{zh} \tag{7-17}$$

$$d_{b} = P_{b} - C_{b} \tag{7-18}$$

式中，P_{zh}、P_b分别为主要有用成分和伴生有用成分产品的国家调拨价格，元/t；C_{zh}、C_b分别为主要有用成分和伴生有用成分产品的成本，元/t。

因此，换算系数 f_H 计算公式可以写为：

$$f_H = \frac{\eta_b \cdot \varepsilon_{b\cdot x} \cdot \varepsilon_{b\cdot yi} \cdot (P_b - C_b)}{\eta_{zh} \cdot \varepsilon_{zh\cdot x} \cdot \varepsilon_{zh\cdot yi} \cdot (P_{zh} - C_{zh})} \tag{7-19}$$

如果混合回采，两种有用成分的采矿实际回收率相等，则式（7－19）可写成：

$$f_H = \frac{\varepsilon_b \cdot d_b}{\varepsilon_{zh} \cdot d_{zh}} \tag{7-20}$$

式(7－19)用于最终产品为金属时，如果最终产品是精矿，则式(7－19)可改写为：

$$f_H = \frac{E_b \cdot \varepsilon_{b\cdot x} \cdot d_b}{E_{zh} \cdot \varepsilon_{zh\cdot x} \cdot d_{zh}} \tag{7-21}$$

如果最终产品为采出矿石，则式(7－19)可写成：

$$f_H = \frac{E_b \cdot d_b}{E_{zh} \cdot d_{zh}} \tag{7-22}$$

用上述各式求得求得每种有回收价值的伴生有用成分的换算系数之后，代入式(7－11)中计算，即可得该共伴生尾矿矿床的综合品位。

八、攀西地区金属矿山尾矿综合利用评价

（一）尾矿的综合利用评价分类方法

尾矿的综合利用方向可分为两大类，分别是综合回收尾矿有用组分和尾矿整体利用。其中，综合回收尾矿有用组分又可区分主要元素综合回收利用和共伴生元素综合回收利用，而尾矿整体利用主要方向可分为环境(矿业)领域、建材领域、农业领域、工程领域。

1. 主要元素综合回收利用评价

与矿床类似，尾矿可以理解为“人造矿床”，它的回收利用相当于对“人造矿床”的开发。但是，尾矿的开发与自然矿床的开发又有所不同。进入选矿环节之前，自然矿床的开发程序比尾矿要复杂，而且多少存在一定的贫化，而尾矿进入选矿厂的过程中基本不存在贫化，因而采矿贫化率取值可以为零。

尾矿资源综合利用的经济评价模型公式为(陈甲斌等，2010)：

$$\alpha = \alpha_1 + \alpha_2 = \frac{\beta C_\alpha}{\varepsilon_0 V_c} + \frac{\beta I_U F_{PR}}{\varepsilon_0 V_c} \tag{7-23}$$

式中，α 为经济品位(临界品位)，%；α_1 为盈亏平衡品位，%；α_2 为投资贷款偿还的附加品位，%；β 为精矿品位，%；C_α为每吨矿石的全部折算成本，包括采矿、选矿、企业管理及销售费用，元/t(原矿)；ε_0 为回收率，%；V_c为精矿产品价格，元/t；I_U为年产一吨矿石的单位投资，元/t；F_{PR}为资金还原系数。

$$F_{PR} = \frac{i(1+i)^n}{(1+i)^n - 1} \tag{7-24}$$

式中，i 为投资贷款利率，%；n 为贷款期限，年。

C_α的确定：由于尾矿利用，其开采成本近似于零，因而可按公式“C_α＝(精矿成本/选矿比)－采矿成本”进行近似地测算。

通过上述公式可计算出被调查尾矿库的尾矿中主要元素回收再选的临界品位，与尾矿库该元素资

源量进行比较，即可评价该主要元素是否具备综合回收利用价值。

2. 共伴生元素综合利用回收评价

尾矿中共伴生组分的种类、含量、利用价值、可利用性与尾矿矿石属性密切相关。尾矿类型、矿物组合以及共伴生组分的赋存状态的不同，共伴生组分的利用价值有很大的差异。故此，共伴生元素与主要利用元素的资源综合利用评价也存在着巨大差异。

共伴生元素综合利用主要有两种评价模式，即尾矿共伴生元素再选经济效果评价和尾矿共伴生综合利用工艺矿物学评价模式。尾矿共伴生元素再选经济效果评价模式是根据计算得出的综合品位来简单评价综合利用经济效果，其结论的严谨性和可靠性均有待商榷，故在经费允许的条件下，建议使用尾矿共伴生综合利用工艺矿物学评价模式。

1)尾矿共伴生元素再选经济效果评价模式

尾矿作为选矿再选方式综合利用有价元素的经济效果评价方法如图 7－1 所示，根据式(7－11)计算得到的共伴生尾矿综合品位代入三步评价法，考察共伴生综合品位是否符合尾矿主要元素回收再选的临界品位要求，以此来评价尾矿共伴生组分综合利用价值。

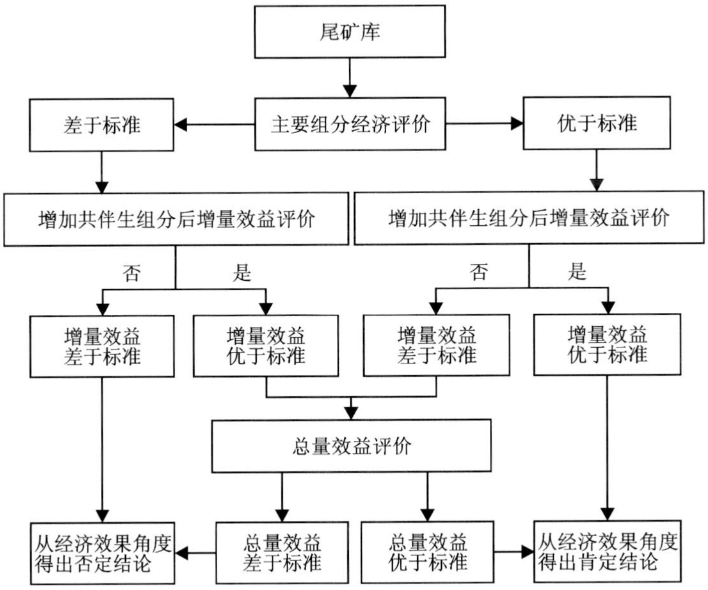

图 7－1　三步评价法——共伴生元素再选经济效果评价模式(张玉清，1974)

2)尾矿共伴生综合利用工艺矿物学评价模式

尾矿作为选矿再选方式综合回收有价元素的评价方法的建立，不可千篇一律一概而论，应结合不同矿种，不同类型，甚至不同矿区的矿石自身特点，制订不同的共伴生元素的综合评价标准和不同的综合利用总体评价考核的指标，主要分为以下几个步骤。

(1)尾矿矿石的工艺矿物学基础研究：①尾矿矿石化学组成，有尾矿样品光谱半定量、共伴生元素化学多项分析、物相分析；②尾矿矿石矿物组成，利用工艺矿物学手段，查明尾矿矿石中共伴生组分主要赋存状态，以及赋存的矿石矿物和脉石矿物分类、矿物含量，重点查明尾矿矿石中主、副工业利用成分和对工业利用成分有影响的矿物的理化性质；③尾矿矿石结构构造和嵌布特性，利用工艺矿物学手段查明尾矿矿石的结构构造、各类矿物之间的嵌布关系、共伴生元素的赋存状态以及跟其他矿物之间的嵌布关系；④尾矿矿石工艺粒度，利用工艺矿物学手段测定尾矿矿石中共伴生组分的矿物单体或集合体工艺粒度，用图、表来表示其在各级别中的分布率，对影响共伴生组分矿物回收的矿物，也应做出其工艺粒度的解释；⑤尾矿矿石单体和集合体解离度，利用工艺矿物学手段测定选矿试验过程中磨矿产品、中矿、尾矿的单体解离度。

(2)尾矿矿石共伴生组分的分布规律:进行尾矿矿石中共伴生组分的金属量平衡工作,得出其集中、分散系数,考察各类共伴生组分对选冶作业回收的影响。

(3)尾矿矿石再选后选矿精矿质量评估:利用工艺矿物学手段查明尾矿再选后精矿的矿物组成、含量、工艺粒度、单体解离度。

(4)尾矿矿石共伴生组分回收率的合理性:利用工艺矿物学手段查明尾矿中共伴生组分回收率的合理损失,阐述尾矿中共伴生组分回收率的不合理损失。

(5)制订尾矿矿石的共伴生组分的综合评价标准:通过以上工艺矿物学研究手段查明尾矿矿石中主回收成分的选矿理论回收率和理论精矿品位,并结合选矿的工艺流程做出合理的评价,最终可结合不同的矿区,制订其特有的共伴生元素的综合评价标准与综合利用总体评价考核的指标。

(二)尾矿整体利用

从尾矿中提取有用组分综合回收,虽能利用尾矿中的部分矿物,却也有产生二次排尾的风险,使尾矿无法实现大量的回收利用。整体利用矿山固体废弃物是目前解决尾矿大量排放和堆积问题的关键(王文,1992;陈希廉,2005)。整体利用攀西地区金属矿山尾矿的主要领域是环境(矿业)领域、建材领域、农业领域、工程领域(表 7-5)。

表 7-5 攀西地区金属矿山尾矿资源开发利用途径

利用方向		开发利用类别	利用途径
综合回收尾矿有用组分	有用矿物再选回收价值	铁矿石回收	包括磁铁矿、非磁铁矿的再选回收
		其他金属再选回收	包括非磁性铁矿物和其他金属
		非金属再选回收	非金属矿物资源等可回收资源
尾矿整体利用	环境(矿业)领域	处理污水	用作物理法处理污水的滤料
		充填采空区	作为替代充填材料
	建材领域	制造微晶玻璃	制作微晶玻璃
		作为混凝土集料	作为混凝土集料
		作为沥青混凝土集料	作为沥青混凝土集料
	农业领域	尾矿库土地复垦	复垦植被的承载体
		土壤改良	用作土壤改良剂或肥料
	工程领域	铁路道渣	用作铁路道渣
		制砖	制作各类工程用砖

1. 环境(矿业)领域

利用尾矿和矿山固体废弃物作井下充填材料是充填采矿材料的最佳选择,不仅能解决矿山固体废弃物的资源化利用问题,而且是降低采矿成本和提高企业效益的有效途径。目前,利用矿山固体废弃物充填采空区、利用全尾矿充填方面的研究较多,并且已经取得工业化生产。

2. 建材领域

尾矿和矿山废弃物做建材方面的研究是目前应用最成熟的途径之一。在利用尾矿开发建材产品时,可结合尾矿的化学成分,参照尾矿建材开发三角图(图 7-2),选择攀西地区金属矿山尾矿适宜的建材产品类型。

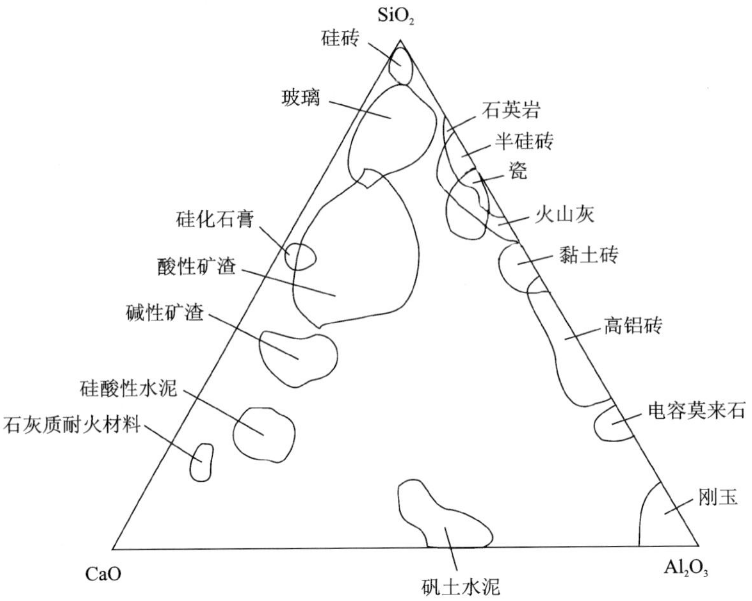

图 7－2　尾矿建材开发三角图

3. 农业领域

尾矿主要可用于土壤改良、生产肥料和土地复垦。

根据攀西地区金属矿山尾矿的化学性质，其含有土壤改良成分可以作为土壤改良剂。例如磁铁矿石尾矿中还含有少量磁铁矿，具有载磁性能，对这类尾矿可进一步磁化而成磁尾土壤改良剂；钒钛磁铁矿尾矿可以生产尾矿磁肥，在磁尾矿中添加氮磷钾以及微量元素，经磁化后制成磁肥，增加微量元素团聚，促进植物吸收。

矿产资源开采过程中避免不了对矿山周边土壤、植被的破坏，尤其是早期露天开采的老矿山。土地复垦是矿山环境治理的重要环节，对于其他不具备肥力的尾矿，可通过覆土、掺土、施肥等方法处理，造地复垦用于植被绿化。

4. 工程领域

含 SiO_2 和 Al_2O_3 高的尾矿可用作耐火材料；尾矿或废石中若含方解石、长石或矾类盐，可生产工业污水絮凝剂、捕收剂等。此外，还有生产高吸水保水材料、隔音材料、矿物聚合物、曝气滤池滤料等应用。

第二节　攀西地区金属矿山尾矿综合利用调查与资源化利用经济评价——以红格钒钛磁铁矿尾矿库为例

一、红格钒钛磁铁矿尾矿采样方案设置

红格矿区位于四川省攀枝花市盐边县新九乡、红格镇和凉山州会理县小黑箐乡交界一带，是红格含

钒钛磁铁矿基性—超基性岩体的一部分。本次调查的是已经闭库的红格矿区乔地箐尾矿库(下称红格尾矿库)。

红格尾矿库是典型的上游式尾矿库。上游式尾矿库是我国目前普遍采用的方法，据统计我国有色金属矿山的尾矿库80%是采用该方法筑坝(陈益明，2018)。上游式尾矿库的整个沉积尾矿剖面可以分成粗、中、细若干个沉积区，即①砂、②过渡区、③亚砂、④亚黏或矿泥从粗到中到细的变化见图7-3(李凤霞，2014)。并且由于尾矿粒度、矿浆成分、浓度、流量等变化，尾矿沉积层出现粗细相间的夹层、互层、交错、透镜体、千层饼等现象，结构上表现为不均一性和各向异性。

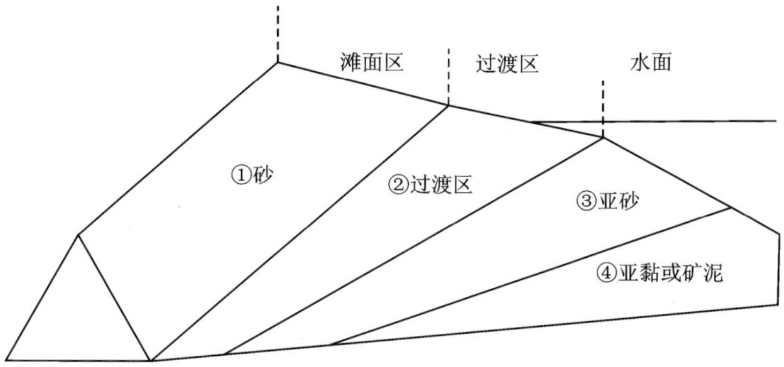

图7-3　尾矿库沉积剖面简化示意图

1. 概查取样点设计

根据红格尾矿库坝顶面的形状和几何尺寸，在坝顶面中间沿纵线方向布设一条取样线，按25m的间距取样，共布设了4个采样点(点7、8、9、10)。取样孔孔深为0.5～1m，同一取样孔的尾矿样搅拌均匀后采集一个符合化验要求的样品。

2. 详查取样点设计

鉴于尾矿元素和矿物组成与尾矿库类型及排砂口位置密切有关，排砂口一般位于坝体上。红格尾矿库属于比较典型的山谷型尾矿库，山谷型尾矿库为单面筑坝，不同时期排砂口位置及排砂方向较为一致，元素在横向上有明显的分异现象。

根据红格尾矿库的特点，布设了一条平行于尾矿坝的剖面以控制整座尾矿库组成的空间变化，在该平行剖面上的每一级子坝设置一个钻孔，共设置了3个浅钻孔(ZK01、ZK02、ZK03)，钻孔点距30m(图7-4)。

从红格尾矿库的采样分析结果来看，尾矿库的取样方式对尾矿的资源特征分析有着至关重要的作用。平面上概查取样虽然矿物成分和粒度变化均不大，但是在纵向上详查钻孔取样时，矿物成分和粒度却呈现多期次规律性变化。这是因为尾矿库中尾矿沉积规律性差，尾矿颗粒宏观上具有下粗上细、坝前粗库尾细的一般特征，但是由于尾矿粒度、矿浆成分、浓度、流量等变化，使尾矿沉积层出现粗细相间的夹层、互层、交错、透镜体、千层饼等现象(徐宏达，2003)，所以使得钻井样品在纵向上表现出不均一性和多期次性。

二、红格钒钛磁铁矿尾矿资源分析结果

为了查明红格尾矿库内有价组分的品位和分布规律，需要查清尾矿中的矿物组成、化学成分、矿物粒度、赋存状态等信息，故采用工艺矿物学分析手段对尾矿样品进行了详细的分析，包括显微镜下鉴定

分析、尾矿 AMICS(MLA)分析、尾矿化学检验分析等。

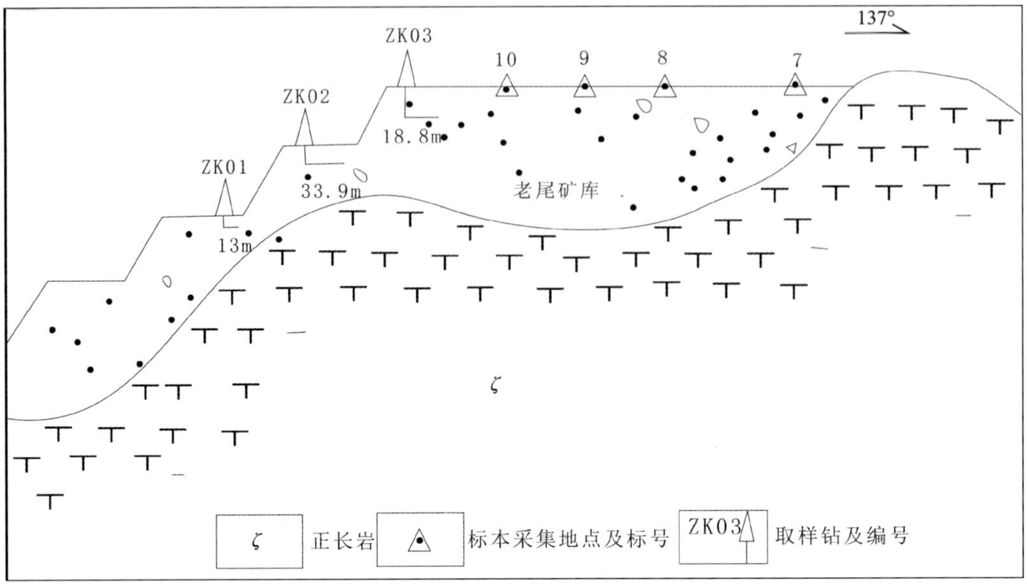

图 7-4 红格尾矿库取样位置示意图

1. 红格尾矿库综合样 XRF 分析结果(表 7-6)

表 7-6 红格尾矿库综合样 XRF 分析结果 单位:%

成分	样品编号				
	老尾综合样	老尾 7 号样	老尾 8 号样	老尾 9 号样	老尾 10 号样
F	—	0.159	—	—	0.141
Zr	0.071	0.080	0.057	0.050	0.056
S	0.401	0.367	0.349	0.520	0.408
Nb	0.007	0.006	0.006	0.006	0.006
Cl	0.031	0.025	0.024	0.030	0.025
Na_2O	1.817	2.248	1.926	1.656	1.787
V	0.051	0.043	0.046	0.056	0.053
MgO	7.578	7.482	8.006	8.018	11.705
Cr	0.029	0.023	0.026	0.028	0.015
Al_2O_3	8.495	9.195	8.773	7.629	7.627
Mn	0.210	0.197	0.189	0.192	0.147
SiO_2	35.107	36.824	36.236	34.554	42.500
Co	0.023	0.028	0.025	0.028	0.024
P_2O_5	0.873	0.890	0.849	0.565	0.375
Ni	0.017	0.021	0.018	0.015	0.017
K_2O	0.653	0.737	0.712	0.566	0.754
Cu	0.011	0.013	0.010	0.012	0.009
CaO	11.436	11.373	11.637	11.193	13.532

续表 7-6

成分	样品编号				
	老尾综合样	老尾 7 号样	老尾 8 号样	老尾 9 号样	老尾 10 号样
Zn	0.015	0.013	0.013	0.011	0.012
TiO_2	10.324	9.305	9.373	10.281	5.219
Ga	0.001	0.002	—	0.002	0.002
Fe	14.886	13.701	14.187	15.913	10.016
Rb	0.005	0.004	0.004	0.003	0.004
O	6.463	5.750	5.900	7.199	3.661
Sr	0.068	0.072	0.066	0.053	0.066
Pb	—	0.003	—	0.003	0.005
Y	0.004	0.004	0.004	0.003	0.003
Th	—	0.003	—	—	—

2. 概查样品资源特征分析结果(表 7-7、表 7-8)

表 7-7 概查样品矿物含量分析结果 单位:%

矿物名称	样品编号				
	综合样	7 号样	8 号样	9 号样	10 号样
钛铁矿	19.59	15.97	17.02	19.29	19.14
钛磁铁矿	4.72	4.69	4.87	4.81	4.55
赤铁矿	1.82	1.80	1.05	2.77	2.24
赤褐铁矿	0.05	0.05	0.02	0.01	0.01
磁黄铁矿	0.10	0.10	0.01	0.50	0.50
黄铁矿	0.80	0.86	0.81	0.59	0.61
磷灰石	2.12	2.09	2.06	1.42	1.38
辉石	43.27	41.44	41.30	44.16	39.66
橄榄石	5.34	5.32	5.21	4.51	6.08
长石	10.31	11.97	12.31	8.21	10.55
绿泥石	6.69	7.15	6.99	7.24	6.74
角闪石	1.44	1.61	1.40	0.87	2.15
石英	0.19	0.24	0.27	0.37	0.14

表 7-8 概查样品矿物颗粒粒径变化情况 单位:μm

样品编号	综合样	7 号样	8 号样	9 号样	10 号样
粒径	120.69	120.09	119.52	120.05	121.86

从表 7-7、表 7-8 可以看出,概查样品的矿物组分在横向上有一定的分异,近排砂口的 7、8 号样品钛铁矿含量较远端的 9、10 号样品少 2%~4%,而颗粒粒度在横向上则变化不大。

3. 钻孔详查样品资源特征分析结果(表 7 - 9、表 7 - 10)

钻孔 ZK01 主要矿物含量和变化情况见表 7 - 9、表 7 - 10 和图 7 - 5。

表 7 - 9　钻孔 ZK01 主要矿物含量变化情况　单位:%

矿物名称	样品编号						
	H1 - 1	H1 - 2	H1 - 3	H1 - 4	H1 - 5	H1 - 6	H1 - 7
钛铁矿	15.22	13.6	17.04	21.62	12.91	13.23	9.46
钛磁铁矿	1.80	2.05	4.65	4.18	3.33	1.07	0.68
赤铁矿	1.73	1.68	0.01	1.01	0.20	0.85	1.22
赤褐铁矿	0.01	0	0.12	0	0.14	0	0
磁黄铁矿	0.20	0.10	0.20	0.10	0.10	0.08	0.05
黄铁矿	0.29	0.30	0.28	0.32	0.23	0.22	0.10
磷灰石	1.22	1.31	2.35	3.28	1.93	1.57	0.78
辉石	35.64	42.34	46.59	27.44	32.01	36.86	29.49
橄榄石	3.50	3.58	1.10	2.20	2.78	5.40	5.72
长石	12.80	10.51	16.63	12.30	19.25	13.17	16.77
绿泥石	8.56	8.54	0.91	8.05	3.45	13.44	15.65
角闪石	3.71	3.95	2.15	4.64	6.07	3.17	4.08
石英	5.85	1.67	0.75	3.56	0.33	0.62	3.57

表 7 - 10　钻孔 ZK01 颗粒粒径变化情况　单位:μm

样品编号	H1 - 1	H1 - 2	H1 - 3	H1 - 4	H1 - 5	H1 - 6	H1 - 7
粒径	103.40	88.62	74.71	88.62	29.48	65.32	92.19

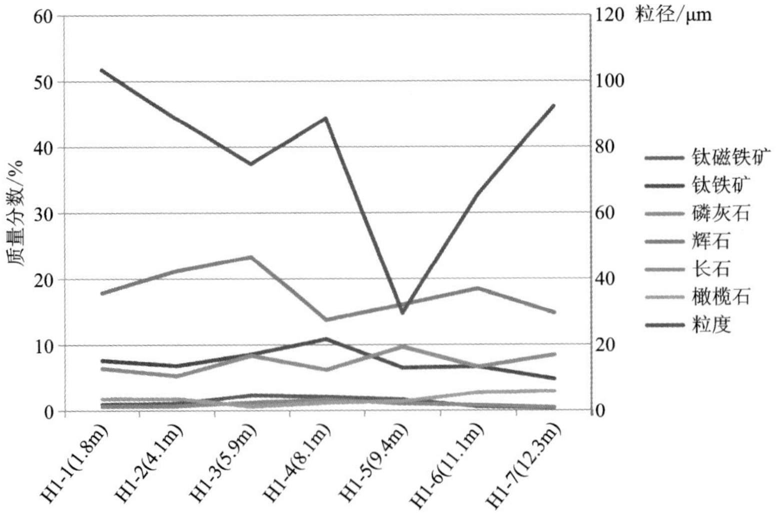

图 7 - 5　钻孔 ZK01 矿物含量、粒径随钻井深度变化曲线图

钻孔 ZK02 主要矿物含量和粒度变化情况见表 7－11、表 7－12 和图 7－6。

表 7－11　钻孔 ZK02 主要矿物含量变化情况　　单位：%

矿物名称	样品编号								
	H2－1	H2－2	H2－3	H2－4	H2－5	H2－6	H2－7	H2－8	H2－9
钛铁矿	15.20	18.25	13.88	14.07	17.04	19.00	17.04	14.75	11.05
钛磁铁矿	3.65	1.38	7.79	4.10	8.63	8.10	4.65	2.23	0.73
赤铁矿	3.29	1.03	0.92	0.81	0.02	0.02	0.01	1.87	0.59
赤褐铁矿	0	0	0.11	0.07	0.14	0.14	0.12	0	0
磁黄铁矿	0.08	0.02	0.02	0.10	0.02	0.05	0.20	0	0.02
黄铁矿	0.45	0.15	0.15	0.27	0.32	0.21	0.28	0.28	0.13
磷灰石	0.91	0.88	0.59	0.92	1.63	2.11	2.35	3.05	1.80
辉石	37.46	43.87	54.84	53.00	46.49	38.94	46.59	37.02	28.55
橄榄石	5.35	5.86	1.90	1.76	1.69	1.80	1.10	3.05	2.55
长石	9.53	8.50	9.59	13.13	15.49	18.30	16.63	12.36	10.63
绿泥石	11.79	9.84	0.84	0.78	1.72	1.05	0.91	8.66	8.29
角闪石	2.88	2.73	2.79	1.72	1.55	2.02	2.15	4.10	9.71
石英	0.40	0.28	2.74	3.33	0.17	1.83	0.75	0.25	0.50

表 7－12　钻孔 ZK02 颗粒粒径变化情况　　单位：μm

样品编号	H2－1	H2－2	H2－3	H2－4	H2－5	H2－6	H2－7	H2－8	H2－9
粒径	98.71	109.19	105.74	98.26	98.26	98.53	106.79	75.05	50.80

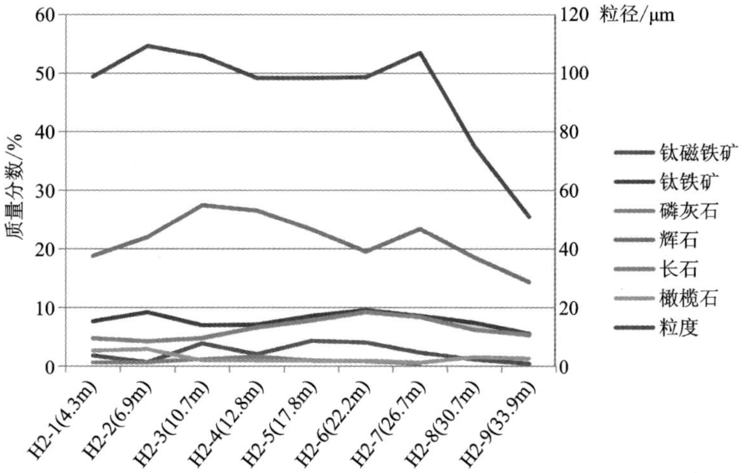

图 7－6　钻孔 ZK02 矿物含量、粒径随钻井深度变化曲线图

钻孔 ZK03 主要矿物含量和粒度变化情况见表 7－13、表 7－14 和图 7－7。

表 7－13　钻孔 ZK03 主要矿物含量变化情况　　单位：%

矿物名称	样品编号												
	H3－1	H3－2	H3－3	H3－4	H3－5	H3－6	H3－7	H3－8	H3－9	H3－10	H3－11	H3－12	H3－13
钛铁矿	22.53	19.66	19.66	15.41	16.91	12.15	13.74	13.28	15.68	10.95	17.11	13.39	11.26
钛磁铁矿	0.51	0.81	0.36	1.09	0.40	0.58	0.99	0.45	0.60	2.31	2.44	1.83	1.61
赤铁矿	0.65	1.36	0.59	0.82	0.57	0.27	0.85	1.02	1.09	3.67	4.04	2.05	3.85
赤褐铁矿	0.01	0	0.01	0.01	0.02	0	0	0	0.01	0.01	0.01	0	0
磁黄铁矿	0.01	0.05	0.01	0.01	0.01	0.02	0.02	0.01	0.02	0.01	0.02	0.01	0.02
黄铁矿	0.63	0.75	0.57	0.72	0.56	0.68	0.66	0.48	0.75	0.65	0.65	0.51	0.51
磷灰石	3.14	3.96	1.79	3.92	3.53	1.83	1.32	1.85	1.73	2.00	1.81	1.77	1.92
辉石	38.38	43.77	41.32	39.42	41.63	39.13	40.50	39.52	33.20	34.63	35.15	34.47	30.06
橄榄石	4.07	4.39	4.61	1.27	2.94	1.86	4.94	5.95	4.79	3.91	3.15	3.10	2.93
长石	11.4	11.43	13.72	11.08	14.94	13.09	11.86	13.42	16.97	16.17	13.88	14.63	18.72
绿泥石	8.04	7.00	4.66	6.26	6.98	11.31	9.22	9.69	8.51	8.82	9.81	10.07	10.42
角闪石	1.98	1.86	3.15	2.11	2.66	1.73	3.31	2.97	3.06	5.36	2.19	5.45	3.71
石英	1.77	0.25	0.64	6.45	0.22	6.23	0.31	0.39	0.10	0.15	0.46	0.54	0.55

表 7－14　钻孔 ZK03 颗粒粒径变化情况　　单位：μm

样品编号	H3－1	H3－2	H3－3	H3－4	H3－5	H3－6	H3－7	H3－8	H3－9	H3－10	H3－11	H3－12	H3－13
粒径	125.78	158.39	129.13	121.99	105.90	79.76	84.16	96.05	69.51	77.27	85.46	67.77	61.04

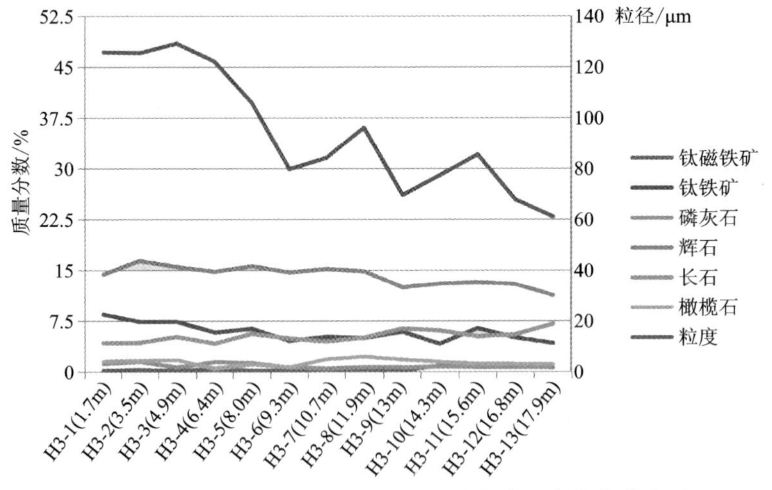

图 7－7　钻孔 ZK03 矿物含量、粒径随钻井深度变化曲线图

从 3 个钻孔的粒度分析结果可以看出，随钻井深度的变化，样品的粒度发生了几次规律性的变化，纵向上出现了粗细相间的互层，可能是由于尾矿粒度、矿浆成分、浓度、流量等变化，使尾矿沉积层在结构上表现出不均一性和各向异性。而矿物组分的变化也吻合这一特性，从矿物含量、粒度随钻井深度变化曲线图中可以看出，随粒度的变化，钛铁矿含量也发生相应的协变，两者呈正相关关系。

4.尾矿样品资源特征分析结论

经过红格尾矿库实例分析可以看出，钻探取样的分析结果能基本反映尾矿资源空间分布特征。鉴于此，本次尾矿资源调查与评价将采用详查钻探取样的分析结果。

三、红格钒钛磁铁矿尾矿综合利用评价

1.红格尾矿库堆存量

红格尾矿库是龙蟒矿冶有限责任公司(简称龙蟒公司)已经闭库的尾矿库。该尾矿库包括初期坝、排洪系统、回水系统、尾矿输送系统等。设计总坝高(初期坝+堆积坝)80m，其中初期坝高 25m，堆积坝高 55m。初期坝为透水混合料坝，堆积坝采用上游式筑坝法，设计堆积坝最终标高 1490 m。设计总库容为 445 万 m^3。自 2005 年投入运营，于 2010 年 12 月提前闭库，闭库后沉积滩标高为 1485m。

据龙蟒公司提供的数据，荞地箐尾矿库闭库后总库存为 386.2 万 m^3，累计入库尾矿 693.3 万 t。

2.尾矿库资源量计算(以铁资源为例)

钻探取样的分析结果能基本反映尾矿资源空间分布特征，鉴于此，此次将用详查钻探取样的分析结果计算尾矿库铁资源量(表 7－15)。

表 7－15　钻孔 HZK01～HZK03 化学分析结果　　单位：%

样品编号	TiO_2	TFe	样品编号	TiO_2	TFe	样品编号	TiO_2	TFe
HZK01－1	8.00	12.39	HZK02－4	8.07	13.42	HZK03－5	8.94	11.65
HZK01－2	7.92	12.11	HZK02－5	9.55	15.86	HZK03－6	6.86	10.46
HZK01－3	9.30	13.68	HZK02－6	10.24	16.67	HZK03－7	7.96	12.04
HZK01－4	11.91	15.21	HZK02－7	8.96	14.71	HZK03－8	7.13	11.54
HZK01－5	7.39	12.60	HZK02－8	8.26	13.49	HZK03－9	8.59	12.58
HZK01－6	7.73	12.30	HZK02－9	6.85	11.45	HZK03－10	6.85	13.59
HZK01－7	5.65	11.09	HZK03－1	11.71	13.44	HZK03－11	9.09	15.85
HZK02－1	8.59	17.10	HZK03－2	10.49	13.22	HZK03－12	7.30	12.88
HZK02－2	9.61	14.92	HZK03－3	9.60	12.16	HZK03－13	6.78	13.67
HZK02－3	7.64	15.64	HZK03－4	8.21	11.36			

此次采样钻孔沿排砂方向布设，故可使用垂直坝体单剖面法计算尾矿库资源量。

垂直坝体单剖面法通过统计沿排砂方向的钻探元素含量的平均值，计算尾矿库资源量，计算公式为：

$$M_a = \frac{\sum_{i=1}^{n} X_{ai}}{n} \times Q \qquad (7-25)$$

式中，M_a 为 a 元素的资源量，t；X_{ai} 为垂直坝体剖面上第 i 个钻孔中 a 元素的含量，%；Q 为尾矿量，t；n 为尾矿库垂直坝体剖面上的钻孔数。

将钻孔实测数据代入式(7－25)，M_a＝693.3×[(12.8%＋14.8%＋12.6%)/3]＝92.95 万 t，计算

可得尾矿库铁资源量约为 92.95 万 t。

3. 尾矿库资源经济评价(以铁资源为例)

可利用上文中提及的尾矿资源综合利用的经济评价模型对攀枝花地区尾矿库铁资源进行经济评价。

尾矿资源综合利用的经济评价模型公式参照式(7-23):

$$\alpha=\alpha_1+\alpha_2=\frac{\beta C_a}{\varepsilon_0 V_c}+\frac{\beta I_U F_{PR}}{\varepsilon_0 V_c}$$

式中,α 为经济品位(临界品位);α_1 为盈亏平衡品位,%;α_2 为投资贷款偿还的附加品位,%;β 为精矿品位,%;C_a 为每吨矿石的全部折算成本,包括采矿、选矿、企业管理及销售费用,元/t(原矿);ε_0 为回收率,%;V_c 为精矿产品价格,元/t;I_U 为年产一吨矿石的单位投资,元/t;F_{PR} 为资金还原系数。

攀钢集团有限公司选矿厂(简称攀钢选矿厂)作为攀西钒钛磁铁矿最大的铁矿选厂,其各项选矿技术经济参数具有一定代表性,可作为攀西地区钒钛磁铁矿尾矿库资源经济评价的基础指标。

根据中国冶金矿山企业协会编制的《重点冶金矿山统计年报》(中国冶金矿山企业协会,2016)选取计算参数(表 7-16)。

表 7-16　攀枝花铁矿选矿技术经济参数

项目	采矿成本/元·t^{-1}	原矿品位/%	精矿品位 β/%	尾矿品位/%	金属回收率 ε_0/%	原矿选矿比	尾矿理论选矿比	精矿成本/元·t^{-1}	尾矿折算成本 C_a/元·t^{-1}
全国平均	72.85	31.23	64.88	10.50	84.32	2.58	6.47	337.91	58.12
重点企业	73.82	31.15	64.82	10.74	79.69	2.60	6.01	337.40	55.95
攀钢选矿厂	52.66	34.47	54.02	19.32	68.59	2.29	2.80	231.20	48.30

注:据陈甲斌,2010 修改。

经计算得出铁尾矿回收利用盈亏品位和铁尾矿回收利用贷款偿还的附加品位如表 7-17 和表 7-18 所示。

表 7-17　攀枝花铁尾矿不同精矿价格回收利用盈亏平衡品位　　单位:%

项目	V_c=600 元/t	V_c=650 元/t	V_c=700 元/t	V_c=800 元/t	V_c=900 元/t	V_c=1000 元/t	V_c=1100 元/t
全国平均	6.7	6.18	6.4	5.6	5	4.5	4.1
重点企业	7.61	7.03	6.5	5.7	5.1	4.6	4.1
攀钢选矿厂	6.34	5.81	5.4	4.8	4.2	3.8	3.5

注:据陈甲斌,2010 修改。

表 7-18　攀枝花铁尾矿回收利用投资贷款偿还的附加品位

n 值(贷款年限)	I_U/V_c	F_{PR}/%	附加品位/%
5	0.36	24.93	7.02
6	0.36	21.52	6.06
7	0.36	19.10	5.38
8	0.36	17.29	4.87
9	0.36	15.89	4.48
10	0.36	14.79	4.17

最终通过计算得出，在铁精矿价格为 650 元/t(截至 2020 年 6 月)的前提下，以 10 年为贷款年限，攀西钒钛磁铁矿铁尾矿回收利用的经济品位为 9.98%。

红格尾矿库中铁平均品位为 13.4%，认为具有可综合回收利用的价值(以攀西铁尾矿回收利用经济品位 9.98%为基准)。

4. 尾矿库整体利用方向

在利用红格尾矿开发建材产品时，可结合其尾矿的化学成分，参照尾矿建材开发三角图选择钒钛磁铁矿尾矿适宜的建材产品类型。红格尾矿建材开发三角投点图如图 7-8 所示。

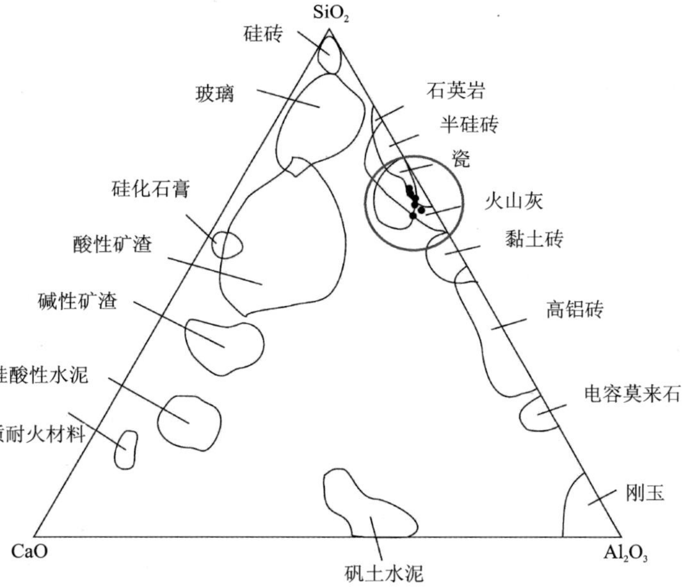

图 7-8　红格尾矿建材开发三角投点图

根据红格尾矿中 SiO_2、Al_2O_3、$CaCO_3$ 的含量变化在三角图中的投点结果，大致确定尾矿的整体利用方向为半硅砖、火山灰、瓷等。

四、红格尾矿库综合利用调查与评价结论

(1)红格尾矿库闭库后总库存 386.2 万 m^3，累计尾矿堆存量 693.3 万 t。

(2)红格尾矿库铁资源量约为 92.95 万 t。

(3)尾矿库中铁平均品位为 13.4%，具有可综合回收利用的价值(以攀西铁尾矿回收利用经济品位 9.98%为基准)。

(4)根据尾矿中 SiO_2、Al_2O_3、$CaCO_3$ 的含量，大致确定其尾矿的整体利用方向为半硅砖、火山灰、瓷等。

综上所述，红格尾矿库尾矿资源量丰富，其铁资源具有较高的综合回收价值，也可以考虑作为半硅砖等建材进行整体开发利用。

主要参考文献

安冠峰，郭志凌，2018. 康家湾铅锌金银矿膏体充填技术研究[J]. 世界有色金属(4)：63－65.

采矿设计手册编写委员会，1988. 采矿设计手册[M]. 北京：中国建筑工业出版社.

曹永民，王立久，王儒贤，等，1989. 尾矿铺地花砖[J]. 硅酸盐建筑制品(2)：4－7.

常自勇，2014. 选矿回水中絮凝剂对铝土矿浮选影响的研究[D]. 长沙：中南大学.

陈甲斌，贾文龙，余良晖，2010. 铁矿尾矿资源调查及评价[J]. 矿业研究与开发，30(3)：60－62.

陈希廉，2005. "以废治废"之废石与尾矿[J]. 有色金属(9)：21－25.

陈益明，2018. 尾矿综合利用现状和存在的问题[J]. 有色冶金设计与研究，39(6)：123－125.

陈志勇，2018. 赣南某低品质钾长石矿的提纯及其在地聚物制备中的应用[D]. 南昌：江西理工大学.

戴晶平，2005. 凡口选矿回水中铅锌硫化矿浮选基础研究与工业实践[D]. 长沙：中南大学.

冯秀娟，余育新，朱易春，等，2008. 金属尾矿制备生物陶粒的研究[J]. 中国资源综合利用，26(2)：9－11.

冯学远，范振刚，张志强，2012. 铁尾矿免蒸免烧砖的研制[J]. 矿产综合利用(3)：49－51.

高发祥，1985. 试论 Φ125 毫米水力旋流器的参数试验效果[J]. 中国矿山工程(1)：39－42.

工业和信息化部，2012.《大宗工业固体废物综合利用"十二五"规划》发布[J]. 再生资源与循环经济，5(03)：4.

工业和信息化部，2016. 工业绿色发展规划(2016—2020 年)[J]. 有色冶金节能，32(5)：1－7.

顾国华，1998. 电位调控浮选的研究与应用[J]. 矿冶工程(2)：16－19.

郭建文，王建华，杨国华，2009. 我国铁尾矿资源现状及综合利用[J]. 现代矿业，25(10)：23－25.

国家安全监管总局，国家发展和改革委员会，工业和信息化部，等，2014. 国家安全监管总局等七部门关于印发全国尾矿库综合治理行动 2013 年工作总结和 2014 年重点工作安排的通知[J]. 国家安全生产监督管理总局国家煤矿安全监察局公告 (8)：15－19.

国家环境保护局，1992. 钢铁工业固体废物治理[M]. 北京：中国环境科学出版社.

郝先成，蹇守卫，2012. 利用铁尾矿制备烧结砖的研究[J]. 新型建筑材料，39(7)：25－28.

何哲祥，鲍侠杰，董泽振，2005. 铜绿山铜矿不脱泥尾矿充填试验研究[J]. 金属矿山(1)：15－18.

洪建军，罗建中，陈敏，等，2004. 清洁生产技术在选矿废水净化处理中的应用[J]. 矿业安全与环保，31(2)：33－35.

胡小冬，2008. 铝土矿选矿尾矿制备聚合物填料的研究[D]. 长沙：中南大学.

黄惠宁，2019. 我国发泡陶瓷产业现状及技术分析[J]. 佛山陶瓷，29(11)：1－4.

黄少文，吴波英，徐玉华，2006. 稀土尾矿代替黏土配料烧制硅酸盐水泥熟料的研究[J]. 中国矿业，15(2)：54－58.

黄益宗，王毅力，2008. 选矿废水的污染治理及其循环利用对策[J]. 科技创新导报(4)：183－185.

贾文龙，陈甲斌，李洪嫔，等，2008. 铁尾矿资源开发利用经济评价研究[J]. 中国矿业，17(5)：45－51.

荆倩婧，徐帮树，董山，等，2019. 稀土矿尾砂胶结充填材料配合比优化研究[J]. 人民长江，50(12)：157－162.

坎德尼 S，王皓，肖力子，2001. 硫化矿物浮选理论基础[J]. 国外金属矿选矿(1)：10－15.

KOBAQEB K，AJIEKCOB A，周勤举，1964. 浮选铅锌矿石时利用回水的可能性[J]. 国外金属矿选矿(12)：14－16.

雷晓东，熊蓉春，魏刚，2002. 膜分离法污水处理技术[J]. 工业水处理，22(2)：1－3.

李凤霞，2014. 浅析我国尾矿库与尾矿堆积坝的特点[J]. 企业导报(8)：121－122.

李福来，胡克，冯军，等，2005. 我国矿山固体废弃物现状与对策分析[J]. 国土资源科技管理，22(3)：66－70.

李华封，1988. 选矿厂废水及尾矿处理[R]. 北京：中国金属学会.

李军，2008. 利用赤铁矿尾矿制备聚合磷硫酸铁及对污水处理的研究[D]. 武汉：武汉理工大学.

李勤，2009. 金属矿山尾矿在建材工业中的应用现状及展望[J]. 铜业工程(4)：25－28.

廉晓庆，张璐，黄悦，2019. 钼尾矿化学发泡法制备多孔陶瓷[J]. 耐火材料，53(2)：126－128.

廖力，2017. 利用铜矿尾矿制备微晶玻璃试验研究[J]. 矿产综合利用(6)：82－85.

林洪民，1988. 梅山铁矿细粒尾矿再选与综合利用研究[J]. 矿产综合利用(4)：27－30.

刘晗，2011. 铝土矿尾矿回水利用研究现状[D]. 长沙：中南大学.

刘佳囡，2016. 钾长石高附加值绿色化综合利用的研究[D]. 沈阳：东北大学.

刘敏捷，1995. 对选矿废水综合利用的探讨[J]. 中国钼业，19(3)：43－45.

刘明宇，周磊，张清，等，2019. 白象山铁矿全尾砂充填材料试验研究[J]. 采矿技术，19(3)：36－37.

刘年兰，黄万抚，2008. 某铅锌选矿厂废水处理工艺探讨[J]. 矿业快报(10)：67－69.

刘倩，周春生，2015. 铜尾矿微晶玻璃的制备及其性能研究[J]. 商洛学院学报(6)：41－44.

刘照朗，2015. 尾矿的无害化处理与综合利用：第五届全国选矿前沿技术与装备大会论文集[C]. 北京：冶金工业出版社.

刘志斌，金晓芳，2005. 人工湿地处理矿山废水的可行性研究[J]. 露天采矿技术(6)：39－43.

刘志胜，杨文尚，李润成，2018. 铜矿尾矿制备的水泥熟料特性[J]. 筑路机械与施工机械化，35(2)：62－66.

吕宪俊，崔学奇，2006. 全尾矿胶结充填技术的研究与应用[J]. 有色矿冶，22(增刊)：22－27.

罗开贤，2002. 凡口铅锌矿快速分选新技术工艺的试验研究与应用[J]. 采矿技术(9)：69－76.

马调调，2019. 铜尾矿粉多孔陶瓷制备及其吸附性能研究[J]. 陶瓷(9)：24－32.

马杰，王建国，2002. 河东金矿选矿废水循环利用实践[J]. 黄金(8)：39－42.

马志华，王龙龙，2011. 尾矿处理工艺概述[J]. 矿业工程(增刊)：32－35.

毛奎，蔡亮，吴小文，等，2019. 几种典型铁尾矿制备加气混凝土性能及水化机理研究[J]. 硅酸盐通报，38(12)：3719－3725.

米丽平，孙春宝，周峰，等，2010. 某铜铅锌硫化矿浮选废水特性研究[J]. 金属矿山(5)：161－164.

潘德安，逯海洋，刘晓敏，等，2019. 铁尾矿建材化利用的研究进展与展望[J]. 硅酸盐通报，38(10)：3162－3169.

潘一舟，周访贤，1992. 钼铁矿尾矿在水泥生产中的应用[J]. 金属矿山，21(2)：49－51.

彭建平，吴光炜，1993. 金岭铁矿尾砂综合利用[J]. 矿产综合利用(2)：34－36.

施士虎，李浩宇，陈慧泉，2010. 矿山充填技术的创新与发展[J]. 中国矿山工程，39(5)：10－13＋19.

史伟，张一敏，陈铁军，等，2012. 用低硅铁尾矿制备贝利特水泥[J]. 金属矿山(7)：165－168.

宋杰，蔡晓波，谢园，等，2014. 铁尾矿微晶玻璃的制备与性能[J]. 新型建筑材料，41(S1)：58－60.

孙国华,任鑫,陆猛,等,2013.高岭土尾矿制备聚合氯化铝铁絮凝剂及性能研究[J].苏州科技学院学报(自然科学版),30(4):47-50.

孙水裕,谢光炎,宁寻安,等,2001.硫化矿浮选废水净化与回用的研究[J].有色金属(选矿部分)(4):33-37.

孙羽丰,2007.铁矿尾矿场复垦土壤改良措施试验研究[D].沈阳:沈阳农业大学.

孙玉良,赵芸平,闫嘉旺,等,2009.尾矿砂石混凝土耐久性的试验研究[J].建材发展导向,7(4):36-38.

唐福军,曲红杰,张之一,2006.硅肥生产技术综述[J].黑龙江八一农垦大学学报(4):72-75.

佟磊,徐进军,肖益盖,等,2018.某铅锌矿超细粒尾砂充填强度分析及优化措施[J].现代矿业,34(10):15-17.

童秋桃,2013.利用铝土矿浮选尾矿制备氧化铝和絮凝剂的研究[D].长沙:中南大学.

王德民,宋均平,刘博华,等,2012.低硅铁尾矿多孔陶粒的制备及污水处理效果[J].金属矿山(12):148-152.

王汉强,沈楼燕,吴国高,等,2007.固体废物处置堆存场环境岩土技术[M].北京:科学出版社.

王金忠,赵颖华,许丕元,1999.铁尾矿作原料在普通硅酸盐水泥中的实验研究及机理分析[J].硅酸盐通报,18(6):32-37.

王立彬,袁子有,2014.低品位铁矿尾矿资源的综合利用[C]//中国冶金矿山企业协会.2014年全国低品位矿高效开发利用技术交流会论文集:261-264.

王洛峰,2017.尾矿库资源调查方法探讨与实践[J].中国钨业,32(1):55-58.

王生镐,龙道湖,2001.厂坝铅锌矿选矿废水综合治理[J].西部探矿工程(6):59-60.

王文,1992.三步评价法——共伴生组分经济效果评价探讨[J].河北地质学院学报,15(4):384-388.

吴杨水,朱军,2015.全尾砂胶结充填在微山湖稀土矿采空区治理中的应用[J].工程管理,5(22):8207-8209.

吴兆清,应莉莉,彭文胜,2003.铅锌选矿厂废水回用研究[J].湖南有色金属,19(3):8-10.

向鹏成,谢英亮,2002.尾矿利用的经济性潜力分析[J].矿产保护与利用(1):50-54.

筱美,2010.《金属尾矿综合利用专项规划(2010—2015》发布[J].国土资源(5):46.

肖卓豪,周健儿,罗民华,等,2015.稀土尾矿制备轻质隔热泡沫陶瓷的研究[C]//中国机械工程学会.第十二届全国工程陶瓷学术年会论文集:66-66.

徐宏达,2003.上游式尾矿坝的沉积规律[J].有色矿山(32):40-49.

严群,罗仙平,赖兰萍,等,2008.会东铅锌矿选矿废水净化回用工艺的试验研究[J].工业水处理,28(3):58-59.

严群,谢明辉,罗仙平,2006.会理锌矿选矿废水循环利用的研究[J].给水排水(4):54-56.

颜学军,2005.矿山尾矿资源的综合利用和环境保护[J].稀有金属与硬质合金,33(3):23-25.

杨刚,杨眉,2015.尾矿资源特征分析研究方法综述[J].中国矿业,24(6):67-70.

杨明平,胡忠于,2008.盐酸废液分解铁尾矿制聚硅酸聚氯化铁复合絮凝剂[J].无机盐工业,40(4):52-54.

杨晓峰,张丛香,2008.鞍山铁尾矿资源的综合利用研究[C]//中国金属学会.第四届全国选矿专业学术年会论文集:16-19.

杨义东,2017.牦牛坪稀土矿床地质特征与成因分析[D].成都:成都理工大学.

于云龙,2019.武山铜矿新建全尾砂膏体充填系统研究[J].现代矿业,35(2):99-102.

余晶，李秋月，2017. 尾矿资源综合利用现状及政策研究[J]. 内蒙古科技与经济(14)：52－54.

曾小星，徐薇，2019. 选矿废水处理回用技术研究[J]. 科技经济导刊，27(26)：124.

张丛香，刘润华，刘双安，等，2016. 利用铁尾矿改良苏打盐碱地技术研究与应用[J]. 矿业工程，14(1)：39－41.

张建营，2012. 尾矿渣蒸压砖生产工艺研究[J]. 砖瓦(11)：14－17.

张杰，2001. 矿产资源的立体开发与综合利用[J]. 矿业工程，26(4)：55－58.

张锦瑞，2014. 金属矿山尾矿资源化[M]. 北京：冶金工业出版社.

张锦瑞，倪文，王亚利，2005. 利用铁尾矿制取微晶玻璃的研究[J]. 金属矿山(11)：72－74.

张坤生，2019. 全尾砂充填在桦树沟铜矿的应用[J]. 世界有色金属(9)：191－192.

张涛，袁敏，常文韬，等，2016. 典型尾矿高附加值利用关键技术研究与示范[M]. 天津：天津大学出版社.

张艳，戴晶平，2007. 凡口铅锌矿选矿废水资源化研究与应用[J]. 有色金属(选矿部分)(6)：3－6.

张艳，戴晶平，张康生，2008. 凡口矿选矿废水处理与利用试验研究[J]. 矿冶工程(3)：45－48.

张移山，2019. 全尾砂充填技术在良山铁矿的应用[J]. 江西冶金(6)：52－57.

张玉清，1974. 关于多金属矿床综合品位的计算问题[J]. 有色金属(采矿部分)(6)：9－13.

章庆和，郭宇峰，1995. 蒸养尾矿砖的研制及机理分析[J]. 矿产保护与利用(5)：45－47.

赵亮，冀东，彭超，2013. 矿山固体废弃物处理与综合利用[C]//中国地质矿产经济学会，中国国土资源经济研究院. 中国地质矿产经济学会 2013 年学术年会论文集：83－88.

赵喜伟，高占勇，常翔鸣，等，2013. Al_2O_3 对稀土尾矿微晶玻璃结构和性能的影响[J]. 中国陶瓷，49(3)：59－62.

中国国土资源经济研究院，2016. 中国矿产资源节约与综合利用报告(2015)[J]. 中国国土资源经济，29(1)：2.

中国冶金矿山企业协会，2016. 重点冶金矿山统计年报(2016)[R]. 北京：中国冶金矿山企业协会.

周国华，潘含江，程志中，等，2012. 全国尾矿地球化学调查与评价成果报告[R]. 廊坊：中国地质科学院地球物理地球化学勘查研究所：126－149.

周强，于先坤，2019. 冬瓜山铜矿充填技术的发展与应用实践[J]. 现代矿业，35(8)：76－79.

周婷婷，张长森，魏宁，等，2014. 铜尾渣替代黏土制备水泥熟料的试验研究[J]. 硅酸盐通报，33(3)：691－696.

朱欣然，2010. 铁矿尾矿资源开发利用经济分析[D]. 北京：中国地质大学(北京).

朱英江，王仕伦，2007. 提高德昌大陆槽稀土选矿回收率的研究[C]//中国稀土学会地采选专业委员会. 2007 年中国稀土资源综合利用与环境保护研讨会论文集：74－78.

祝玉学，戚国庆，鲁兆明，等，1998. 尾矿库工程分析与管理[M]. 北京：冶金工业出版社.

SHENZHEN JEWELRY DESIGN APPRECIATION 2011—2012

深圳珠宝设计年度鉴赏

Editor: Zhihua-Ye　Deputy Editor: Yan-Zhang

主 编：叶志华　副主编：张 琰

中国地质大学出版社有限责任公司

ZHONGGUO DIZHI DAXUE CHUBANSHE YOUXIAN ZEREN GONGSI

2011–2012
深圳珠宝设计年度鉴赏

编 委 会：刘国生 刘旭东 刘思明 吴峰华 吴海刚 李少兵 苏日明 苏建明 张 帆 陈亿龙 陈 琦 陈景星 陈晓海 孟保堂 金帮明 宣晓红 耿 波 梅文超 薛声勇 魏 健 (按姓氏笔画排序,排名不分先后)

主　　编：叶志华
副 主 编：张 琰
翻　　译：刘咏梅

出版发行：中国地质大学出版社有限责任公司 ZHONGGUO DIZHI DAXUE CHUBANSHE YOUXIAN ZEREN GONGSI

版式设计：梦工坊珠宝设计有限公司
封面设计：梦工坊珠宝设计有限公司
摄影机构：视界印象

设 计 师：方红军 马仁东 邓玉英 王熙光 代波军 丘秀丽 叶志华 刘丽贤 刘秀明 刘 江 许二建 陈 功 陈鹏基 陈良德 连 娜 李慧梅 李吉娣 李向楠 肖俊周 汪 珺 沃日莎 吴金金 张国生 张平文 邹凯聪 范 泽 曹林海 谭英娴 薄叶青 魏红梅
(按姓氏笔画排序,排名不分先后)

精选品牌

(按入编时间排序,排名不分先后)

TTF 高级定制珠宝 HIGH JEWELRY

GMOND 吉盟 闪耀·恒久之美

IDEAL 爱迪尔珠宝

嘉華珠寶 KAWA JEWELLERY

丰沛珠宝 FinePearl

SANJ 新宝珠宝

DIAMOND CHARM 钻之韵

Aaiqi 艾琦

金海棠珠寶 GOLDEN BEGONIA

DERIER 蒂爵珠宝

Mizar 铭泽 Hearty love

oboiee 欧宝丽

和玉東方 HOTAN JADE ORIENTAL

尚钰美珠宝 SYM JEWELLERY

Innoland 东岸珠宝

明饰珠宝

WELL 威尔珠宝

香港金百福珠宝

FENGCAI 风彩珠宝

恒星珠宝 HENGXING JEWELRY

CHINA INTERNATIONAL JEWELRY DESIGN CONTEST

序(一)

深圳市黄金珠宝首饰行业协会会长

经过20年的发展，深圳珠宝产业目前已稳居国内珠宝行业龙头地位，在国内外具有举足轻重的影响力和竞争力。深圳已经成为中国珠宝设计制造和交易中心、国际信息交流中心和物料采购中心。深圳设计、制造加工的珠宝首饰占据国内市场份额70%以上，是名副其实的“中国珠宝之都”，享有“世界珠宝看中国，中国珠宝在深圳”的美誉。

设计创新是珠宝产业进步的灵魂，为了提升深圳珠宝产业的国际地位，提升产品附加值，深圳黄金珠宝首饰行业协会一直致力于推动深圳珠宝设计的创新，褪去“深圳制造”的帽子，将“创造”二字烙印至产业根基，重新梳理出创意设计、研发生产、推广销售环环相扣的完整产业链。除了推动珠宝创意设计公共服务平台的建设外，深圳珠宝协会还积极承办珠宝设计大赛，整合优秀设计师群体，用创意设计助力深圳珠宝产业腾飞。

《2011—2012深圳珠宝设计年度鉴赏》的编辑出版，为深圳珠宝品牌创建了高端的展示和传播平台。该书汇聚深圳优秀珠宝品牌的设计精品作为载体，用图式语言记录深圳珠宝设计的璀璨与惊艳，尽管这些产品图片不能全面反映深圳珠宝的整体面貌，但它却是深圳优秀珠宝设计的缩影。该书的出版将填补国内珠宝首饰产品设计类高级图书的空白。该书印刷精良、款式精美，赏心悦目，值得推荐。

序(二)

宝石矿物学博士，中国地质大学（武汉）珠宝学院院长

无论在哪个国家与民族，珠宝都是他们最古老的传统行业。珠宝以其稀、久、美的特质为这个民族传承文化、情感、记忆。可以毫不谦虚地说，珠宝代表了人类物质文明和精神文明的最高成就。而在珠宝产业的发展成熟过程中，设计的力量无疑是珠宝的灵魂，设计寓艺术符号于方寸之间，用以表达人们的心愿、信念，使珠宝从“贵金属”被塑形、磨砺成为真正的“珠宝”。

设计是一门不简单的学问，又是一门化不简单为简单的学问，需要设计师有深厚的设计功底、深刻的人文思想、对珠宝产业深闳的认识理解。古人常说“功夫在诗外”，设计和作诗的本质如此相似，内心藏着一片大海才能为人们捧出一颗珍珠。在中国的珠宝行业发展不到30年的时间里，对于珠宝设计人才的培养教育虽然奋起直追，但仍然处于较为初级的阶段。我们的珠宝设计师仍然在设计的艺术与商业平衡中不断摸索，在工艺与款式的雕琢中辗转反复。我敬佩每一个在前进路上秉持着艺术梦想和实干精神大胆尝试的珠宝设计师，坚信在他们当中，一定会出现影响世界的成功设计师，也坚信随着中国珠宝设计的日趋成熟，会带领中国珠宝产业走向更加成熟、理性、健康的发展，中国的消费者能够享受到珠宝所带来的艺术美感、珍贵记忆。

查看这本《2011—2012深圳珠宝设计年度鉴赏》中选刊的珠宝作品图片，更加清晰地看到整个行业的发展日新月异，新的华章已经奏响。

做此序，谨为珠宝行业祝福，为奋斗不息的珠宝人祝福！

序(三)

叶志华

深圳独立珠宝首饰设计师
《2011—2012深圳珠宝设计年度鉴赏》 主编

每年在香港珠宝展上都能看到世界各国精美的高级珠宝图书。充满异国风情的珠宝设计赏心悦目,天马行空的创意让人叹为观止。这些设计巧妙、印刷精美的高级刊物，开阔我们的视野、启迪我们的思维，直观地让我们了解到全球珠宝的时尚设计和巅峰艺术。

目前中国的珠宝首饰书籍，大部分都是广告性质的期刊杂志，有相当多的都是没有正式书刊号，属于内部交流的“DM”，俗称直投广告期刊，或信息交流的宣传册,是针对特定的小众读者编制邮寄的，因此中国珠宝设计文化的传播与世界成熟国家差距是巨大的。即使与国内其它行业（如时装）的差距也是巨大的。

近几年来，有部分深圳珠宝品牌商凭着原创的设计，精致的制造工艺,已经走上了国际的巅峰舞台，并开始频频在瑞士巴塞尔这样全球顶级珠宝展惊艳亮相，让我们感受到了深圳珠宝品牌的民族自信。

我突然有一种想法。为什么不将深圳优秀品牌的珠宝设计收集整理，汇编成册。更好地整合、传播这些优秀的设计呢？于是我决定冒天下之大不韪，准备付诸行动。

当我跟出版商和深圳的珠宝品牌商沟通时，没想到获得了他们高度认同与支持。

采编的过程是一个发现美、寻找创意亮点的旅程。深圳珠宝制造商款式非常多，有些制造商具有成熟的产品设计管理和产品研发体系，产品设计融入了品牌的DNA，具有序列化的美感和鲜明的品牌特征。但有些制造商的设计管理是比较散乱而无序的。透过产品反映出其管理和设计水平。

本书出版是整合设计资源和传播珠宝文化的一种尝试。除了把深圳优秀的珠宝设计以图片的形式展示在世界的舞台上外，更大的意义在于以公开发行的方式将首饰文化介绍给普通读者，让珠宝行业以外的读者欣赏到精美的珠宝首饰。

目录

(按入编时间排序,排名不分先后)

TTF
高级定制珠宝
HIGH JEWELRY

TTF高级定制珠宝是深圳市同泰富珠宝首饰股份有限公司旗下的全球顶级珠宝品牌,以“开启伟大家族文化传承”为TTF高级定制珠宝的品牌文化理念，关注成功企业家及收藏家对品位、修养、鉴赏力的追求，考虑其对社会文化、家族文化传承的使命需求。TTF高级定制珠宝拥有60多位优秀设计师和100多位工艺师，组建了世界级珠宝设计研发体系，秉持“东方传统文化，当代艺术展现”的设计理念，创作独具东方传统文化的华美珠宝。TTF高级珠宝的五大高端价值：完美的设计、精良的工艺、高等级的宝石、高品位的文化、高端的收藏概念。

猕猴捧寿

主石采用色泽浓郁、通透的绿色碧玺，钻石玫瑰金幻化的妖娆枝蔓攀附环绕着切割完美的梯形碧玺，幽幽绽放无限华美光芒。几只灵动顽皮的猕猴捧着甜美的寿桃，或坐或攀附，腾跃在碧玺幻化的树丫之上，令作品散发令人玩味的乐趣与盎然生机，又因猕猴捧寿的美好传说，传递着深深的祝福之意。

The Lady

作品选用切割完美色泽通透，最长达85mm纯净无暇的绿色碧玺，搭配素雅坚洁的18K白金，通过精妙设计，棱角分明的宝石与女性优雅的外表、刚强的内心呼应。突破传统的制作工艺，令每片叶子都能自由活动，尽显精湛工艺，奢华中散发自然韵味。该作品荣登法国权威珠宝杂志《Dreams》2012春季刊封面。

TTF

高级定制珠宝

HIGH JEWELRY

碧海情天

选用6粒重达60.90ct色泽翠绿高雅的哥伦比亚祖母绿，弧面水滴啄型、蛋面型切割更显颗粒饱满，翠绿欲滴；全手工精心制作，GH色级，VVS、VS净度，完美理想切工（ideal cut），钻石与整套祖母绿比例完美搭配，灵动婉约的设计流露出无限的温柔与浪漫，绽放不可抵挡的永恒魅力。

千里共婵娟

作品运用中国宋词中家喻户晓的美好词句“但愿人长久，千里共婵娟”来凸显蓝宝石的不可替代与永不衰败的珍贵，愿不论一国同胞抑或海外友人，都不受地域限制共同感受那一轮不变的明月永不停歇的照耀，只为这值得永世流传的珍宝。

TTF
高级定制珠宝
HIGH JEWELRY

国色天香

色泽绚丽、质感通透的罕见大颗粒桃红碧玺被璀璨的钻石、红宝石幻化而成的灵秀的茎叶、妖娆的藤蔓、鲜活的蓓蕾众星拱月般环抱在中心，在鲜活中弥漫出浓郁的古典芬芳，散发着无限生机。精湛的工艺、完美的折射角度，让宝石的火彩华光尽显，美艳绝世，不可方物。

TTF
高级定制珠宝
HIGH JEWELRY

洞仙歌

设计师从苏轼名句《洞仙歌》获取设计源泉，全套作品采用手工精选色泽、净度、形状大小比例协调一致的和田玉，质地细腻、温润莹泽，配以温润玫瑰金衬底，尽显优雅精湛。细腻明快的艺术造型，既传承着东方古典文化的婉约美感，又焕发着奢华抢眼的贵族气质。

TTF
高级定制珠宝
HIGH JEWELRY

无边镶嵌珠宝系列

美丽宝石颗颗比邻，释放无限华美光芒，造型栩栩如生，美轮美奂，精致典藏。TTF无边镶嵌高级珠宝系列，手工精选的顶级红、蓝宝石，搭配割切完美、火彩尽显的璀璨钻石，采用精湛绝伦的无缝无边镶工艺.体现高级珠宝的精致华美。

TTF
高级定制珠宝
HIGH JEWELRY

TOUCH

东方太极的神韵与哲学，结合意大利柔媚富有层次的风格与品味,创造出奢华、幽雅、让人无法抗拒的珠宝魅力。璀璨的钻石、诱人的玫瑰金，以及流畅的线，环拥着散发神秘色彩的黑玛瑙，深深触动时尚女士们的心，非比寻常的曼妙身姿是灵感流动的痕迹，更增佩戴者的魅力。

TTF
高级定制珠宝
HIGH JEWELRY

脸谱

一张脸谱，一段历史，道古人的传说，现中华戏曲的精髓，那唱段是追忆文明的线条，那情怀是点燃激情的色彩。黑红两大中国标志色彩的充分运用另首饰惊艳。由中国京剧脸谱所激发的设计灵感重组玫瑰金和钻石镶嵌，尽显中国古代戏曲演化的艺术打造现代首饰的奢华。

TTF
高级定制珠宝
HIGH JEWELRY

旗袍

作品不经意若隐若现的中国红，带着身体摇摆的旋律，用中国诗情画意般的妩媚吐露东方女性的华美高贵。

GMOND吉盟

闪耀·恒久之美

凭借对钻石原料的挑剔眼光，对钻石切工的精准把控，对款式设计的创新创意，对镶嵌工艺的孜孜探求，GMOND吉盟珠宝渐渐接近其成为行业翘楚的愿景。在不断的追求与创想中，GMOND吉盟珠宝一直秉承着设计是珠宝的生命线，创新是企业的源动力这一理念，在寻找美和创造美的路上越走越远，越走越好。

GMOND吉盟珠宝一直都是国内珠宝品牌佼佼者，“中国驰名商标”荣誉获得者，在新世纪开始的2000年，GMOND吉盟珠宝诞生于终端市场，在十多年的发展与壮大中，业已拥有品牌零售店近300家，占据了一定国内市场份额。GMOND吉盟珠宝自有镶嵌工厂，自有设计团队，拥有数十项技术专利和设计专利，并与掌握全球90%的钻石原料的戴比尔斯集团旗下珠宝品牌Forevermark™永恒印记有着深刻与广泛的合作。

凭着对每一件GMOND吉盟珠宝品钻饰的力求完美，GMOND吉盟珠宝让珠宝真正成为能够附载情感，能够留存传世，能够闪耀完美的饰品。GMOND吉盟珠宝这一理念也通过其全国零售网络成为深受消费者认同和追随的消费理念。

GMOND吉盟珠宝遍布全国各省的销售网络，依靠的是十多年不断更新、完善、建立的集品牌策划、运营管理、市场拓展、商品管理、专业培训等配套服务一体化的零售运营体系，而终端门店的不断增加，各地市场的持续挖掘，加盟客户的深度合作，其实都是在将珠宝之美，设计之美播撒给懂得美，爱护美，收藏美的消费者，这是GMOND吉盟珠宝一直以来的理想和梦想。

挑剔眼光、创意设计、时尚触感是吉盟珠宝的关键词，GMOND吉盟珠宝不遗余力的传扬着都市流行风尚，传播着优雅生活方式，传递着经典与永恒之美。

珠宝之美，闪耀恒久，GMOND吉盟珠宝对于美和时尚的探求永不止息。

GMOND吉盟珠宝2012款闪耀铂金钻饰系列，采用铂金与钻石的搭配来诠释出不变与永恒的概念。八箭八心极致切工钻石，配合卡位提升，镂空镶嵌，细钻微镶等工艺，让2012年闪耀出最灿烂的火彩和最真实的魅力，GMOND吉盟珠宝闪耀铂金钻饰系列一直是诠释珠宝之美的经典系列。

品牌代言人
Shine 心生闪耀·铂金钻饰
钻石与铂金的完美搭配，辉映着爱情的恒久珍贵，
为你演绎光彩夺目的闪耀心声。
Pt
不变铂金·Pt为证
极致切工 八箭八心

闪耀系列铂金钻饰

对于GMOND吉盟珠宝来说，用一个产品系列来为我们阐述美和珠宝之美，“SHINE”系列钻饰一直是不二之选；对于设计师Alessandro Cossu来说，“SHINE”系列的设计也一直让他感到骄傲。在2010年款和2011年款的闪耀系列钻饰陆续推出后，GMOND吉盟珠宝一直探索着更高的镶嵌工艺和锻造工艺和更有创意的设计方式与佩戴模式。新款闪耀铂金钻饰系列在工艺不断被提高，创意不断被刷新的2012年发布，同时再度推出GMOND吉盟珠宝对珠宝之美的最新诠释。

GMOND吉盟珠宝闪耀系列的独创概念——主副戒同戴，自2010年推出并被延续到2012，SHINE系列已推出三款主副戒同戴钻饰，主戒华丽而充满设计感，大克拉钻饰与密集的细钻微镶工艺，华贵而颇具份量感；副戒简约并清新活泼，用来平衡整件钻饰。主戒熠熠生辉，副戒相依相随，独特的佩戴体验加上钻饰本身的个性化标签，让主副戒的概念成为新的潮流与风尚。拥有一款主副戒同戴款钻饰，它就能随着心情去自由搭配，同戴或者分开佩戴都能展现女性之美的每一个层面。无论是作为盛大婚礼的庄重配饰，还是日常佩戴的清新小配饰，GMOND吉盟珠宝闪耀系列主副戒同戴钻饰都能满足女人对美的需要。

“执着”戒指与吊坠，舍弃了复杂拖沓的设计，以极简主义的设计思维，采用经典四爪独钻镶嵌，卡位提升的方式，托举出单颗SHINE钻石，让钻饰更为立体和凸显。

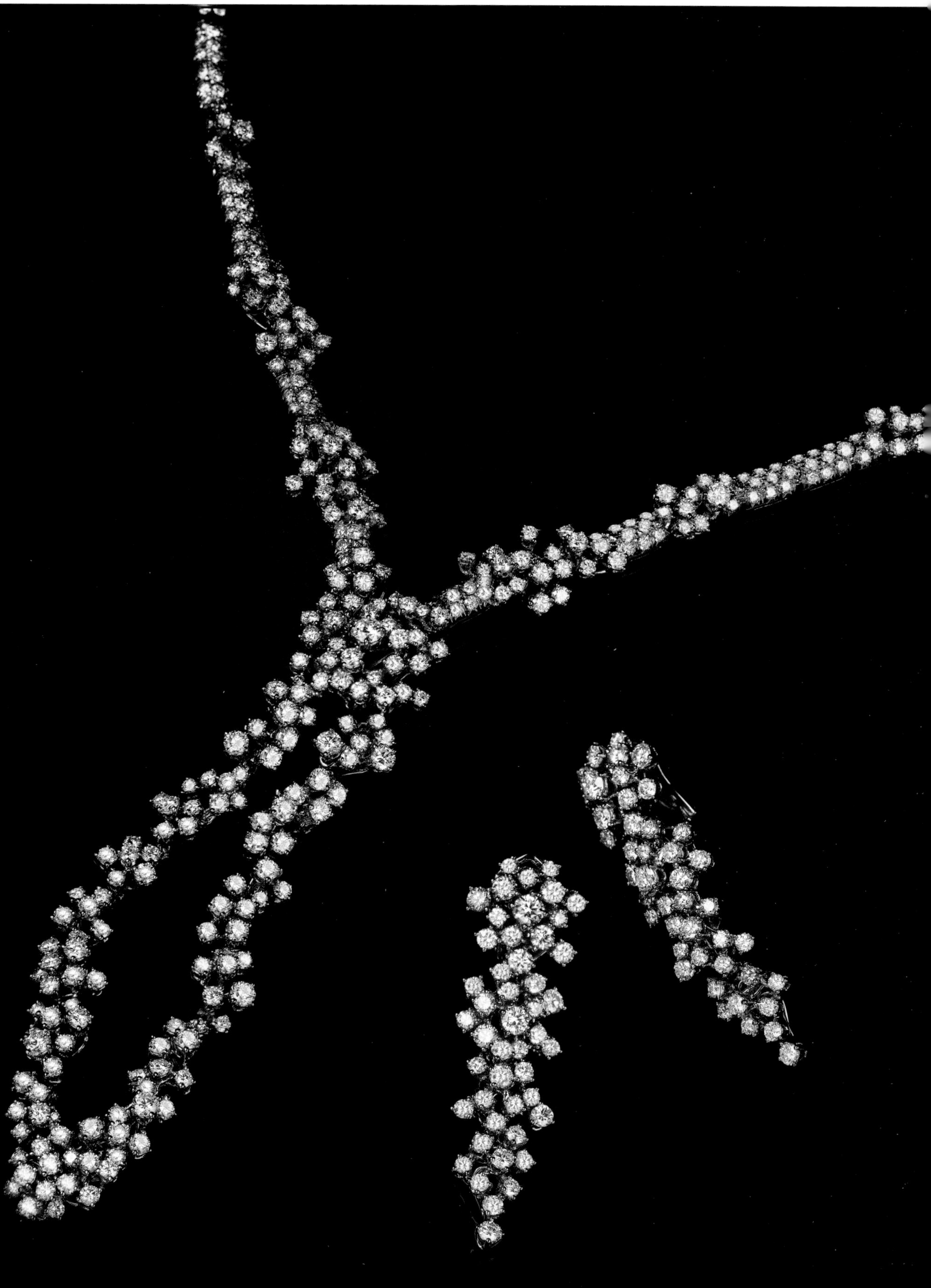

“皇家桂冠”由项链、耳坠、手链、戒指四个元素组成，以看似无序却匠心独具的钻石镶嵌排列式，交错相织的镂空线条和突破钻饰设计俗套等亮点荣幸的成为大S婚礼佩戴钻饰。“皇家桂冠”抛弃具象设计元素，以写意的方式将臻选的闪亮圆钻，艺术的结合与排列，形成独特的冠式风格，并确保每颗钻石都能全方位折射光线，闪耀无比，“皇家桂冠”是吉盟珠宝近期钻饰设计的代表作品。

星河·心河，大S婚礼纪念版定制钻饰，由意大利高级珠宝设计师领衔设计，以意式空间造型灵感呈献错落有序的立体设计，全手工拉金线，独特心形钻石与颗颗美钻高低镶嵌，恍若米兰夜空闪耀的星河。

梦幻星空，从浩瀚的星空汲取无尽的灵感，以唯美的星语设计造型呈献于世，传神入化的五角星、流星，结合独特工艺打磨的钻石，恍若星光熠熠的灿烂银河，摇曳间光华永恒。

“天河流韵”属“红毯系列”定制钻饰经典作品之一，由项链与耳坠两个元素打造出简约、优雅的群镶美钻，水滴异型钻烘托主题，相互衬托搭配，营造出一种梦幻星空之感，区别于金料与宝石的堆积设计，“天河流韵”价值不菲，却又纯洁祥宁，传达的仍然是吉盟珠宝一贯的优雅和创意的设计理念。

当珠宝被赋予灵感，它就是IDEAL。

在充满无限生机和可能的机遇面前，IDEAL的品牌传奇在中国一再上演，继2002年4月中国大陆第一家品牌店开业后，目前IDEAL已在中国206座城市拥有了312个品牌网点，不仅覆盖省会都市，还远至克拉玛依、高及拉萨。

IDEAL的设计定位于都市女性，以溢满灵感的设计和精湛的工艺展现女性之美。在崇尚时尚、追求个性的今天，IDEAL不仅是爱情永恒与圣洁的代名词，更标榜着“发现灵感，乐在其中”的生活态度，格调鲜明地引领着一种在平凡中发现自我、释放本真的人生体验，将女性从枯燥乏味的刻板中解脱出来，踏进明亮有趣的美好境界。

IDEAL这位灵感的使者正带领更多女性发现灵感、乐在其中地创造非凡。因为，IDEAL总知道：你要什么；因为，你总知道：其实只需一些点缀，人生就能异彩纷呈。

我们一直在寻求新的艺术与美的表达方式，尽可能将它的抽象美转化为具象的珠宝，风格的变换在这里有着鲜活而完整的体现，色彩在这里得到挥洒，无可挑剔。

IDEAL®

爱迪尔珠宝

复古设计意味着对过往文化的借鉴和复制，宗教、建筑等因素也都融合其中，意味着收藏岁月流光，重温往事，蔓延的花茎和宝石的点缀，开启一趟非凡的心灵之旅，燃起爱人对未来的热情和憧憬。

IDEAL®

爱迪尔珠宝

自古以来，玫瑰作为浪漫、爱情的代名词，承载了无数恋人的爱情梦想。在ROSE系列中，设计师运用玫瑰花瓣，花蔓，枝叶等元素，捕捉玫瑰的形态，生动地展现了玫瑰动人的气质，ROSE系列首饰，让都市女性成就玫瑰般绚丽的爱情梦想。

Rose

Let love bloom

让爱绽放

IDEAL®

爱迪尔珠宝

炫彩

设计师巧妙破解大自然光线隐藏的秘密，利用360度同步测试原理，精准到十万分之一的切割工艺，从每一个角度提升钻石的感光，360度放大每一颗钻石的光彩、质感，让每一颗钻石完美地呈现出3倍光彩的无暇品质。

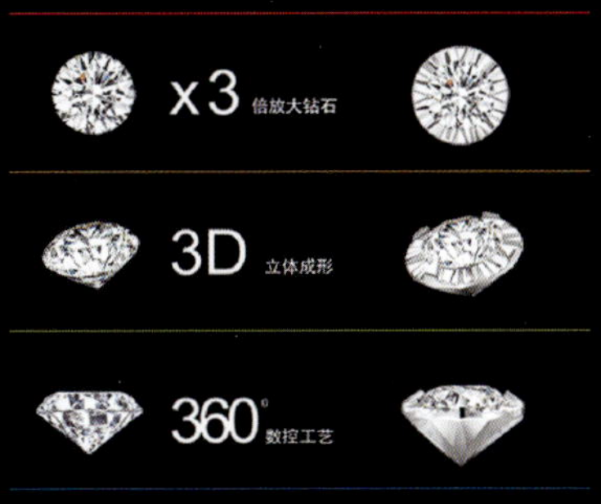

IDEAL®
爱迪尔珠宝

巴赫的奏鸣曲

设计师：刘丽贤

灵感来自十八世纪法国的巴洛克艺术、洛可可艺术，绸缎的项饰，色彩富于乐感的渐变，柔和高雅，浪漫而独特地诠释自我。

IDEAL®

爱迪尔珠宝

从愈千份中国人手指形状采样开始；根据人体工程学设计，保证戒指空间对手指屈伸受压的范围最小；运用流体力学原理，力求让戒臂的光滑程度达到极致；历经 30 道工艺打造，用最精湛的手工艺悉心呈现戒指的舒适，实现对戒指功能的人性化需求。

Designer: Jessica Fong

花朵是设计师们永恒的灵感，设计源自春天的花朵，散发着浓浓的女性魅力，精致的镶嵌洋溢温柔含蓄的典雅情调。色彩简单明快，设计复古大胆，让饰品成为了有生命力的点缀，无以复加。

IDEAL®
爱迪尔珠宝

Designer: Jessica Fong

沉重绮丽、充满艺术气息、复古的风格在的珠光的晕彩中显得自然又不失细节，塔希堤碧海里遗落的黑色珍奇串结着从中世纪贵族投来的荣耀目光，如同欣赏一副绝世名作，神秘优雅而从容。

嘉華珠寶
KAWA JEWELLERY

香港嘉华珠宝创建于清朝嘉庆年间，是中国珠宝界历史最为悠久的驰名品牌，“嘉”一始于嘉庆之时，二喻美好之意；“华”乃中华，以表达其为中华之瑰宝。在二百多年的发展历程中，嘉华秉承“万种情怀，由我表达！”的品牌使命，始终追求一个目的：以经典的珠宝艺术和终生难忘的情感体验，与世人共同珍惜生命中的真爱！嘉华珠宝对婚姻的情感寄予了更多的关注，百年婚姻，多少世事变迁，嘉华珠宝一路相伴！“嘉华珠宝，结婚少不了！”承载着嘉华珠宝两百多年来所经历的婚姻历程，也代表着嘉华珠宝对美满婚姻、牵手百年的祝福，是幸福婚姻的见证。

双喜

融合古典浪漫与喜庆吉祥的婚恋新品——“双喜”系列产品，完美表达婚恋人士的幸福。将中国传统婚庆中最具代表性的图腾“囍”，用最新的镂空雕刻技术贯通于戒壁上，喜字相连不间断，取“喜连连，爱无边”之意。镂空的喜字格镶嵌璀璨钻石，华丽高贵，是时尚高雅人士的结婚首选。

嘉華珠寶
KAWA JEWELLERY

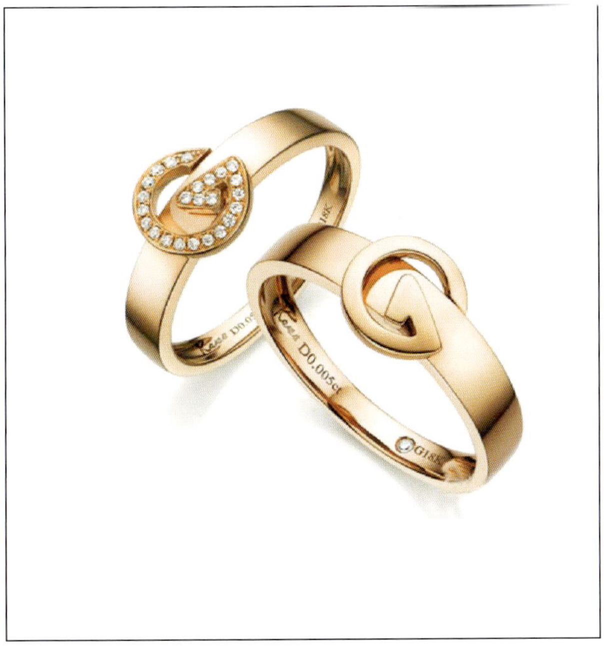

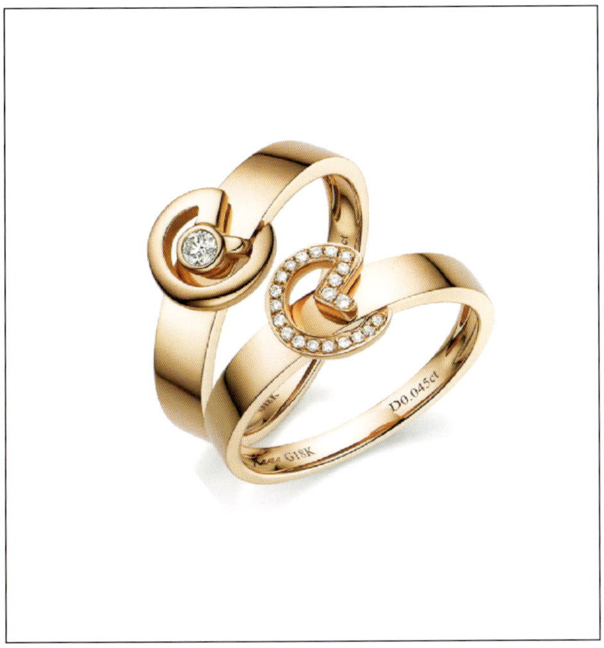

该系列产品以童年在手腕上画手表为灵感，以表盘和时间为主要设计元素，将有暗示意义的数字密码作为时间刻度，通过艺术化的手法，凝缩于戒指之上，寓意真爱和幸福不会随时间的流逝而消失。

设计师以贝壳为创作的主要原因材料，展现出贝壳里层柔和、独特的光泽，配以最时尚的K金，点缀灵巧的小钻，创意出蝴蝶、白云、花瓣、爱心等精致的造型，为爱美的女性带来无限风采。

嘉華珠寶
KAWA JEWELLERY

“姻缘戒”系列作品,以佛教法器——“转经筒”为设计元素，用佛教“梵文”篆刻的婚爱真言——浪漫忠贞、包容互爱；风雨同舟、不离不弃；白头偕老、幸福一生，为天下美满幸福的姻缘祈祷。

嘉華珠寶
KAWA JEWELLERY

作品以“红绳”为设计元素，用时尚的手法和创新的材质将东方元素时尚表达，完美表现和诠释“千里姻缘一线牵”这一古老的概念。红绳不仅是一种信仰，也是一种对平安和幸福的祈求，佩戴红绳亦是一种时尚。嘉华"红线"系列新品，祝福每对相爱的人都是前生注定的缘分，今生更加相爱相惜。

项链整体以红绳为主，K金和钻石组合而成的心形作为点睛之笔，聚焦欣赏者的目光。项链可一款两戴，既可作为项链，也可用作手链，增加人们的佩戴乐趣。

手镯和小钻戒指款式简洁、大方，特别是用精湛工艺将K金扭成的心形造型，让金属产生柔软的感觉，上面点缀晶莹小钻，突显产品的别致和灵动。。

嘉華珠寶
KAWA JEWELLERY

将中国传统的的多种元素进行重新组合创造，玫瑰金、钻石、红绳.....在不同的材质之间碰撞出难以抗拒的璀璨光芒，并将上世纪的中国式优雅格调完美演绎，为我们呈现了一次视觉的饕餮盛宴。

嘉華珠寶
KAWA JEWELLERY

嘉華珠寶
KAWA JEWELLERY

″红线″系列产品款式多样。戒指以情侣对戒和单款女戒为主，戒指指圈或将K金卷捻成别致的绳状，或直接采用制作精良的红绳，增加戒指佩戴的舒适感.

丰沛珠宝®
FinePearl

丰沛珠宝是集设计、生产、销售于一体的顶尖珍珠首饰品牌。主营南洋珍珠、大溪地黑珍珠、日本珍珠和中国海水珍珠等，公司自置2000㎡厂房，业务涵盖珍珠镶嵌、钻石镶嵌和高端定制等，以原创设计和精湛的制造工艺见长。

丰沛珠宝秉承原创设计理念，引领潮流趋势，赋予珍珠更高附加值，提升珍珠首饰佩戴品位，在2011年成为大陆首家获邀进驻巴塞尔钟表珠宝展国际品牌馆的珍珠首饰企业，标志着丰沛步入顶尖珍珠首饰品牌行列。

孔雀

作品以珍珠为主体，运用钻石与彩色宝石表现出孔雀的优美形态，珍珠与彩宝的混搭风格突破了以往珍珠首饰的设计表达。使珍珠首饰绽放出新的生命力。

月 影

设计师将月光纳入设计视野.用珍珠和钻石表现神秘浪漫的感觉.色彩各异、大小不一的珍珠使整个作品散发出诗意空间,一种超自然的意境在珍珠的光泽下静静绽放.体现了设计师对自然独具匠心的感悟.

设计灵感来源于瀑布.恢弘气势带来视觉上的震撼冲击，在品味奢华之余，带来无限的遐想空间。那是天使的泪，洁白的珍珠象一朵朵水花，折射出一片沌洁的白，整个世界宛如一场奢华的礼拜。

丰沛珠宝®
FinePearl

中国建筑

设计师把中国古典建筑中的亭台楼榭等元素融入首饰设计，展现其独特的文化韵味，将建筑系列作品的深度与广度提升到更高的境界。

丰沛珠宝®
FinePearl

捕捉大自然原始之美,始终是丰沛珠宝设计师创作灵感的来源,灵巧的猴子象征智慧,敏捷的猎豹象征力量.圆润的珍珠处于优美的金属线条上成为视觉焦点.

珍珠首饰中的动物形象、神态，更多是设计师借用其特殊的代表意义，其中关乎自然生命，设计者的思想高度在这些动物身上得以体现，

清新活力的自然潮流跃然于身，突破传统设计，异形珍珠错落搭配出不对称的新意，代表了都市新女性的生活态度和追求。

博大精深的中国传统文化对设计师的吸引力由来已久，将厚重的文化融入珠宝首饰的设计中，展现出珍珠首饰别样风情，中国风表现出珍珠首饰的文化魅力。

丰沛珠宝®
FinePearl

珍珠似乎是为女人而生，女人的气质通过圆润优雅的珍珠得到最纯粹流露。“舞者”、“贵妃”“牡丹”呈现翩翩起舞时的定格画面，动静之间散发出女性高贵优雅的气质，最大限度地展示了女性别样的柔美风采。

珍珠与海洋似有天然的交集，二者的结合总能闪耀出别样的光芒，带来不一样的视觉冲击，珊瑚、浪花、海螺这些海洋特有的自然元素为拥有者增添浪漫奇幻色彩。

SAN J | 新宝珠宝

新宝珠宝（深圳）有限公司系香港新宝集团的下属子公司。集团于1999年在香港创立，并于欧洲、北美、中东和东南亚等地区设有分销机构，为全球优质珠宝品牌提供原创首饰设计和制作。凭借十年来在信息系统、管理系统、科技和理念体系上的成熟与国际化，新宝建成了独具特色的营销体系和一站式的全方位服务体系。

公司云集全球优秀设计精英100余人，先后在美国、法国、意大利、日本、新加坡等10余个国家和地区成立设计分部，把握国际珠宝首饰时尚设计潮流，引领国际珠宝设计先锋，为进一步拓展国内市场，新宝整合全球设计师和资深营销团队，成立“国际产品研发中心”，为国内知名品牌提供珠宝首饰趋势资讯和独特的国际化款式设计。

海的韵律

其灵感来自于大海的精灵海螺,用极具张力的手法将生命与珠宝的相互交融做了艺术的阐解,玫瑰金与钻石交替上演,谱写了一曲美妙的大海之歌。

北极家园

“北极家园”由8552颗钻石精工做成，其密镶工艺的精密度堪称一绝。在每一个微妙的细节均流露出高贵气度的同时，也希望能唤醒人们低碳环保，保护地球的意识。

快乐的大脚

两只憨态可掬的小企鹅挪动着可爱的脚掌，快乐的相互凝望，钻石镶嵌的肚皮闪闪发亮，设计师以此情此景，意在呼吁人们保护地球的资源，保护我们共同的家园。

一叶倾心

颗颗南非美钻拼凑出灵动的小树叶形状，而片片小树叶又围起了一片随风舞动的大树叶，层层递进，构思巧妙，让人一见倾心，深深迷醉。

命运的主导者

“命运的主导者”引用古时"抛绣球"的典故,借以来表现出当代女性的独立自主的人生观! 内环贴合人体手指轮廓变化，平滑细腻，佩戴中舒适自然。

轻舞飞扬

以女孩在花丛间飘舞做为此款胸针的造型主体，钻石零星点缀其中，花枝随风摆动，人与景融为一体，幻化出胸前最美的旋律。

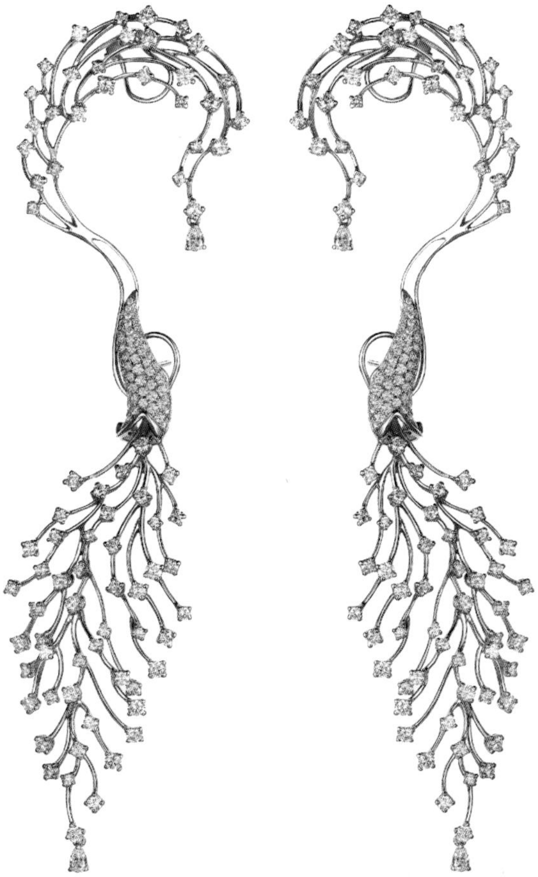

天鹅之舞

融入欧式艺术珠宝设计的此款天鹅之舞胸针，将欧式珠宝艺术的精髓体现得淋漓尽致。让欧式艺术珠宝的灵魂舞动在悠游的天鹅中，翩飞在的闪耀羽毛里。

SANJ | 新宝珠宝

Hello.色彩

用缤纷七彩的宝石围绕出颈间最美的童话，浪漫的粉晶、梦幻的紫晶、沉稳蓝宝及活泼的黄晶等似一个个小精灵一样跃上眼前，流动在颈间，散发着无穷的魅力。

柠檬金

新宝首创的柠檬金兼备了千足金的尊贵与玫瑰金的时尚，清新自然的柠檬色散发着水果的甜润，给心灵一份自然的温馨，也给佩戴者增添了一阵幸福甜蜜的气息。

“腕美”谐音完美，与女人追求完美的梦想如出一辙。为美丽加分，新宝珠宝“腕美”系列手镯为满足都市女性对美的独特主张，创作出鲜明的主题风格。典雅高贵的“公主梦想”豪华系列，用超豪华的设计以及制作工艺，让你随时随地享受宫廷般的奢华与高贵，举手投足间绽放出贵族女王般的华贵魅力.

腕　美

完美的品质是“腕美”系列手镯的另一大特点。钻石、玫瑰金和18K白金等材质让手镯注定成为时尚的宠儿。产品多采用流线、斜线以及花面肌理等创意性设计，赋予手镯优雅的灵魂艺术和极致的动感魅力。

Aaiqi 艾琦

1999年　艾琦珠宝诞生在中国的深圳。2002年　一款命名为“轻舞飞扬”的钻石吊坠一面世就受到众多女性的喜爱和狂热追棒。艾琦珠宝对产品近乎苛刻的追求，为的是让更多追崇高品质生活方式的女性真正感受到珠宝所带来的欢愉和魅力。

LOVE HER FOR HER

我们知道，每件珠宝对于它的拥有者都有着特殊的意义。我们一定会将它当成一件可以传承的艺术品来制作。哪怕在你最不轻易觉察到的细微之处我们也会用最完美的设计和最精湛的工艺来完成。为了你所钟爱的珠宝，我们会在审美和质量上自始至终争取做到最好。

Aaiqi 艾琦

One Love
结婚钻戒系列

我的爱人　唯一的爱

没有山盟海誓　没有艳丽玫瑰
一路携手走来　感谢有你的陪伴
不论世事如何变迁　只要有你便已足够
内心深处你早已是我的爱人
我唯一的爱

Aaiqi 艾琦

DIAMOND CHARM
钻之韵

作为卓越的国际化珠宝品牌，DIAMOND CHARM钻之韵秉持“激情 冒险 对完美不懈的追求”的品牌精神， 致力于为顾客提供富有价值的珠宝首饰，让生活更美好！

DIAMOND CHARM钻之韵中国总部在深圳，在比利时布鲁塞尔、美国纽约、中国香港设立钻石和黄金采购中心， 产品畅销世界30多个国家；其中在中国大陆目前已经开设300多家店面，零售网络覆盖北京、上海、重庆、天津等直辖市及20多个省；因品牌在中国的突出表现，钻之韵连续荣获“中国驰名商标”、“中国名牌”、“中华金银珠宝名牌”、“中国珠宝首饰业驰名品牌”殊荣。旗下品牌有：EFED、爱瑞思。

18K金双色手镯(表),高难度的真分色制造工艺,造型微妙,极简的当代设计.

18K金双色戒指\手镯,高难度的微镶及真分色制造工艺,曲面微妙动感,极简的当代设计.

18K金戒指\吊坠，高难度的微镶及一体化造型，曲面微妙动感，极简的当代设计.

夸张的动物造型,洗炼简洁的当代设计,材质多样配搭,色彩明快,是时尚彩宝首饰的精品之作.符合当代都市女性的审美.

时尚新宠——彩色天然宝石

DIAMOND CHARM
钻之韵

自然的花朵形态,丰富多彩的宝石混搭,营造出首饰的时尚之美,玫瑰金与白色金,红、绿宝石的"撞色",对比强烈，通过线条的过渡,协调而有韵律.

大胆的色彩对比，大面积的光金，造型极简的当代设计.符合都市女性的审美.是当代时尚珠宝首饰的代表之作.

金海棠珠宝是一家以晋商文化为核心价值的珠宝品牌，集产品设计开发、制造、销售为一体化的大型企业。主要产品有黄金饰品、钻石首饰、翡翠、彩色宝石等等，是目前晋中市珠宝黄金首饰单体规模最大、品种最齐全、类别最多的珠宝品牌商。金海棠珠宝实力雄厚，诚信经营。让您在温馨的氛围里体验最佳的环境和最佳的服务。从您开始购买我们的产品起，我们的服务会时刻伴随着您，为您提供贴心的咨询，专业的指导和保障。设在深圳的产品创意中心汇聚国际优秀的设计师，通过国际化与中国地方文化的结合，为你创造出独具地方特色的文化首饰精品.

用经典花朵造型加创新的元素应用于戒指上，让其产生适度的视觉张力，是美学的创举。

　　将局部具体化的花朵形态应用于戒指之上，使戒指具有诗意空间。

　　海棠花解构之后.我们提炼了最具特征的元素,运用重叠的手法.将其应用于戒指之上.尽情表达层次的美感.

金海棠珠寶
GOLDEN BEGONIA

本系列作品以山西晋商非物质文化遗产为设计元素,以体现晋商"家"文化的晋商大院;以体现晋商团结精神的晋商会馆、以体现晋商诚信经营的票号为设计原形,用精致的冲压浮雕工艺体现艺术价值,以黄金为材料体现投资及收藏价值,以晋商精神体现人文价值，本系列作品是传承并传播晋商文化、体现地方历史文化特色的黄金投资收藏精品.

乔家大院位于山西省祁县乔家堡村，始建于中国清代乾隆年间，原为清代著名晋商金融资本领袖人物乔致庸的宅邸。该院设计精巧，布局严谨，工艺精湛，俯视成”囍”字形，集中体现了中华民族的勤劳与智慧，并是晋商“家”文化的象征，素有"皇家看故宫,民俗看乔家”之美誉。

日升昌位于世界非物质文化遗产所在地山西省平遥县古城，创始于清道光初年，既是中国历史上第一家票号，也是晋商文化的杰出代表。它历经一百多年，其分号遍布全国35个大中城市，票号业务远至东南亚及欧美等国，素以诚信经营和汇通天下而扬名世界。

全晋会馆位于江南名城苏州，清代光绪年间由寓居江苏的山西晋商汇兑、办货、印账等集资购筑，是晋商文化“团结和谐”的象征。馆内建筑金碧辉煌，古戏室龙凤雕椽，飞檐翔丹，精美绝伦，融北方粗犷豪放的风格与江南玲珑秀丽的特色于一体，是晋商创造辉煌商业奇迹的历史缩影。

金海棠珠寶
GOLDEN BEGONIA

该系列作品采用和田玉雕刻，以吉祥动物为主题,玉色温润细腻,作品构思独特，巧妙运用其俏色，体现中国传统文化的精髓,是不可多得的精品之作，极具收藏价值。

以花朵为创意元素,丰富的色彩、优美的线条与造型,明亮的主石光泽,体现作品不凡的气质.

作品通过精细的雕刻艺术，显现出中国文化意象的吉祥语意。增加了文化的层次和内涵，整组作品显得非常晶莹透亮，有“水江河”的感觉，行话形象地称之为“水分足”，是翡翠中的精品，极具收藏价值。

DERIER 蒂爵珠宝

蒂爵国际集团是一家总部设在中国深圳的大型珠宝集团，经历12年的励精图治，蒂爵国际已经成为中国目前成长性强，单店盈利高，拥有国际性珠宝品牌的珠宝零售集团之一，蒂爵珠宝是蒂爵国际集团旗下的品牌。DERIER蒂爵珠宝主要以旗舰店、殿堂级宫殿、专卖店为发展战略，打造当地具有地标性建筑的珠宝殿堂，同时兼顾发展优质商场的珠宝专柜。目前在全国各大城市拥有近50家店铺,分布在国内一线、二线城市。蒂爵珠宝2010-2012连续三年获得“中国最具500价值品牌”荣誉，品牌价值高达23.62亿元。

绚缦花火

蒂爵经典圆形璀璨型的钻石切割，加上匠心独具的镶嵌工艺，巧妙地衬托出中央极品主钻耀眼夺目的光芒,圆环上的圆形钻石与主钻完美结合成一体,体现作品的非凡创意与完美品质。

绿野仙踪

作品灵感源于森林中的树枝，并保持了树枝的自然状态，看似漫不经心，实则构思巧妙。为了集中视线，在黄金比例处将项圈由两圈过渡为三圈，在项链的吊坠部分选择了明黄色钻石，丰富了作品的色彩，黄钻具有阳光般温暖的色彩，黄钻外围的小钻，如阳光炽热的光芒，让作品更闪耀。

毓秀天成

DERIER蒂爵“毓秀天成”冰玉套系，作为翡翠的高档品种,原材料产于缅甸。就水种而言,它仅次于顶级玻璃种。“毓秀天成”质地细润,光泽好，颜色均匀,纯无杂质,玉体似滴滴冰晶，晶莹剔透，通明灵净，清亮似水，给人以冰清玉莹的感觉。敲击玉体音呈金属脆声,更让人爱不释手。

DERIER
蒂爵珠宝

魅影绝尘

以绚丽多姿的克拉级红碧玺为主，并配有璀璨美钻作点缀，流露着一股大自然的生命气色和色彩。而其精致典雅的设计加上玫瑰金的色彩，散发着华丽高贵的气息，展现女性无法抗拒的“绝色魅力”。

繁星漫天

一花一世界。整款项链造型犹如朵朵含苞欲放的满天星，相互簇拥，串成一条优美的曲线，清新自然，镂空的造型，圆润、饱满的线条,突显非凡的设计与精致的工艺。

DERIER
蒂爵珠宝

怡醉年华

出身豪门望族，依然是百媚千柔，内敛于心。克拉级红碧玺，蒂爵经典明亮式切割工艺，彰显尊贵典雅。动人的群镶小钻，环环相扣，更显别致静雅。一款两戴，吊坠搭配戒指，更显设计匠心独到。

DERIER
蒂爵珠宝

天姿绰约

DERIER蒂爵此款极品碧玺作品，典雅、高贵、奢华,堪称经典中的经典。高贵大气的长方形高品质碧玺跃然眼前，色彩丰富,闪耀着自然高贵的光芒，钻石花藤包裹体现自然形态,散发出成熟而神秘的迷人魅力。

花渡王国

简洁纯净的造型、高品质的彩色钻石搭配，使作品成为永恒经典的特质。上部分有三叶娇柔茶花相连接而成，茶花指间由隐秘式搭扣良好固定。下部分由通透极品黄钻作为花蕊，六颗无瑕纯净梨形切割钻石做花瓣，呈现出梦幻般的美感。

如意云纹

如意云纹是王者风范的最佳诠释者，作品采用金绿猫眼作为主要材质，金绿猫眼以其丝状光泽和锐利的眼线而成为自然界中最美丽的宝石之一，钻石与黑色金属精巧排列成云纹，体现东方文化的美学精髓。这种结合了东方美学与西方制作技术的珠宝是稀世珍品，。

铭泽是一家涉及采购裸钻、设计、生产、销售、连锁经营一体化的专业珠宝零售企业，以经营钻石镶嵌为主，其款式以时尚、潮流为主，为顾客提供美轮美奂的钻饰和至尊无上的服务。2000年铭泽将采购中心设在享有“钻石之都”美誉之称的比利时安特卫普。2003年铭泽在深圳设立分公司及推广中心，打造国际专业钻石珠宝零售品牌。推广“铭志恒久，世代留传”的铭泽钻饰理念,并在意大利、比利时、以色列设立信息反馈中心，加强与香港同行合作，及时提供世界各地最新的时尚款式设计。 铭泽钻石名店连锁机构于2004年以全新的管理理念全面导入ERP管理系统，成为珠宝行业第一家全面导入ERP系统的企业。

克拉钻戒

在铭泽极品克拉珠宝系列中,无论是专业独到的切割艺术,精工镶嵌,还是云淡风轻的设计灵感,都恰致到好处地完美融洽.

Mizar 铭泽

Hearty love

在克拉珠宝系列中,可以完美表达钻石两个方面的美丽:一种是与生俱来的天然之美,另一种是钻石经创意设计之后带来的珠宝艺术之美.两种美的高度融洽充分表达出了铭泽品牌的DNA.

Mizar 铭泽

Hearty love

还有什么比彩色宝石更美的珠宝载体吗!曾经最美的时光,通过设计师的创意,宽大的手镯凝铸为朵朵鲜艳的色彩之花,在时装与珠宝炫目的缤纷中闪耀,那是比春暖花开更动人的感官记忆.

当彩色宝石与中国传统文化的碰撞,高贵的凤凰被铬上了时尚的印记,仿佛诉说着如诗如画的舞会密境.

疏密得当的对称线条、水滴形与几何风格的设计,正是由于产品设计风格、路线准确到位,才让铭泽博物馆典藏彩色宝石系列珍品获得众人的喜爱.

Mizar 铭泽
Hearty love

古典油画与时尚气息的风月交汇,时光魔术再现艺术戏码,强调轮廓清晰与精致的点睛细节,结构完整、重点分明,突显装饰感与肌理的细节.以色彩取胜,铭泽博物馆典藏彩宝系列作品,令历史感与艺术气息扑面而来.

Mizar 铭泽
Hearty love

几何感十足的艺术造型，令这套彩色宝石首饰透露出一种摄人心魄的力与美，铭泽珠宝设计师们张扬的创意让彩色宝石首饰散发出灵动魅力.

绚烂的光泽与色彩,勾勒出花朵的自然形态.娇柔迷离的光影造型让指环独树一帜.

深圳和玉东方珠宝玉器公司，是和田玉文化珠宝首饰的专营机构，集产品设计研发、生产制造、营销推广为一体的高端品牌商。产品以和田玉中的极品、体如凝脂的籽玉为主石，采用黄金、钻石、宝石等贵重珠宝材料，秉承“新古典主义”设计风格，采用现代纯手工镶嵌工艺，让东方最古老的【金镶玉】珠宝首饰制造工艺重新绽放出高贵、唯美的艺术魅力。和玉东方致力于传统珠宝首饰艺术的时尚表达,通过产品的设计创新与精致的制造工艺引领珠宝首饰产业的新时代。

国色天香

作品将传统文化中三个最经典的吉祥元素璧、牡丹、黄水晶完美结合在一起，深厚的文化内涵和纯手工的镶嵌工艺，使、产品精致细腻，意境深远,尽显奢华高贵。是传统文化时尚表达的经典之作。

“天”是中华文化信仰的一个核心，以”天”字基本元素设计的文字系列作品，将“天”字演变成古琴或人物、建筑的形态，表达出传统文化的意境之美。

采用“青花瓷”“玉琮”等传统文化中的经典元素为设计题材，以东方最古老的“金镶玉”工艺制造，重现了中华文明的精髓，使作品具有非凡唯美的艺术魅力。

和玉東方
HOTAN JADE ORIENTAL

和田籽玉珠宝系列

独一无二的经典设计，让她成为世界上唯一的你；她凝聚中华文明与东方经典，是高贵与唯美的化身；她在时代变迁中不断超越，历经8000年依然精彩无限.

和玉東方
HOTAN JADE ORIENTAL

动物园系列

以动物为设计主题的系列首饰，栩栩如生的造型加上天马行空的创意，让首饰有了灵魂，不论是色彩斑斓的海星、热带鱼，或是小巧可爱的青蛙及小鸟，每一款皆充满个性，蕴藏一段故事。

和玉東方

HOTAN JADE ORIENTAL

梦回大唐

作品采用东方经典的玉环、玉璧为设计元素，重现唐朝盛世的高贵与奢华，让佩戴者感受古琴悠扬、长袖善舞的宫廷绚丽， 体会超凡脱俗的华美感觉。

这系列的作品通过玫瑰金与钻石结合营造出炽热的色彩与空间感，设计经典，工艺精致，逼镶、吸珠镶、微钉镶三种镶嵌工艺完美结合，突破了以往红宝石首饰单一的镶嵌工艺，层次丰富，空间感强烈，经典奢华，体现出红宝石首饰的华贵与经典。

一款饰品 多样精彩

上一秒为Fashion style的吊坠,下一秒变身贵气逼人的典雅指环。创新的设计与精巧的工艺结合,为现代都市女性提供了随心所欲的佩戴乐趣,展现都市女性的百变风格与曼妙热忱。独特的镶口设计,让宝石光芒倍增。

蓝宝石被认为是传达神意志的珍宝,以其深邃、凝重的美丽颜色,代表着浪漫、高贵、平静、和谐、满足,让佩戴者免于遭人妒忌,蒙受神灵垂爱。

“Y”字形的蓝宝石项链设计，极简的钻石围绕主石的指环，体现了当代女性的高贵与优雅。钻石与蓝宝石的结合传承奢华印记，是珠宝首饰永恒的经典。

Innoland
东岸珠宝

Inn land
东岸珠宝

作品突破传统的造型，解放张扬的心境，
丝带般飞舞的线条，描绘极具空间感的设计意念，
独特的镶口设计，瞬间放大宝石。
宣示着不一样的时代感。

深圳市尚钰美珠宝有限公司（SYM Jewellery Co,.Ltd.）是一家以高级珠宝定制为主营业务，集产品研发、生产、销售于一体的中国文化特色珠宝首饰公司。璇玑是尚珏美旗下高端定制品牌,以传承中国传统文化为己任,其产品采用纯手工精心制作，打造出的中国传统文化精髓艺术精品,采取量身定制的方式,根据客户的要求来设计,保证产品的唯一性,从而使产品拥有收藏价值与文化价值.

璇玑以“可传世佩戴的东方时尚”为核心文化，表述自我尊贵的身份价值；以现代时尚手法全新演绎东方文化精髓，赋予作品可传承的永恒价值,以独有的主题设计，完美诠释传统文化在现代社会的艺术价值。

顾　盼

运用各种颜色的宝石镶嵌成盛开的花朵，如青春女子，顾盼生姿，漫妙摇曳，充满了女性的灿烂风情；精致细腻的微镶工艺，纯净的天然彩宝，让作品美妙绝伦，具有奢华的公主气质.

XUANJI璇玑
高级珠宝定制
Http://www.symjewellery.com

璇玑于2012年推出的龙图腾系列作品，以其低调唯美的文化气质，完美呈现了品牌精湛绝伦的工艺，让历史的风采与现代美学互换角度，重现了人们对于龙神迹的崇拜，宣扬中国龙文化的精髓，使龙的艺术价值，闪耀着无比的璀璨和荣耀。

天赐福禄

梵唱千遍不为参悟,只为集世间福为你祈来万事吉祥。玉环象征着圆满，精致美丽的四季豆则代表着福禄寿，其寓意丰收、多子多福。

天赐福禄

设计灵感源于清洪昇《长生殿舞盘》：元素取于房檐上的龙纹图样，形容女性的体态轻盈和飘逸气质，如同房檐上的飞燕游龙般自由动感；充满灵气的设计，飘逸动感，体现着女性的美态；纯手工的微镶工艺，传递出一种细腻雅致的风韵。

XUANJI璇玑
高级珠宝定制

WELL
威尔珠宝

深圳市威尔珠宝首饰有限公司创办于2005年，是一家高端的珠宝首饰品牌供应商，专业从事克拉钻石首饰产品设计制作、奢华翡翠玉器镶嵌，K金饰品研发的民营企业。公司拥有高水平的设计研发团队，经验丰富.技术精湛的制作队伍，为珠宝首饰品牌商提供高端的产品支持。威尔高级珠宝的作品，一直以精益求精的严谨态度，继承与发展顶级珠宝制造工艺，为国内一线珠宝品牌提供高端产品，完全满足高端消费群的要求，全面为你提升品牌形象。

极品克拉钻戒

高级珠宝的奢华体现在其精细的工艺及昂贵的材质，由精致的工艺和高品质克拉钻石镶嵌而成的顶级珠宝，是精致工美主义的典范。

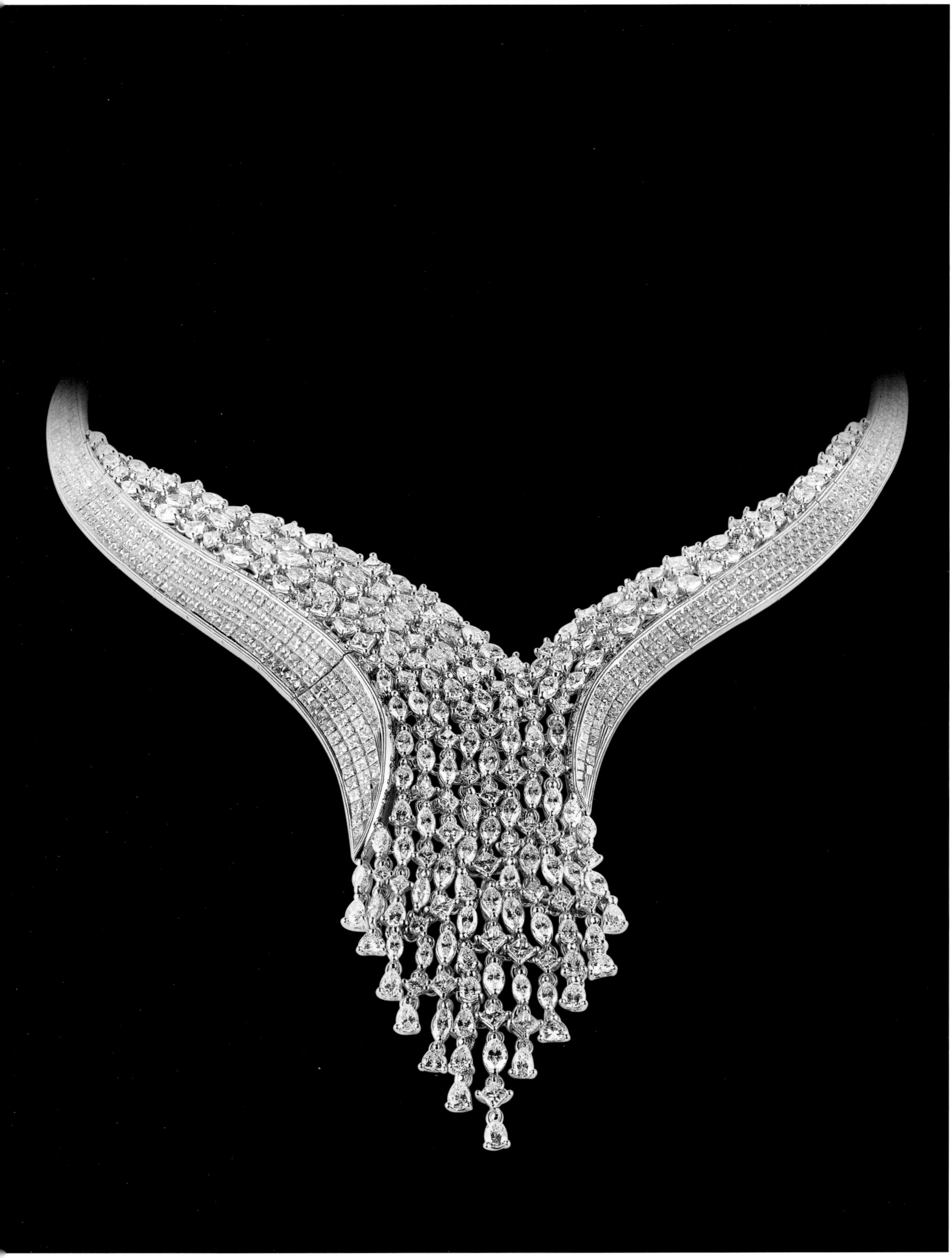

WELL
威尔珠宝

露　珠

该系列作品以清晨的露珠为设计灵感,高品质的钻石翡翠耳环、戒指,色彩艳丽,令人叹为观止。以花朵形的密钉镶钻石线条营造出优雅大气，加之中央大颗透明且清澈感十足的翡翠戒面，令整套作品尽显非凡气质。

WELL
威尔珠宝

露　珠

绿色与紫色极品翡翠宽手镯的灵感则源自大自然的露珠,几何中的经典链环元素，凭借华美的钻石铺镶令原本可能粗扁僵硬的链环接口处却呈现出自然、舒服的优美感觉。

FENGCAI 风彩珠宝

深圳风彩珠宝有限公司是集珠宝首饰生产、加工、批发于一体的高级珠宝首饰制造商。主导黄（K）金、铂金、钻石、翡翠、珠宝镶嵌等各类首饰品种的多系列产品矩阵，现已成长为一家集新品设计、技术研发、生产加工、批发以及品牌推广为一体的大型专业化珠宝企业。公司始终坚持“优质、创新、独特”为中心的发展思路，成为国内独特的钻石、翡翠、高级彩宝首饰设计制造商。全力推广珠宝首饰文化内涵，公司一直坚持“服务至上、诚信为本、质量第一”的经营理念，竭诚为广大客户和消费者提供最优质、便捷的服务。

彩宝，石之美者，给人一种赏心悦目的感觉。瑰丽性主要来源于其颜色、光泽、透明度和净度，其中最吸引人眼球的主要是绚丽的颜色。市场上有不少值得收藏的彩宝首饰都是以其非凡的颜色加上创新的设计、精致的制造工艺深受大家喜爱。

"工匠主义"文化体现在每处细节，宝石的精选、色彩的搭配、款式的研发、设计与加工都精益求精。对饰界由衷赞美，将文化与情感渗透于每件作品之中，使之闪耀出艺术与智慧的光芒。

将中国传统文化独特的包容性、开放性、多元性融入首饰设计的精髓之中，在缤纷的色彩世界，诠释中式的格调与西式风华。

风彩珠宝本着对艺术敏锐地直觉，对时尚理性地推崇，勇敢地实践与创新，不断精彩演绎彩色珠宝世界的旖旎瑰丽。吸收全球时尚元素，引领彩色珠宝时尚潮流，并向世人展示它低调而又感性的奢华。

窗

窗是房屋建筑的重要构件,是人类文明发展的象征。歌德说：“建筑是凝固的音乐。”其实，从历史的角度来看，珠宝何尝又不是流动的音乐，中国传统珠宝首饰的涓涓细流千洄百转，不断汇集和壮大终至洋洋大观，博大深宏，构成一部辉煌的交响。当我们透过那或精致玲珑剔透，或庄严肃穆的珠宝首饰去追寻隐匿在其背后的渊源所在和文化血脉时，我们就会发现中华文明那一脉相承的精髓所在。

以蝙蝠为灵感设计的吊坠,蝠与"福"谐音,体现出中国传统文化的意境之美,珠宝结合传统福元素，取其精华自创成自身独特的福文化。其血脉中流淌着西式的浪漫与优雅，和东方的神秘婉约，两者相互融合，继而凝粹成风彩的品牌特色——精致、典雅、时尚、浪漫。

香港金百福珠宝
King BeautifulJewelry(HK)

深圳市金百福珠宝首饰有限公司自2002年运营，前身为深圳市翠绿珠宝首饰镶嵌厂，凭借创新的设计和精良的工艺，其主打产品情侣戒,在珠宝行业中取得了一定的影响力和知名度。

2004年，深圳市金百福珠宝首饰有限公司正式成立，继承了翠绿珠宝成熟创新的首饰设计、加工、生产方面的经验和优势，积极拓展市场，并把业务延伸向了相关领域。经过几年的努力，金百福已经发展成为一家由珠宝首饰制造厂、批发展厅、加盟中心组成的集团化公司，并组建了全资下属的商用家具设计制造公司、首饰设计包装公司、玉器加工制造厂、玉器批发市场和珠宝软件研发中心。

爱熟了
2012
THE LOVE WAS MATURE
时尚浪漫钻石情侣对戒
你和童年一起，永远住在了我的心底。

爱熟了
2012
THE LOVE WAS MATURE
时尚浪漫钻石情侣对戒

爱熟了
2012
THE LOVE WAS MATURE
时尚浪漫钻石情侣对戒
你和童年一起，永远住在了我的心底。

爱熟了
2012
THE LOVE WAS MATURE
时尚浪漫钻石情侣对戒

我不害怕明天，因为我经历过昨天又热爱今

爱熟了
2012
THE LOVE WAS MATURE
时尚浪漫钻石情侣对戒
牵起的手已焐热，我想我们的爱情熟了。

爱熟了
2012
THE LOVE WAS MATURE
时尚浪漫钻石情侣对戒
打开爱的盒了，我看见幸福在纠

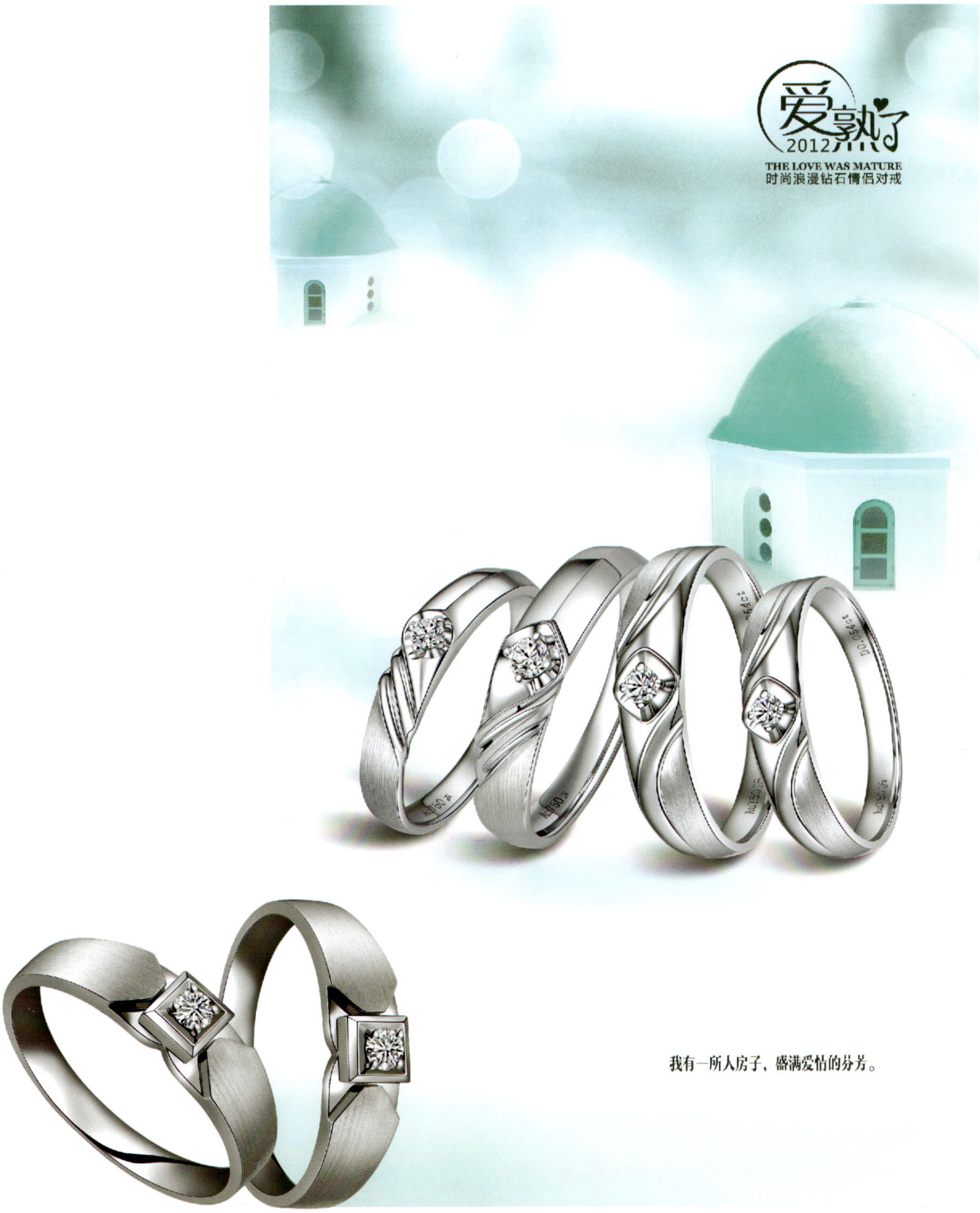

我有一所人房子，盛满爱情的芬芳。

视界印象是深圳行业专注于珠宝品牌的形象设计服务商和视觉摄影机构。

以策略为基础，以视觉设计为形式，提供全方位品牌形象整合设计，包括企业品牌形象创建设计、品牌形象重塑、产品品牌形象设计及改造优化、产品战略开发、珠宝产品摄影，为珠宝商提供最具前瞻性的品牌形象策略，设计最具震撼力的品牌形象，为你提供360度全方位的品牌视觉整合方案和有效管理。

龍戲珠

首饰由美合珠宝公司提供

设计师:蒋婵

作品由百福珠宝公司提供

作品由美意年珠宝公司提供

恒星珠宝
HENGXING JEWELRY

深圳市恒星珠宝有限公司创始于1996年，是一家集自主研发、设计、生产、销售于一体的专业化大型珠宝玉石生产企业，以款式多样，货源充足被业内人士所熟知，产品以优质和田玉、翡翠镶千足金（硬金、K金）为主，被冠以“镶嵌世家”的头衔。如今，恒星珠宝已发展成福建总部--广州分部--深圳分部三足鼎立的的盛世局面。为经销商及消费者打造品质优良、款式多样、时尚前卫与文化内涵兼并的珠宝是恒星始终不变的追求。

设计造型清晰的动物、花朵形态,是自然界的精灵,在设计师的手中成为大众喜爱的畅销作品,千足黄金与和田玉、翡翠、蓝宝石等贵重材料的结合让作品具有更高价值感,是大众市场中的宠爱。

恒星珠宝
HENGXING JEWELRY

作品的主要特点是把龙、凤、雄鹰等东方文化元素通过首饰的造型语言表达,符合大众化的审美。

恒星珠宝
HENGXING JEWELRY

中国传统文化表现出现代的设计感,色彩缤纷时尚,材质丰富,符合大众的消费心理诉求.

恒星珠宝
HENGXING JEWELRY

引领时尚的珠宝首饰制造商——明饰珠宝，以“思于形、精于工”的品牌经营理念，在近十多年的历史里，从不间断地追求首饰设计工艺突破和东西文化的融合，她代表了东西文化经典融合恒久的美学风范，一直以来散发着巨大的魅力。

明饰珠宝聚中西文化相互结合的精髓，汇世界各品牌珠宝首饰精彩的杰作，集各家之典雅时尚的设计，借能工巧匠高超完美的技艺，凭全面诚信优质的服务，已成为了精工、精致、精品的高品质首饰的象征。崇尚完美又独具匠心的明饰精品首饰，将首饰消费的文化艺术性、时尚功能性、保值增值性完美的结合起来，处处流溢着优雅、成熟、高贵、时尚、睿智的品质，精心挑选的钻石以及娴熟的制造工艺，使每一件首饰都淋漓尽致地体现出拥有者高尚的情操和雍容华贵的风度，把爱情的纯洁、神圣、坚定、完美体现的出神入化，充分显示出璀璨钻石，灿烂人生的个性魅力。

大克拉的珍稀碧玺火彩炫目，质地通透，纯天然宝石的奢华与精致小钻的细节之美相得益彰，带来尊荣体验。

冷、暖色系宝石的拼合与碰撞炫耀出强烈的视觉冲击力，让人轻而易举地迎来华丽丽的注目礼。

令人迷恋的异域风情是彩宝风潮的重要灵感来源，波西米亚、印度、尼泊尔的这些拥有瑰丽色彩和繁复图案的国度，给了设计师大胆的色彩创意。

彩宝从诞生之日起，复古的足迹一直没有停歇。无论时光怎么改变，彩宝风潮也难掩对复古的眷恋。设计师对于复古的诠释独具匠心地注入了"奢华"的概念，宝石色彩的拼合艳丽而浓烈。

钻石与彩色宝石完美结合，绽放永恒不息的光芒。彩色宝石，犹如宇宙中的无数繁星，摄人心魄，织造出的流光溢彩，呼应万里无垠的宇宙星空。从其发散出的极致光芒中，我们可以感悟到宇宙的无限宽广及极度神秘。璀璨线条中的彩色宝石闪耀着无比细腻的光芒，为艺术而预谋的间隔焕发着热情的光芒。

令人迷恋的异域风情是彩宝风潮的重要灵感来源，波西米亚、印度、尼泊尔的这些拥有瑰丽色彩和繁复图案的国度，给了设计师大胆的色彩创意。同色系宝石的渐变被巧妙地运用其中，通俗又标新立异，体现出愉悦明快的色彩律动。

嘉华.2011东方婚爱文化首饰设计大赛获奖作品专辑

2011东方婚爱文化首饰设计大赛由中国黄金报社主办，嘉华婚爱珠宝赞助，以中华民族中的“婚爱文化”为主题，旨在发扬珠宝首饰行业的原创精神，更好地将中国传统的婚庆文化融入珠宝首饰设计中，在弘扬中国传统文化的基础上，吸收国际化的首饰设计表现形式，使中国的珠宝首饰达到中西合璧、和谐生辉的深远意境，满足人们个性化的需求，推动中国的首饰产业由“中国制造”向“中国创造”转变，在产业升级中强有力地提升中国珠宝首饰设计以及中国珠宝首饰的国际竞争力。嘉华婚爱珠宝希望通过这次大赛推动中国珠宝行业的发展，提升中国珠宝的设计水平，同时传播中国优秀传统文化。

由于主办方宣传力度强,设计师们积极参与,大赛收到了大量优秀的作品。由学院派教授、工艺美术大师、平面设计大师、文化研究专家和珠宝首饰资深专家组成评委会，对作品的文化内涵、艺术美感、市场价值等方面进行考量,在众多参赛作品中评出了26件获奖作品,这些作品体现了中国现阶段的珠宝首饰设计水平。

本书收录了部份获奖作品,以飨读者.

名称：《鸳鸯》

设计师：许二建

“止则相耦，飞则成双”，千百年来，鸳鸯一直是夫妻和睦相处、相亲相爱的美好象征，是坚贞不渝的纯洁爱情的化身。作品借用拟人的手法，把一对真情守候的鸟儿形象完美的融入心形中，藉此告诉人们真情屈戌千言万语，无需海誓山盟，只求默默地彼此守护。设计主题“鸳鸯”泛指普天之下所有的真情相爱的生灵“止则相耦，飞则成双”

名称：《红盖头》

设计师：丘秀丽

大红盖头掀起来，娇柔玉容始现出。

红盖头，红色象征着喜庆，象征着鲜艳，盖头则遮盖了历史旧俗。产品以中国古时结婚时新娘头上的红盖头为创作灵感，采用K金、芙蓉石、红玛瑙为主要材质，经过精湛的工艺制作而成。线条流畅、造型独特、形象逼真，宛如一条飘逸的盖头垂落在颈间。掀起红盖头，那份彼此人生的心跳，那种新生活的开始，那种新人相视而脉脉含情的动人时刻，总是让人动心，令人难忘。

名称：《爱的刻度》

设计师：连娜

婚姻的周年就像是爱的刻度，每个国家都有属于自己的一套对于婚姻周年的划分和别称，该设计的灵感来源于中国婚姻周年的别称。

项链由多个圈组成，从最大的镶有纸的圈开始逐渐缩小，到最后一个钻石产生大小之间的强烈对比。前9个圈圈环环相扣，可活动，寓意婚姻的开始是一种沉淀，需要不断磨合才能越加稳固。从白纸到闪亮的钻石，多种颜色和材质的混合运用，阐述了完美的婚姻要经历无数的沧海桑田的考验。

名称：《红妆》

设计师：刘江

“悠悠古越风，深深女儿情”，十里红妆是江南民间千百年来婚嫁文化的美好图腾。作品以“红妆”为名，寓意女儿出嫁时的喜悦、期待之情。18K金与群镶小钻精彩结合，将最能代表中国婚庆元素的喜字融入其中，别致典雅。产品对“双喜”的半遮蔽式处理，将女儿新婚时“犹抱琵琶半遮面”的娇羞之情表现得淋漓尽致，借以体现东方女性出嫁时的含蓄之美。

名称：《合家欢》

设计师：曹林海

此灵感来源于中国传统婚庆文化中的众多对美好婚姻的祝福，也是两个家庭之间对新婚夫妇最美好的祝愿，包含了门当户对、龙凤呈祥、百年好合、双喜临门等元素！作品用首饰完美地诠释了中国传统婚庆的文化。

名称：《爱巢》

设计师：范铎

作品以蜜蜂的蜂巢为创作灵感，寓意充满甜蜜的结婚新房和两人共同努力创造的幸福家庭。璀璨的施华洛世奇水晶点缀其间，造型精致，创意独特，晶莹的水晶闪耀夺目，如同新人丰富多彩的生活。祝福两人爱情幸福温馨，生活甜如蜂蜜。

名称：《鹊桥》

设计师：郑华

灵感来源于中国古老的爱情传说——牛郎织女的鹊桥会；整件作品以鹊桥的形式表现，鹊桥便成了爱情的见证和纽带。

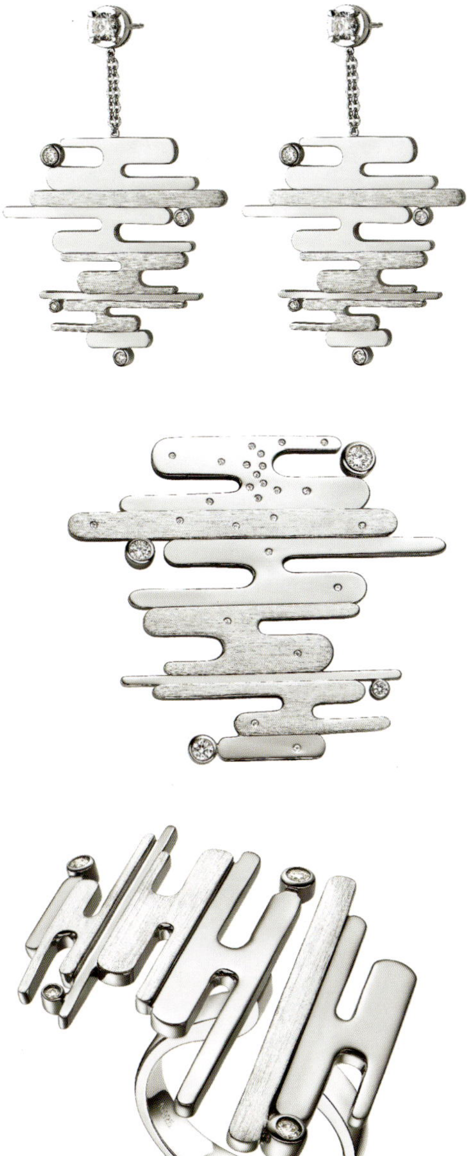

名称：《寻找》

设计师：吴金金

产品以路为创作灵感，用贵金属组成一条条纵横交错的路，象征人们在路途中或擦肩而过、或相识相知、或相爱相守。以钻石代表为爱寻找的人们，静静地等待在路旁，如钻石一样，散发出灿烂的光芒，绽放出迷人的魅力。繁华的世界就像这样的曲折道路一样，幸福的人们在茫茫的路上最终一定会找到属于自己的那颗绽放着火彩的“钻石”。希望天下有缘人找到自己的另一半，在曲折的人生路上相互扶持，一辈子幸福的走下去。

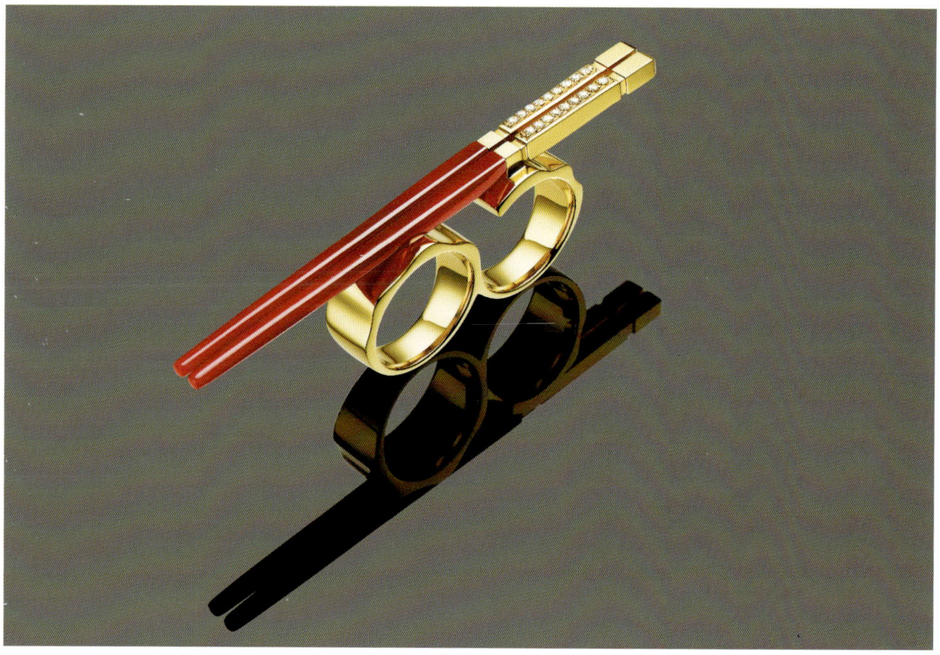

名称：《永恒》

设计师：陈良德 苏观姝

双指圈表面凹凸起伏，代表他们曾经走过的爱情之路。“筷”与“快乐”的“快”谐音，因此，筷子又象征着快乐的生活，以“∞”无限大的符号，意喻恋人将拥有无限的快乐和美好，其真爱将永恒不变。

名称：《骑着单车带你去看夕阳》

设计师：代波军

骑着单车带着心爱的她去看夕阳，穿过繁华的街道，走过寂静的小路，享受两人甜蜜的美好时光，是每个身处甜蜜爱情的人所向往的。产品将时尚的K金与钻石完美结合，打造出青春、浪漫的珠宝首饰。幸福的单车造型，车轮是两个镶满小钻的双喜，代表着喜庆、吉祥。车身多处出现表达爱意的心形，让整件产品充满浓情蜜意。

名称：《成双》

设计师：陈良德　苏观妹

中国民俗中，筷子意喻“成双成对”。情侣戒内凹的戒圈上一根从方到圆渐变的筷子，戒指各镶有钻石5颗，两只共10颗，代表“十全十美”。此件作品将东方的睿智和时尚潮流美学结合，符合当代人的婚爱理念和需求。

名称：《绸舞》

设计师：陈鹏基

灵感源于中国古代的丝绸，以丝绸起舞的美态来表现首饰。在中国古代，丝绸把蚕丝优秀性能与美术结合起来，丝绸不仅是高贵的衣料，而且是艺术品。服章之美谓之华，故丝绸代表中国，反映了中国人民的礼仪文化。戴上这款首饰就像被丝绸围绕着肌肤，展现首饰的柔美以及体现中国的传统文化。

蓝天.家园

联合国教科文组织创意城市网络深圳创意设计奖之

第二届“中国（深圳）国际珠宝首饰设计大赛”获奖作品选辑

2011年9月14日在深圳会展中心举办盛大的第二届中国（深圳）国际珠宝首饰设计大赛获奖作品颁奖典礼。此次设计大赛，为两年一届的常态化举办的深圳创意文化产业重大赛事活动之一。2011年12月7日，被市政府设计之都推广办公室评定为“2011年度优秀设计项目”。大赛的主办单位是中国珠宝玉石首饰行业协会、国土资源部珠宝玉石首饰管理中心、市文体旅游局、罗湖区人民政府、深宝协等权威机构，由深宝协独家承办，协办单位为十八家名牌企业，支持单位为国内外珠宝设计类院校和相关机构以及业内媒体。

大赛以“蓝天·家园”为主题，以珠宝的表现形式，向世界宣言，同在蓝天之下，相聚地球家园。它隐含人、自然、家园的和谐共生，力求与珠宝首饰设计中强调的情感内涵和丰富想象力完美融合。本次大赛收集到的作品基本上反映了中国珠宝业的设计水平.其中不乏优秀作品。

本书收录了部分获奖作品,以飨读者.

作品名称：《心星愿》

设计师：邓玉英

作品名称:《福豆》
设计师：马仁东

以碳之名
设计师：许二建

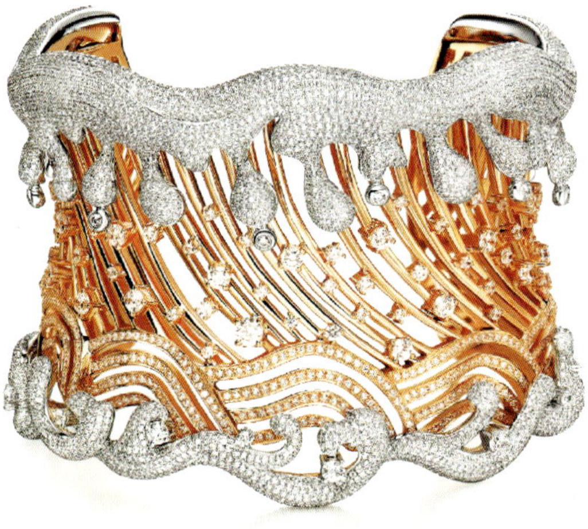

作品名称:返璞归真

设计师:张平文

梦想高飞
设计师：李吉娣

双鱼八卦之幸福

设计师：李慧梅

作品名称:树人

设计师:方红军

网 络 时 代
设计师：魏红梅

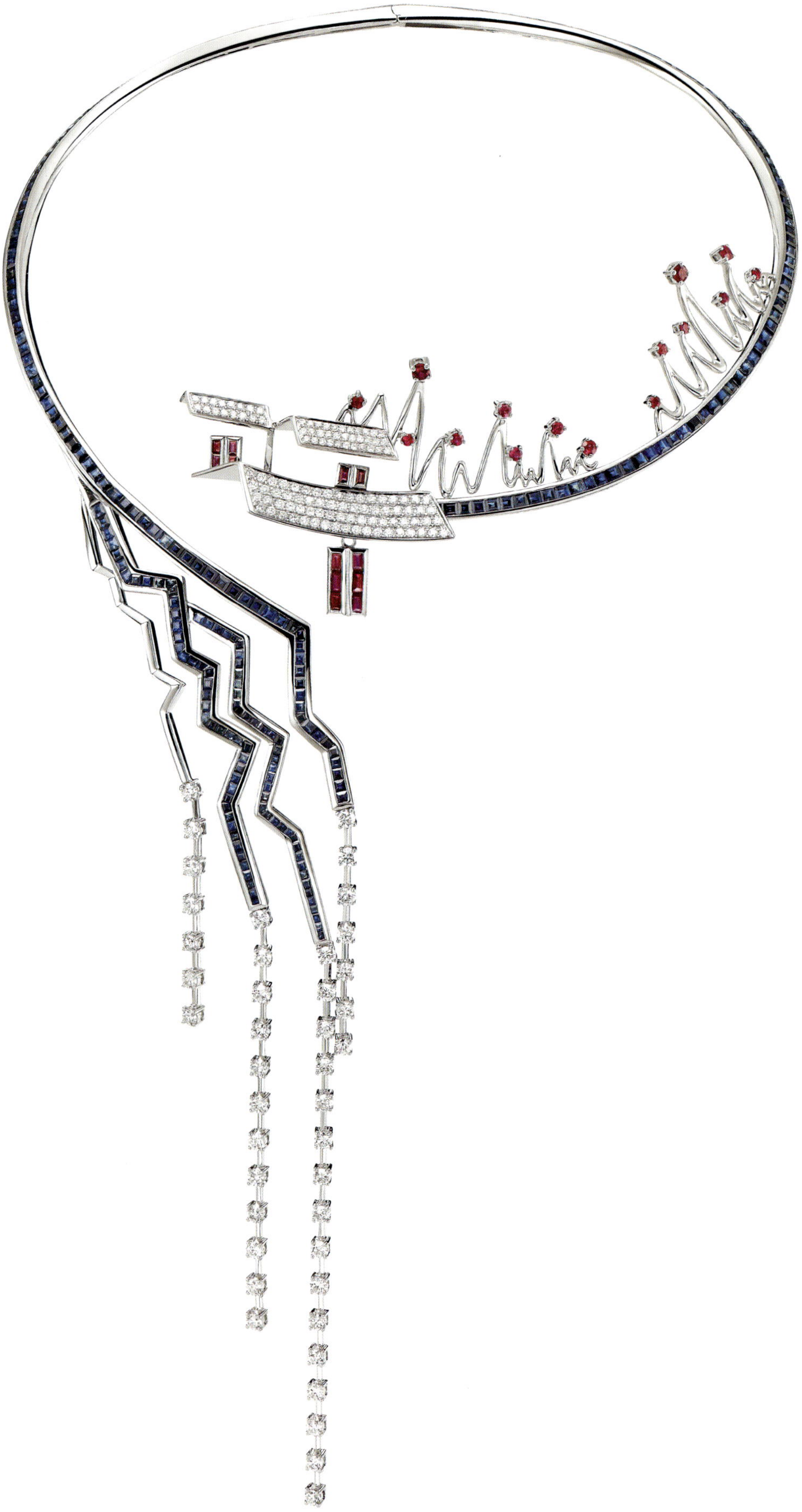

小桥流水人家

设计师:邹凯聪

作品名称:向往

设计师:汪 珺

雨帘.幽梦

设计师:张国生

CHINA
INTERNATIONAL JEWELRY DESIGN CONTEST

守望麦田

设计师:沃日莎

葡萄熟了

设计师:王熙光

CHINA
INTERNATIONAL JEWELRY DESIGN CONTEST

作品名称:流动

设计师:刘秀明

作品名称:球

设计师:李向楠

作品名称:星叶

设计师:肖俊周

女娲补天

设计师:谭英娴

变化中的变化

设计师:薄叶青

青春.诗歌

联 合 国 教 科 文 组 织 创 意 城 市 网 络 深 圳 创 意 设 计 奖 之

第三届“中国（深圳）国际珠宝首饰设计大赛”作品征集

主办机构：
中国珠宝玉石首饰行业协会
国土资源部珠宝玉石首饰管理中心
深圳市文体旅游局
深圳市罗湖区人民政府
深圳市“设计之都”推广办公室
国际铂金协会
深圳市黄金珠宝首饰行业协会

承办机构：
深圳市黄金珠宝首饰行业协会

大赛命题：青春·诗歌
青春，如诗如画，如梦如歌，充满激情，善于畅想，灵动而美丽。像一条奔流不息的河，似一本百看不厌的书，如云如月，似雪似浪，洁白无暇，朝气蓬勃；如朝阳，似彩虹，五光十色，绚丽斑斓……
要求参赛作品立意高远，富于创造力和表达力，发现青春之美，用珠宝设计的语言，演绎诗情画意般的青春。

参赛方法：
1、登陆大赛指定网站（www.0755zb.com）填写或下载报名表。
2、邮寄个人作品到大赛组委会办公室（深圳罗湖贝丽南路48号金丽国际珠宝交易中心6楼 邮编:518020）。
3、不收取任何参赛费用。

参赛资格：
1、全球从事珠宝创意设计制作的人士、美术工作者和业余爱好者，以及全球院校珠宝首饰设计专业的学生，允许以个人或企业身份报名参赛；
2、大赛欢迎独立设计师和工作室及相关专业机构参加比赛。
十、参赛要求：
1、充分表现设计主题，创意思想前卫，表现性强；造型美感，形神兼备；设计风格明晰，传承性和传播性强。设计作品具备较强的整体感和审美感，作品主题和设计语言具备较强的穿透力和感染力。
2、注重设计与工艺的结合，注重中西珠宝设计文化的结合。
3、设计作品材质不限，建议选用钻石最大不宜超过1ct。

奖项设置：
作品以设计创意为导向，分专业组、学生组公开评奖。专业组、学生组分别设立2个创意大奖，分为综合类和铂金类各1名，其余作品不论材质及功能类别划分评奖。

奖金设置：

共设立专业组、学生组两组，各设21个奖项，颁发奖金、奖杯及证书。

具体奖项如下：

（一）专业组：

创意设计大奖（综合类）： 1名 奖金US＄5000

创意设计大奖（铂金类）： 1名 奖金US＄5000

一等奖： 1名 奖金US＄3000

二等奖： 2名 奖金各US＄2000

三等奖： 6名 奖金各US＄1000

优秀奖： 10名，颁发奖杯及证书

（二）学生组：

创意设计大奖（综合类）： 1名 奖金US＄3000

创意设计大奖（铂金类）： 1名 奖金US＄3000

一等奖： 1名 奖金US＄1500

二等奖： 2名 奖金各US＄1000

三等奖： 6名 奖金各US＄500

优秀奖： 10名，颁发奖杯及证书

以上所有奖项奖金是税后奖金。

“簕杜鹃杯”工艺艺术奖（仅颁发给制作企业）：

设一等奖、二等奖、三等奖等若干名

最佳组织奖 （若干）

* 海内外获奖者将受邀来深参加颁奖盛典。

时间及流程:

2013年3月5日,参赛作品递交截止日（以邮戳及电子邮件最近发送时间为准）；

2013年3月5日4月15日，参赛作品整理、裱糊、中英文翻译等准备工作；

2013年4月15日左右,业内专家图稿初审（由业内专家组成初审团评比，选出初赛入围作品）；

2013年5月15日左右,初赛入围作品由评审委员会评审专家进行评审，评选出需制作成实物的入围作品；

2013年5月16日-8月5日 完成入围作品实物制作；

2013年8月5日左右 评选出专业组、学生组两组优秀奖、三、二、一等奖及最佳创意大奖等各类奖项，评选“簕杜鹃杯”工艺艺术奖各类奖项。

2013年9月13日晚在2013深圳国际珠宝展览会欢迎晚宴上，举行“第三届中国（深圳）国际珠宝首饰设计大赛颁奖典礼”。

入围作品及设计师与作品介绍同期公开巡展，将陆续在9月深圳国际珠宝展、9月意大利维琴察珠宝展、9月香港珠宝展、3月瑞士巴塞尔钟表珠宝展盛大展出，并在组委会指定的各大城市和片区巡回展览。

投稿地址：

深圳市黄金珠宝首饰行业协会

地址：深圳罗湖贝丽南路48号金丽国际珠宝交易中心6楼 邮编：518020）

电子稿件请发至：szzbxh@0755zb.com

投稿联系人：

兰铁 电话：0755-25622358 传真：0755-25602358

谷娜 电话：0755-25917785 传真：0755-25602358

梁淑清 电话：0755-25622358 传真：0755-25602358

参赛报名表格下载请至www.0755zb.com

TTF
高级定制珠宝
HIGH JEWELRY

深圳市大凡珠宝首饰有限公司
负责人:吴峰华
地址：深圳市罗湖区翠竹北路42号TTF国际珠宝设计大厦
电话：+(86)755-8240-6876-816
+(86)755-8226-0500
网址:www.ttfjewelry.com

SANJ 新宝珠宝

新宝珠宝（深圳）有限公司
负责人:刘国生
地址：中国深圳市罗湖区文锦北路2020号茂名大厦8-9楼
电话：86-755-25618593 / 25618595 / 25618597-1007
传真：86-755-25619960
E-mail:sanj@sanj.com.hk
网址:www.sanj.com.hk

GMOND 吉盟
闪耀·恒久之美

深圳市吉盟首饰有限公司
负责人:陈亿龙
地址：深圳市罗湖区水贝二路54号特力工业区12栋二楼
邮编：528020
总机：(0755)25639999 传真：(0755)25639138
邮编:518020 网址:www.SZGMOND.com.

Aaiqi 艾琦

深圳市缘琦缘珠宝有限公司
负责人:陈琦
地址：深圳市罗湖区田贝四路42号6栋4楼南
电话：0755-2899 8888 28998888-818
邮编:518020
邮箱:aiccichen@163.com
网址:www.aicci.com.cn

IDEAL®
爱迪尔珠宝

深圳市爱迪尔珠宝股份有限公司
负责人:苏日明
地址：深圳市罗湖区东晓路1005号北楼二、三楼
邮编:518020
电话：0755-25798365 0755-25631878
网址:www.idr.com.cn

DIAMOND CHARM
钻之韵

深圳市钻之韵珠宝首饰有限公司
负责人:耿 波
地址：深圳市罗湖区水贝工业区21栋首层
电话：0755-25500888 传真：0755-25500222
邮编：518020
邮箱:majun@zuanzhiyun.com
网址:www.zuanzhiyun.com

嘉華珠寶
KAWA JEWELLERY

深圳市大盘珠宝首饰股份有限公司
负责人:苏建明
地址：深圳市罗湖区田贝四路72-74号翠景大厦二楼
电话：0755-2577 0066 传真：0755-2563 3170
邮箱：800-830-7241 400-777-0280
网址:WWW.KAWAJEWELRY.COM

金海棠珠寶
GOLDEN BEGONIA

晋中金海棠珠宝贸易有限公司
负责人:孟保堂
地址：晋中市榆次区新建北路中段
电话：0354-3916999 传真：0354-3980658
Http://www.jieyuren.com
E-Mail:jinhaitang@163.com

丰沛珠宝®
FinePearl

深圳市丰沛珠宝有限公司
负责人:张帆
地址：深圳市罗湖区田贝四路广发大厦六楼
电话：+86-755-25632968 +86-755-25613538
网址:www.fine-pearl.com
邮箱：freeman@fine-pearl.com

DERIER
蒂爵珠宝

深圳市蒂爵珠宝有限公司
负责人:刘旭东
地址：深圳市福田区福虹路世贸广场A座15A01
电话：0755-83662179 邮编：518033
传真:0755-83690508
邮箱:derier@derier.com.cn
网址:http://www.derier.com.cn

深圳市铭泽珠宝有限公司

负责人:李少兵

地址：广东省深圳市罗湖区翠竹路维平大厦6层
电话:0755-25805290
传真:0755-25805445
邮箱:mzlsb518@126.com
网址:www.mzdtc.cn

深圳市恒星珠宝有限公司

负责人:陈景星

地址：深圳市罗湖区文锦北路美景花园大厦一层
深圳市罗湖区田贝四路96号翠景大厦一层
电话：0755-88999111　0755-25606260
全国免费客服电话4000689888
网址:www.hxzb.com

深圳和玉东方珠宝玉器有限公司

负责人:魏健

深圳体验展厅：罗湖区贝丽北路20号金展珠宝广场3楼T-13
新疆公司：乌鲁木齐人民路338号和田玉交易中心2楼-02
深圳运营中心：罗湖区贝丽南路48号金丽大厦鹏天阁2309
电话：0755-25787011　传真：0755-25787471
邮箱：hydf-ht@163.com
网址:www.hy-df.com

深圳市威尔珠宝首饰有限公司

负责人:梅文超

地址：深圳市罗湖区太白路3013号1栋东6楼
电话:0755-25101148　25603344
传真 :25108048
邮箱:Welljewllery@126.com
网址:Http://www.wellsz.com/

欧宝丽珠宝有限公司

负责人:薛声勇

地址:深圳市罗湖区水贝二路新地酒店426室
邮编：518020
电话：0755-83936666　传真：0755-88311333
客服热线：400-6999-636
销售网址:www.obolee.com
邮箱:xue@obolee.com

深圳市风彩珠宝首饰有限公司

负责人:胡海刚

地址：深圳市罗湖区翠竹路水贝工业区三栋二楼西南面
电话：0755-25533693　传真：0755-25533693
邮箱:au888999@126.com

深圳市东岸珠宝有限公司

负责人:陈晓海

深圳地址：广东省深圳市罗湖区翠竹路2038号一号区
新港鸿花园裙楼南侧
香港地址：香港上环皇后大道中208号胜基中心23楼
电话：0755-25617766 /25611699
传真：0755-25619766
邮箱：kevinchen@innoland.com
网址:www.innoland.com

深圳市金百福珠宝首饰有限公司

负责人:金传统

地址：深圳市罗湖区田贝四路42号万山工业区9栋1楼
电话:0755-2553822　邮编:518020
传真:0755-25631815
邮箱:JBF@100zb.com
网址:http://www.100zb.com

深圳市尚钰美珠宝有限公司

负责人:叶向州

地址：深圳市罗湖区翠竹路维平大厦11栋五楼503B

电话：0755-25607096　传真：0755-22271182

邮箱:symjewellery@163.com

深圳明饰珠宝设计.制作

负责人:刘思明

地址：深圳市罗湖区水贝二路柏林国际
珠宝交易中心二楼2136号
电话:0755-22916823
邮箱：916953302@qq.com
网址:www.szmszb.com

编后语

《2011—2012深圳珠宝设计年度鉴赏》一书能得以顺利出版,首先得到了深圳黄金珠宝首饰行业协会领导的大力支持,并提出了很多宝贵意见和建议;同时,获得了中国地质大学出版社的高度认同与支持,还有全体采编工作人员的辛勤劳动。在编辑的过程中,得到了很多深圳珠宝品牌商的合作与支持,他们为本书提供了大量精美的新产品图片和文字,体现了其推动行业进步及提升珠宝设计水平的社会责任，在此谨致衷心感谢。

本书的编辑出版,是对2011—2012年度深圳部分珠宝企业的优秀产品设计、整合、展示、传播的一次尝试，由于时间仓促,力量有限,难免有疏忽遗漏,敬盼业者、读者海涵和谅解,并提宝贵意见，谢谢!

编辑部

图书在版编目（CIP）数据

2011—2012 深圳珠宝设计年度鉴赏 /叶志华主编;张琰副主编. —武汉：中国地质大学出版社有限责任公司，2012.8

ISBN 978-7-5625-2923-1

Ⅰ.①深…
Ⅱ.①叶…
Ⅲ.①宝石-鉴赏-深圳市②首饰-鉴赏-深圳市
Ⅳ.①TS934.3

中国版本图书馆 CIP 数据核字（2012）第 200890 号

2011—2012 深圳珠宝设计年度鉴赏

叶志华 主 编
张 琰 副主编

责任编辑：彭琳 张琰　　责任校对：张咏梅

出版发行：中国地质大学出版社有限责任公司有限责任公司
（武汉市洪山区鲁磨路 388 号）　　邮编：430074
电话：（027）67883511　传真：67883580　E-mail: cbb @ cug.edu.cn
经销：全国新华书店　　http: //www.cugp.cug.edu.cn

开本：880mm×1230mm 1/16　　字数：338 千字 印张：13.625
版次：2012 年 8 月第 1 版　　印数：2012 年 8 月第 1 次印刷
印刷：深圳市富达泰包装印刷有限公司
电话：0755-86006803　　印数：1— 3 000 册

ISBN 978-7-5625-2923-1　　定价：500.00 元